华章程序员书库

U0378597

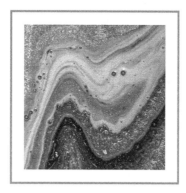

Clean C++

Sustainable Software Development Patterns
and Best Practices with C++ 17

C++代码整洁之道

C++17可持续软件开发模式实践

[德] 斯蒂芬·罗斯（Stephan Roth）著

连少华 郭发阳 陈涛 译

机械工业出版社
China Machine Press

图书在版编目（CIP）数据

C++代码整洁之道：C++17可持续软件开发模式实践 /（德）斯蒂芬·罗斯（Stephan Roth）著；连少华，郭发阳，陈涛译 . —北京：机械工业出版社，2019.3（2022.5重印）
（华章程序员书库）

书名原文：Clean C++：Sustainable Software Development Patterns and Best Practices with C++17

ISBN 978-7-111-62190-4

I. C⋯　II. ① 斯⋯　② 连⋯　③ 郭⋯　④ 陈⋯　III. C++语言–程序设计　IV. TP312.8

中国版本图书馆 CIP 数据核字（2019）第 044113 号

北京市版权局著作权合同登记　图字：01-2018-8109号。

First published in English under the title

Clean C++：Sustainable Software Development Patterns and Best Practices with C++ 17

Copyright © Stephan Roth, 2017

This edition has been translated and published under licence from

Apress Media, LLC, part of Springer Nature.

Chinese simplified language edition published by China Machine Press, Copyright © 2019.

This edition is licensed for distribution and sale in the Chinese mainland (excluding Hong Kong SAR, Macao SAR and Taiwan) and may not be distributed and sold elsewhere.

C++ 代码整洁之道：C++17 可持续软件开发模式实践

出版发行：	机械工业出版社（北京市西城区百万庄大街 22 号　邮政编码：100037）			
责任编辑：	赵　静		责任校对：	殷　虹
印　刷：	北京捷迅佳彩印刷有限公司		版　　次：	2022 年 5 月第 1 版第 6 次印刷
开　本：	186mm×240mm　1/16		印　张：	18
书　号：	ISBN 978-7-111-62190-4		定　价：	89.00 元

凡购本书，如有缺页、倒页、脱页，由本社发行部调换

客服热线：（010）88379426　88361066　　　　投稿热线：（010）88379604

购书热线：（010）68326294　　　　　　　　　　读者信箱：hzjsj@hzbook.com

首先，欢迎入坑！自己选择的路，就算跪着也要走完。C++ 是王者的语言，是强者的工具，如果没有披荆斩棘的勇气，建议你尽快学习其他简单的语言。

本书不是 C++ 入门图书，书中极少讲述 C++ 的语法，也没有提及任何 C++ 高深莫测的技巧，但书中涵盖了单元测试、常用的基本原则、整洁代码的基础、现代 C++ 编程的高级概念、面向对象的基本原则、函数式编程、测试驱动开发（TDD）及经典的设计模式等诸多方面的知识。作者在撰写每一章节的时候，都假设读者已经具备了一定的基础知识，所以如果你是 C++ 语言的初学者，建议你先打好 C++ 的基础再来阅读本书，否则恐怕会浪费你宝贵的时间和有限的精力。

如果你有幸在茫茫书海中发现并购买了本书，如果你真的是 C++ 的初学者（注意：C++ 和 C 有着本质的区别，它们是两种完全不同的语言，所以即使你是 C 语言高手，如果你以前没有 C++ 的经验，那么你也只能算是 C++ 的初学者，可能很多人并不认同这个观点，那说明对 C++ 还没有足够的了解），那么，我衷心地建议你首先阅读最新版的《C++ Primer》，我认为那本书比较适合 C++ 入门。

C++ 的学习之路，与很多语言的学习之路（如 Java、C#、Python 等）相比是比较艰难的。因为学习 C++，不仅仅是学习语言本身，在学习过程中会涉及多方面的知识。如果你能熟练掌握计算机的基础理论，那么学起来会相对容易一些；如果你能读懂汇编代码，那么在探究 C++ 编译器底层实现的时候也会有很大的帮助；如果你没有良好的设计思想，那么很容易写成 C 风格的 C++ 代码，所以在掌握 C++ 的基本语法后，还需要逐步训练自己的面向对象思维。面向对象是基础，设计模式是提高，缺一不可。只有这些就够了吗？当然不是，还需要学习更多的东西才能学以致用！比如：STL 库、并发编程、网络 I/O 模型、调试工具、第三方库等。但是不建议学习与界面有关的任何库，因为这恰恰是 C++ 的短板。由此可见，学习 C++ 会涉及方方面面的内容，学习过程的艰难与困惑可想而知。但学习 C++ 有一个极大的好处——一旦能够驾驭 C++ 了，那么你再去学习其他的语言，就会轻车熟路，你将会发现其他语言与 C++ 相比，只是语法不同而已，同时也有助于你更深入地了解其他语言的底层实现，最终达到语言无界、触类旁通的高度。

阅读本书前，建议你具备以下基础：

1. 了解单元测试的概念，最好有使用某单元测试框架编写单元测试的经验，这样你会有更深刻的体会；

2. 了解 C++11、C++14、C++17 的新特性，如智能指针、Move 语义等；

3. 具有面向对象开发的基础，最好知道一些基本的原则，如单一职责、开闭原则等；

4. 了解测试驱动开发的基本思想；

5. 至少听说过设计模式；

6. 能看懂 UML 类图；

7. 最重要的一点：不满足现状，迫切想改变现在的自己。

拿到本书的英文原版，初步浏览内容后我就被这本书吸引了。我找了几个同样有兴趣的人一起来翻译这本书。我们利用工作之余进行翻译，经常翻译到凌晨，周末也会推掉各种安排及活动，但我们依然遇到了许多困难，针对一些有争议的术语、内容等我们查阅了大量的资料。翻译完成后，我们又进行了仔细的推敲和校对，即使如此，仍然难免存在疏忽、遗漏的地方。受限于译者的水平，也可能存在一些翻译错误或不准确的地方，如果你在阅读过程中刚好发现了问题，你可以向出版社反馈。我们的初衷是帮助想学好 C++ 的同仁，希望本书能够促进你的学习，而不是对你造成误导。

在此，我非常感谢和我一起翻译的几位同仁，他们是郭发阳、陈涛、骆名樊，是你们的加班加点让翻译进行得如此顺利；是你们的努力付出让进度一直处在可控范围。

由于篇幅原因，我无法在这里给出你在每个阶段应该阅读的主要书籍。我现在是 CSDN C/C++ 大版的版主和 C++ 小版的版主，你可以在 CSDN 网站与我私下交流。

感谢出版社给予了我们无比的信任和翻译的机会，感谢你们选择了这本书！希望本书的内容及译文没有让你们失望。

连少华

2018 年 12 月

About the Author 关于作者

Stephan Roth，出生于 1968 年 5 月 15 日，是一位永远充满激情的导师、顾问。他在德国汉堡一个著名的咨询公司 oose Innovative Informatik eG 担任系统和软件工程师培训师。在加入该咨询公司之前，Stephan 在无线电侦查及通信领域工作多年，担任过软件开发工程师、软件架构师和系统工程师等。期间他开发过大量复杂的应用，尤其是高性能的分布式系统，以及基于 C++ 及其他编程语言完成的图形用户界面。Stephan 还是一位优秀的演说家及作家，目前已出版多本专业书籍。作为 Gesellschaft für Systems Engineering e.V.（国际系统工程组织 INCOSE 德国分会）的一员，他还加入了系统工程社区。此外，他还是一个坚定的软件工艺运动支持者，关注于简洁代码开发的规范制定及实践。

Stephan 和妻子 Caroline、儿子 Maximilian 现居住于 Bad Schwartau，德国波罗的海附近的温泉疗养地。

你可以通过 roth-soft.de 访问 Stephon 的个人网站和博客，那里有许多关于系统开发、软件开发和软件工艺的技巧，需要注意的是这些文章主要是用德语写的。

除此之外，你还可以通过电子邮件或其他方式联系他：

E-Mail: stephan@clean-cpp.com

Twitter: @_StephanRoth (https://twitter.com/_StephanRoth)

Google+ Profile Page: http://gplus.to/sro

LinkedIn: http://www.linkedin.com/pub/stephan-roth/79/3a1/514

关于技术审校 *About the Technical Reviewer*

本书的技术审校 Marc Gregoire 是一位来自比利时的软件工程师，他毕业于比利时鲁汶大学，获得了"Burgerlijk ingenieur in de computer wetenschappen"[⊖]学位。在获得该学位一年后，他在同一所大学以优等成绩获得了人工智能方面的硕士学位。学业完成以后，Marc 开始在一家叫作 Ordina Belgium 的软件咨询公司工作，后来为西门子和诺基亚西门子网络公司工作，主要为电信运营商在 Solaris 上运行关键的 2G 和 3G 软件，这需要在一个包括多个洲的国际团队中工作。现在 Marc 在 Nikon Metrology 公司工作，从事 3D 激光扫描软件相关的工作。

他的主要特长是 C/C++，特别是微软 VC++ 和 MFC 框架，他拥有在 Windows 和 Linux 平台上开发运行 24 小时全天候 C++ 程序的经验，例如 KNX/EIB 家庭自动化软件。除了 C/C++，Marc 还喜欢 C# 语言，并用 PHP 构建网页。

自 2007 年 4 月以来，他因自己的 Visual C++ 专业知识获得了年度微软 MVP（Most Valuable Professional）奖项。

Marc 是比利时 C++ 用户组的创始人（www.becpp.org），也是《Professional C++》的作者，还是 CodeGuru 论坛（如 Marc G）的成员。他的博客网址为：www.nuonsoft.com/blog/。

⊖ 荷兰语，等同于计算机工程学硕士。——译者注

Acknowledgements 致 谢

能写出本书并不仅是作者一个人的功劳，很多优秀的人也为本书的编写做出了重大的贡献。

首先，我要感谢 Apress 的 Steve Anglin，Steve 在 2016 年 3 月联系上我，并且说服我和 Apress Media LLC 一起继续我的新书编写项目，那时该项目已经在 Leanpub 自出版，真是太幸运了，非常感谢你，亲爱的 Steve。之后，我们在 2016 年 7 月签订了合同。另外，我还要感谢精湛的自出版平台 Leanpub，是它多年来充当了本书的"孵化器"。

其次，我要感谢 Apress 的编辑业务经理 Mark Powers 在我撰写手稿期间对我的大力支持。Mark 总能在我需要时回答我的问题，他对手稿的不停跟进，对我来说是一种积极的促进，非常感谢你，亲爱的 Mark。此外，我还要非常感谢 Apress 的首席产品开发编辑 Matthew Moodie 在整本书的编写过程中对我提供的恰当帮助。

特别感谢我的技术审校 Marc Gregoire。Marc，非常感谢你带着批判的眼光检查了每一章内容，你发现了很多我可能从未发现的问题，你督促着我改进了几个部分，那些地方对我来说是非常有价值的。

当然，我还要对 Apress 的整个产品生产团队说一声非常感谢，他们已经出色完成了整本书的最后工作（编辑、索引、作图、排版等），直到最终版的纸质书（和电子书）发布。

当然，我也很感谢我在 oose 公司的所有同事，感谢你们鼓舞人心的讨论。

最后，但同样重要的是，我要感谢我心爱的也是独一无二的家人，特别是他们对我的理解，毕竟写一本书要花很多时间。Maximilian 和 Caroline，你们真是太好了！

目 录 *Contents*

简　　介

如何去做和做到同样重要。

——Eduardo Namur

目前大部分软件项目的开发形势依然很严峻，甚至有些项目处于严重的危机之中。其原因是多种多样的，有的项目是由项目管理的糟糕导致的，有的项目则是由于开发过程中需求的不断变化，而开发方式不能适应导致的。

在某些项目中，导致这一结果的只是单纯的技术原因，即代码质量不高。但这并不意味着代码的功能没有实现，相反代码的**外部质量**看似很高，能够通过质量保证部门的黑盒测试、用户测试以及验收测试。代码能够完美地通过 QA，并且在测试报告上找不到任何错误。软件用户对软件也很满意，甚至软件能够按时交付并且不超出预算（当然，这种情况极少）。一切看起来很美好，但事实真的如此吗？

真相是这份能够正常工作的代码的**内部质量**实际上很低。通常代码可读性不高，维护和扩展困难。软件的组成单元，如类、函数非常臃肿，有的甚至会达到上千行的代码量。太复杂的依赖关系导致的结果就是，改变其中某一小部分内容所造成的影响将是难以预估的。软件的架构不具有前瞻性，其结构可能是由开发人员的临时"拍脑袋"决定的，也就是一些开发人员常说的"历史衍生软件"或者"随意的架构"。类、函数、变量、常量命名不规范，含义不明确，并且代码被大量无用的注释包围，有些注释已经过时了，有些注释只描述了显而易见的东西，甚至是完全错误的。不少开发人员害怕修改或扩展软件，因为他们知道自己的软件很脆弱，单元测试覆盖率很低甚至没有单元测试。在这样的项目中，"不要碰已经能够运行的系统"的声音不绝于耳。一个新的特性从开发到部署上线，通常不是几天就能完成的，这需要几周甚至几个月的时间才能完成。

这种糟糕的软件通常被称作"a Big Ball Of Mud"。这个术语由 Brian Foote 和 Joseph W. Yoder 在第四次模式编程语言会议上的一篇论文中第一次提到。Foote 和 Yoder 将其解释为"……结构随意的、笨拙的、草率的、盘根错节的代码杂糅在一起"。这种软件系统维护起来是一个噩梦，不仅代价高昂还会花费大量时间，它通常会拖垮整个开发团队。

上述现象在整个编程领域中都客观存在着，与使用哪种编程语言没有关系，不管使用的是 Java、PHP、C、C#、C++，还是其他任何语言，都有可能产生"a Big Ball Of Mud"。那么，产生这一问题的根源是什么呢？

1.1 软件熵

首先，有些东西就好像是一种自然规律，就像其他一些封闭和复杂的系统，软件会随着时间的推移而变得混乱，这种现象称为软件熵。这个词借鉴了热力学第二定律，意思是指，一个封闭系统的总混乱度不会减小，只能保持不变或增加。软件的表现看起来就是这样的，每次添加一个新功能或者改变一些原有功能，代码都会变得更加混乱，有很多影响因素能够提高软件熵，举例如下：

- ❑ 不切实际的项目进度安排会给程序员增加压力，进而迫使开发人员以一种糟糕和非专业的方式处理开发工作。
- ❑ 当今，软件系统大都庞大而复杂。
- ❑ 开发人员拥有不同的技能水平和开发经验。
- ❑ 全球分布的、跨文化差异的团队，执行和交流方面存在的问题。
- ❑ 开发人员主要关注软件的功能性方面（功能性的需求和系统的用例），以致质量要求（例如非功能性要求），如性能、可维护性、可用性、可移植性、安全性等被忽略甚至被完全忘记了。
- ❑ 不当的开发环境和糟糕的开发工具。
- ❑ 管理层专注于眼前利益，而不了解可持续软件开发的价值所在。
- ❑ 快速而糟糕的程序开发以及软件设计与实现的不一致（例如破窗理论）。

破窗理论

破窗理论是在美式犯罪研究中发展起来的。该理论指出，一幢被遗弃的建筑物中的一个被破坏的窗户，可能是整个周边地区开始破败的一个触发器。破碎的窗户给环境发出了致命的信号："看，没人在乎这幢大楼！"，这引起了进一步的腐化、破坏和其他反社会行为。破窗理论一直是刑事政策学的很多改革的基础，特别是发展出零容忍策略。

在软件开发中，该理论被采用并应用于代码质量。对程序不适当的开发和糟糕的实现称为"破窗"。如果这些不好的实现没有被修复，那么会有更多不适当的代码出现在它们周围，因此，代码的混乱就开始了。

不要容忍"破窗"出现在你的代码中——**及时地改正它们。**

　　然而，似乎 C 和 C++ 项目特别容易出现混乱，而且比其他编程语言更容易陷入一种糟糕的状态。即使是在互联网上，同样也充斥着大量的、糟糕的 C++ 代码的例子，它们看起来快速且高度优化，但实际上是使用了高技巧的语法，并且完全忽略了设计良好和易维护的代码的基本准则。

　　导致本节问题的原因之一可能在于 C++ 是一个中等层次的多范型编程语言，即它包含了高级和低级语言的特点。使用 C++ 编程语言，你可以编写庞大且复杂的用户界面的分布式业务软件系统，也可以编写小型的嵌入式实时响应系统，这要求与底层硬件密切关联。多范型编程语言意味着你能够编写程式化、功能化或面向对象的程序，甚至三种范型的混合体。此外，C++ 支持模板元编程（Template Metaprogramming，TMP），这种技术用到了一种被称作模板的东西，模板被编译器用于生成临时使用的源代码，而这些临时的源代码会和其余的源代码合并在一起，并进行编译。自从 ISO 发布了支持 C++11 标准以来，更多的方法被加入到 C++ 中，例如，具有匿名函数的函数式编程现在能通过 lambda 表达式以一种非常优雅的方式完成。由于这些多样性能力，C++ 同时也具有非常晦涩难懂、复杂和烦琐的名声。

　　开发出糟糕软件的另一个原因可能是很多程序开发者并没有 IT 背景。如今，任何人都可以开始开发软件，不管他是否获得了大学学位或者是否是任何其他计算机科学方面的人才。绝大多数 C++ 开发者都是（或曾是）非专业人员，特别是在汽车、铁路运输、航空航天、电气／电子或机械工程等技术领域。许多开发工程师在投入编程之前的几十年里并没有受到过计算机科学方面的教育，随着复杂度的增加以及技术系统包含了越来越多的软件，世界对程序员的需求很迫切，这种需求被现存的其他劳动力所补充了，电气工程师、数学家、物理学家，还有很多人严格来讲并非是经专业训练过而开始开发软件的，他们主要通过自学和实操而简单地进行开发，并且他们已经尽了最大的努力。

　　基本上来看，这绝对是无可厚非的，但有时只知道开发工具和编程语言是不够的！软件开发与编程不一样，世界上很多的软件是由没有经过培训的软件开发人员在一起开发和维护的，开发人员要在抽象层次考虑很多的事情，以便创建一个可持续的系统，例如架构和设计。如何构建高质量达到某些目标的系统？面向对象的东西有什么好处？我如何有效地使用它呢？某个框架或库的优点和缺点是什么？各种算法之间的差异是什么？为什么同一个算法不适合所有类似的问题？到底什么是有限状态机，为什么它有助于处理复杂性问题？

　　不要灰心！一个软件的持续健康需要有人去关注它，而整洁的代码就是处理的关键所在！

1.2 整洁的代码

人们常常混淆整洁的代码和"漂亮的代码"。其实，整洁的代码中并不包含漂亮的因素。专业的程序员通常不会写漂亮的代码，因为，他们是以专家的身份工作，并为客户创造价值的。

整洁的代码是容易被任何团队的成员理解和维护的。

整洁的代码是高效工作的基础。如果你的代码是整洁的并且测试覆盖率也比较高，增加一个函数或修改一部分代码，只会花费几个小时或几天的时间，否则可能需要几周或数月的时间才能完成开发、测试和部署。

整洁的代码是软件持续发展的基础，能够在没有欠下大量技术债务的情况下保证软件运行很长的一段时间。开发人员必须积极主动地维护代码并保证代码保持一定的风格，因为代码是软件开发公司生存的根本。

整洁的代码也是一个让你成为一个快乐的开发者的主要因素。它能够让你毫无压力地生活。如果你的代码是整洁的并且自我感觉良好，即使今天是项目的最后期限，你也可以处变不惊。

上面提到的几点都是实际存在的，最关键的一点是：**整洁的代码能够节省金钱！**本质上来讲，这和经济效率有关，每年，软件开发公司都会因为糟糕的代码质量而损失大量的金钱。

1.3 为什么使用 C++

C 可以让你很容易地搬起石头砸自己的脚，C++ 则困难得多，但当砸到的时候，你就会失去整条腿！

——Bjarne Stroustrup, Bjarne Stroustrup's FAQ：你是认真的吗？

每种编程语言都是一种工具，并且，每种编程语言都有自己的优点和缺点。软件架构师的一个重要工作就是选择一种编程语言（或是多种编程语言），让合适的语言在项目中做合适的事情。这是一项不能受个人喜好左右的重要决策。类似的，"在公司我们根据《replace this with the language of your choice》做任何事"不是一个好的指导原则。

作为一种多范型程序设计语言，C++ 把不同的思想和概念融合到了一起。在操作系统、设备驱动程序、嵌入式系统、数据库管理系统、计算机游戏、3D 动画和计算机辅助设计、实时音频和视频处理、大数据管理系统和很多其他高性能的应用中，C++ 语言一直都是一个很好的选择。在某些领域中，C++ 可以与其他语言混合使用。数十亿行的大量的 C++ 代码目前仍在使用中。

几年前，人们广泛地认为 C++ 很难学以致用。对于那些经常肩负编写大型复杂程序任务的程序员来说，这种语言可能是复杂而令人畏惧的。鉴于此观点，解释型编程语言和托管型编程语言，如 Java 或 C# 变得流行起来。由于这些语言厂家的过度营销，解释型语言和托管型编程语言在某些领域占据了主导地位，但是在其他领域，编译型语言仍然占据主导地位。编程语言并不是宗教。如果你不需要 C++ 的高性能特性，比如 Java 可以让你更轻松的工作，那么你就可以使用 Java 而不是 C++。

1.4　C++11——新时代的开始

有人说 C++ 目前正处于伟大的复兴时期，有些人甚至说这是一场革命。现在的 C++ 已经不是 20 世纪 90 年代早期的 C++ 了，这种趋势的催化剂主要是在 2011 年 9 月出现的 C++ 标准 ISO/IEC 1488 ： 2011 [ISO11]，称为 C++ 11 标准。

毫无疑问，C++11 带来了一些伟大的创新。在本书的编写过程中，C++ 标准委员会完成了 C++17 标准的起草工作，这一标准已提交 ISO 国际标准化组织处理。与此同时，C++20 也已经完成了开始部分的编写。

目前，在传统行业发生了很多事情，尤其是在公司和制造业上，因为作为技术系统的软件已成为最重要的增值因素。C++ 开发工具变得更加强大了，并且也出现了很多可用的第三方库和框架。但我并不认为这是一场革命，我认为这是一种演进。同时，编程语言必须不断改进以满足新的需求。C++98 和 C++03 是两个标准，C++03 主要是在 C++98 的基础上修复了一些 bug。

1.5　适合本书的读者

作为一名培训讲师和顾问，我有机会去很多正在开发软件的公司，同时，我也非常仔细地观察了在开发过程中正在发生的一些事情，并且我也已经意识到了 C++ 阵营与其他开发语言阵营的差距。

给我的印象是，C++ 程序员已经被那些促进软件工艺和整洁代码开发的人员忽视了。相对来说，在 Java 环境中，以及在 Web 或游戏开发世界中，许多熟知的原则和实践在 C++ 开发领域似乎都不被人所知道。一些开创性的书籍，如 Andrew Hunt 和 David Thomas 的《 Pragmatic Programmer 》[hunt99]，或是 Robert C. Martin 的《 Clean Code 》[martin09] 也同样如此。

而本书试图缩小这种差距，因为即使是 C++，代码一样可以写得很整洁！如果你想让自己写的代码更加整洁，那么本书适合你阅读。

本书不是 C++ 的入门书！你应该已经熟悉了 C++ 语言的基本概念，才能有效掌握本书的内容。如果你只是想从 C++ 开发开始，并且没有 C++ 语言的基础知识，你应该首先通过其他书籍（如《 C++ Primer 》）学习，或选择一个好的 C++ 入门的练习项目。

此外，本书也不包含任何深奥的技巧和杂乱的知识点。我知道 C++ 有很多令人兴奋的技巧，但这些通常不是整洁代码的精神，也不是现代 C++ 的代码风格。如果你真的沉迷于 C++ 的裸指针，那么本书不适合你阅读。

本书中的一些代码示例，用到了 C++11 标准（ISO/IEC 14882:2011）和 C++14 标准（ISO/IEC 14882:2014）的多个特性，也用到了一些 C++17 标准的特性。如果你不熟悉这些特性，也不用担心。我将通过扩展阅读的形式，提供一些简要的介绍。需要注意的是，实际上目前并不是所有的 C++ 编译器都支持 C++ 语言的所有新特性⊖。

除此之外，本书为了帮助 C++ 程序员提高技能水平，举例说明了如何编写易于理解的、灵活的、可维护的和高效的 C++ 代码。即使你是一个经验丰富的 C++ 开发人员，本书中也有一些值得你学习的地方，我认为这些值得学习的地方能够促进你的工作。书中所提出的原则和实践可以应用于新的软件系统，有时被称为"绿地项目"；以及具有悠久历史的遗留系统，通常被称为"棕地项目"。

1.6 本书使用的约定

本书使用的排版约定如下所示：

楷体字：新的术语、名字，或扩展内容。

黑体字：段落中强调的术语或重要的语句。

等宽字：段落中表示程序元素，如类、变量或函数名，语句或 C++ 关键字。这种字体还表示命令行的输入参数，一个按键序列或者程序的输出结果。

1.6.1 扩展阅读

有时候我想告诉你一些与上下文毫不相关的信息，它们是相对独立的内容。这些部分就叫作扩展阅读，用于对其附近的主题做进一步讨论或对比论证。例子：

此处为扩展阅读的标题

此处为扩展阅读的内容。

1.6.2 说明、提示和警告

还有另一种形式的扩展阅读，提供说明、提示和警告的相关信息。它们的目的是为你提供一些特殊的信息，一条建议或者警告你一些比较危险需要注意避免的事情。例子：

⊖ gcc7.1 已经完全支持了 C++17 的所有特性。——译者注

1.6.3　示例代码

示例代码和代码片段与正文相互独立，使用等宽字体且语法高亮（C++ 关键字为黑体）。较长的代码片段通常含有标题。为了快速地指明代码所在位置，代码示例中通常会给出行号。

代码1-1　带有行号的代码示例

```
01  class Clazz {
02  public:
03    Clazz();
04    virtual ~Clazz();
05    void doSomething();
06
07  private:
08    int _attribute;
09
10    void function();
11  };
```

为了更好地关注代码中特定的部分，不相关部分的代码将被隐藏并用一个注释替换，其形式为"//…"，参考下方的示例代码：

```
void Clazz::function() {
  // ...
}
```

1.6.4　编码风格

简单说一下本书使用的代码风格。

你可能会发现我的编码风格和典型的 Java 风格非常相似，混有 Kernighan and Ritchie (K&R) 风格。在我近 20 年的开发生涯中，我学习的编程语言远不止 C++，还包含 ANSI-C、Java、Delphi、Scala 以及其他脚本语言，今后亦是如此。因此，我在学习过程中不断吸取各方之长，已经形成了一套自己的编码风格。

也许你不喜欢我的编码风格，并且更倾向于 Linus Torvald 的内核编码风格，Allman 风格或其他流行的 C++ 编码风格。我想说的是，每个人都有自己的编码风格，不必要求个人的编码风格完全一样。

1.7　相关网站和代码库

本书附有一个网站：www.clean-cpp.com。

该网站包含了以下内容：

❑ 一个论坛，读者可以与其他读者讨论特定主题，当然也可以与作者讨论。

❑ 一些本书可能尚未涉及的附加主题的讨论。

❑ 本书中所有图解的高分辨率版本。

本书中的大多数源代码示例以及其他有用的附属物都可以在 GitHub 上获得，网址为：https://github.com/clean-cpp。

你可以使用 Git 的以下命令导出代码：

```
$> git clone https://github.com/clean-cpp/book-samples.git
```

你还可以去 https://github.com/clean-cpp/book-samples 网站上点击"Download ZIP"按钮下载一个".zip"格式的文件。

1.8　UML 图

本书中的一些插图是 UML 图。统一建模语言（UML）是一种标准化的图形语言，用于创建软件和其他系统的模型。在当前的 2.5 版本中，UML 提供了 14 种图表类型来全面描述系统。

如果你不熟悉所有的图表类型，也不要担心，我在本书中只使用了其中的一部分。有时我提出 UML 图是为了提供某些问题的概述，而这些问题可能无法通过阅读代码快速检测到。在附录 A 中，简单介绍了 UML 使用的符号。

第 2 章 *Chapter 2*

构建安全体系

测试是一项技能，虽然这可能会让一些人感到惊讶，但这是一个事实。
　　　　　　——Mark Fewster and Dorothy Graham，《自动化软件测试》，1999

我将测试作为本书的开篇可能会让一些读者感到意外，但请相信我，这样做有几个好处。在过去的几年中，测试已经成为衡量软件质量好坏的一个重要指标。一个好的测试策略所带来的好处是巨大的。任何测试（前提是认真设计过的）对代码质量的提高都是有好处的。在保证软件质量的所有措施中，测试是最不可或缺的一环，在本章中我将为你解释这是为何。

请注意，本章所讲的内容通常称为 POUT（Plain Old Unit Testing，普通的单元测试），而不是 TDD（Test-Driven Development，测试驱动开发，一种软件开发模式），后者将在本书的后面章节另外讨论。

2.1　测试的必要性

1962：NASA 的水手一号

水手一号太空飞船于 1962 年 7 月 22 日发射升空，计划飞向金星执行星际探索任务。由于它的定向系统出了一个问题，导致它的 Atlas-Agena 二级发射火箭工作异常，并在发射后不久便与地面控制中心失去联系。

幸运的是，在火箭设计与建造阶段就已经考虑到了这种情况。于是发射火箭的导航系统接过了控制权并开启自动驾驶模式。然而，由于导航系统软件设计问题，它下达了一个错误的控制指令，导致火箭偏离航线并且不能调整方向，而火箭的前进方向变成了地球上的人口密集区域！

在火箭发射 293 秒后，现场的地区安全官员下达了销毁火箭的命令。在 NASA 的一份检测报告⊖中显示，这次事故是由于控制系统源代码中的一个拼写错误导致的，代码中缺少了一个"-"号。而这一失误造成的损失高达 1850 万美元，在当时这可是一笔不小的损失。

如果问一些软件开发人员为什么说软件测试是有好处的而且是有必要的，我想最普遍的回答就是能够减少故障（bug）、错误（error）以及缺陷（flaw）。毫无疑问，这个回答基本正确：软件测试是 QA 的一个组成部分。

软件的 bug 通常是令人不愉快的。程序的错误行为通常让用户大为恼火，比如无效的输出或者用户最讨厌的不定时崩溃的问题，甚至诸如在文本框中的文字被截断这样的小问题，也会让用户在日常工作中痛苦不堪。最终导致的结果就是用户满意度下降，甚至用户转而使用其他产品。除了经济上的损失外，软件开发商的专业印象也会因此大打折扣，最糟糕的情况是，公司运营困难，以致大量裁员。

1986：THERAC-25 医用加速器灾难

这一事件可以说是软件开发历史上最轰动的一次失败。THERAC-25 是一款放射治疗设备，它由加拿大国有企业，加拿大原子能有限公司，Atomic Energy of Canada Limited (AECL) 于 1982 年至 1985 年研发并生产，共生产了 11 台设备以供美国和加拿大的诊所使用。

由于质量保证体系不完善，以及开发过程中存在的其他问题，使得它的控制系统中存在严重的 bug，直接导致三名病人死于过量的辐射，还有三名患者由于辐射遭受健康永久的、严重的损坏。

此次事件的调查表明，这款设备的控制系统由同一个人开发并测试，这是导致这一悲剧的诸多因素之一。

一提起电子设备，人们首先想到的就是台式电脑、笔记本电脑、平板或者智能手机，而说到软件产品，人们联想到的就是线上购物、办公软件以及信息商务系统。

但是这些只占我们在日常生活中接触到的软件和电子产品的一小部分，目前使用的绝大部分软件都是通过控制实体设备与外界相连。我们的生活由软件掌控。可以这么说，**目前软件影响着我们所有人**。软件无处不在并逐渐成为我们生活中必不可少的一部分。

当我们走进电梯，我们的生命就由软件掌控。飞机也由软件控制着，全世界的空中交通管制系统更是离不开软件的管理。目前，汽车上也存在着大量与互联网相连的控制软件，

⊖ 美国宇航局国家空间科学数据中心 (NSSDC): Mariner 1, http://nssdc.gsfc.nasa.gov/nmc/spacecraft-Display. do?id=MARIN1, retrieved 2014-04-28。

为我们的安全保驾护航。空调、感应门、医疗设备、火车、工厂中的生产线……无论我们想干什么，都会不由自主地与软件产生联系。随着数字革命的进步和物联网（IoT, Internet of Things）的快速发展，我们与软件的联系将会更加密切，无人驾驶汽车就是一个很好的例子。

毫无疑问的是，在这种软件密集型系统中，一旦出现 bug 将导致灾难性的后果。在这些系统中，任何一个错误都可能对我们的身体和生命构成威胁。试想一下，一旦飞机的控制系统出现异常，很可能导致成百上千的人死于空难，而引发事故的原因可能只是飞机自动巡航系统的 if 语句条件判断错误。在这种复杂的控制系统中，软件的质量是没有任何商量余地的，**完全没有商量余地**！

即便是在对人身安全要求没有那么严格的系统中，bug 也会造成难以估量的损失，尤其是需要日积月累才会表现出来的 bug。不难想象，金融软件中的漏洞将会成为且正在成为当今世界银行危机的导火索。假设一个大银行的金融软件由于 bug 导致每次提交请求时会重复两次，而这种行为在几天后才被发现，这将会导致什么后果呢？

AT&T 电话网络的崩溃事故

1990 年 1 月 15 日，美国电话电报公司（AT&T）的长途电话网络崩溃，导致 9 小时内高达 7500 万次的通话请求得不到响应。而导致这一恶果的原因，仅仅是 AT&T 在 1989 年 12 月，将全部 114 个计算机控制的交换设备升级到第四代电子交换系统（4ESS）时，部署在代码中的一条 break 语句。这一问题于 1 月 15 日在 AT&T 公司的曼哈顿控制中心首先爆发出来，随后引起连锁反应，并导致整个通信网络中近半数的设备宕机。

在此事故中，估计损失 6000 万美元，而在通信网络瘫痪的 9 个小时内产生的经济损失远高于这一数字。

2.2　测试入门

在软件开发项目中有不同级别的质量保证措施，这些不同级别的质量保证措施通常用金字塔的形式形象地表述，也就是所谓的测试金字塔。这一基本概念是由 Scrum Alliance 创始人之一、美国软件开发工程师 Mike Cohn 提出的，他曾在其著作《 Succeeding with Agile 》[Cohn09] 中描述了测试金字塔，Cohn 用测试金字塔描述了高效的软件测试所需的自动化程度。在随后的几年里，测试金字塔得到了进一步发展，如图 2-1 所示。

当然，金字塔形状并非偶然，它背后的信息是，你要比其他类型的测试进行更多次的低层次单元测试（几乎 100% 代码覆盖率），但是为什么会这样？

实践表明，关于测试实施和维护的总成本是朝着金字塔顶端增长的。大型系统的测试和手动的用户验收测试通常是很复杂的，并且通常需要大规模的组织又不易实施自动化。

例如，一个自动化的 UI 测试是很难编写的，通常是比较脆弱的，而且相对较慢。因此，这些测试通常是手动进行的，它适合于客户审核（验收测试）和 QA 定期的探索性测试，但是在日常开发过程中使用它们太耗费时间且代价昂贵。

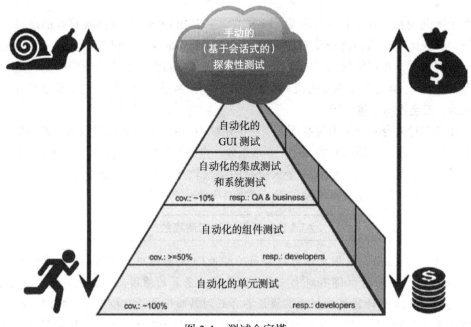

图 2-1　测试金字塔

此外，大型系统测试或 UI 驱动测试完全不适合检查整个系统中所有可能的执行情况。软件系统中有太多处理各种可能情况的代码、异常和错误处理，交叉相关问题（安全性、事务处理、日志记录……）以及其他所需的辅助功能，但这些通常是无法通过普通用户接口去触发的。

非常重要的一点是，如果系统级别的测试失败了，则可能难以找到错误的确切原因。系统测试通常基于系统的测试用例，执行用例期间涉及许多组件，这意味着要执行数百甚至数千行代码，这其中的哪一行代码导致了测试失败？这个问题通常无法轻易回答，它需要花费时间和代价去分析。

不幸的是，在一些软件开发项目中，你会发现退化的测试金字塔，如图 2-2 所示。在这样的项目中，人们把更多的精力投入到了较高层次的测试中，而忽略了基本的单元测试（Ice Cream Cone Anti-Pattern）。在极端情况下，他们完全不做单元测试（Cup Cake Anti-Pattern）。

因此，由一系列可选而有用的测试组件作为支撑，且基于广泛而廉价、精心制作、快速、定期维护、能完全自动化的单元测试的测试平台，可以成为确保软件系统高质量的坚实基础。

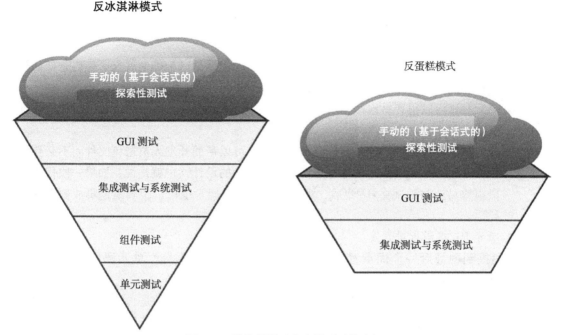

图 2-2　退化的测试金字塔（反模式）

2.3　单元测试

没有测试的"重构"不能称之为重构，它仅仅是到处移动垃圾代码。

——Corey Haines (@coreyhaines), December 20, 2013, on Twitter

单元测试是一小段代码，在特定上下文环境中，单元测试能够执行产品的一部分代码。单元测试能够在很短的时间内，展示出你的代码是否达到了预期的运行结果。如果单元测试覆盖率非常高，那么，你就可以在很短的时间内，检查正在开发的系统的所有组件是否运行正常。单元测试有许多优点：

- ❏ 大量的调查和研究已经证明，在软件部署运行以后修复 bug 的代价，比在单元测试阶段修复 bug 的代价要高得多。
- ❏ 单元测试能够给出关于整个代码库（已经写了单元测试的那一部分代码）的即时反馈，如果单元测试覆盖率足够高（大约 100%），开发人员在几秒钟内就能知道代码库中的代码是否能够正常运行。
- ❏ 单元测试让开发人员有足够的信心重构代码，而不必担心因重构而带来的错误。事实上，没有单元测试的重构是非常危险的，严格来讲，不能称之为重构。

- 高覆盖率的单元测试，可以有效防止陷入耗时和让人手足无措的代码调试中，可以大大降低长时间使用调试器调试的问题。当然，没有人能够完全避免使用调试器调试。调试器可以用来分析细微的问题，或者找出执行失败的单元测试的原因。但是，调试器不应该是确保代码质量的关键工具。
- 单元测试是一种可以被执行的产品文档，因为单元测试精确地展现了代码是如何被设计和使用的。可以说，单元测试是一组非常有用的示例代码。
- 单元测试可以很容易地检测回归测试的代码，也就是说，单元测试能够很快地检查更改代码后引发的异常。
- 单元测试可以促进实现整洁且良好的接口，可以帮助开发人员避免文件间不必要的依赖关系。可测试性的设计也是良好的可用性的设计，也就是说，如果一段代码可以很容易地与测试夹具[⊖]集成，那么，这段代码通常也可以很容易地集成到产品的代码。
- 单元测试能够促进开发。

上述提到的最后一个优点看似是矛盾的，这里做一下解释，单元测试能够促进开发——这似乎是不可能的事情，也不合乎正常的逻辑。

毫无疑问，编写单元测试意味着成本的投入。首先，最重要的是，管理者只看到了这种成本的投入，却并不明白为什么开发人员应该为测试投入时间。特别是在项目的开始阶段，单元测试对开发速度的促进几乎是不可见的。在项目的早期阶段，当系统的复杂度较低并且大部分组件都工作得很好的时候，编写单元测试看起来只是无意义的付出。但是，时代正在改变……

当系统变得越来越庞大（超过 100 000 行代码量）且系统复杂度增加时，理解和验证系统变得越来越困难（还记得我在第 1 章描述的软件熵吗？）。通常，当不同开发团队中的许多开发人员协同开发一个庞大的系统时，他们每天都要面对其他开发者编写的代码，如果没有单元测试，这将成为一项令人沮丧的工作。我确信，团队中的每个人都知道那些愚蠢的、无休止的调试，在单步模式中一遍又一遍地调试代码，同时一次又一次地分析变量的值……这非常浪费时间！并且，这也将大大降低开发速度。

特别是在软件开发的中后期，以及在产品交付后的维护阶段，良好的单元测试会展现出它们积极的一面。在编写单元测试后的几个月或几年里，当一个组件或产品的 API 需要更改或扩展的时候，单元测试能够最大程度地节省时间。

如果单元测试覆盖率很好，那么开发人员编辑一段自己写的代码或别人写的代码，影响不会太大。良好的单元测试有助于开发人员快速理解另一个人编写的代码，即使这段代码是在三年前编写的。如果单元测试失败，通过失败的信息，能够准确知道失败的地方。开发人员可以相信，如果所有的单元测试都通过了，那么所有的函数都可以正常运行，烦

⊖ 详见单元测试框架的 Test Fixture，如：gtest、boost.test。——译者注

人的调试就会变得不常见。调试主要用于分析那些错误现象不直观的失败的单元测试，这将是一件很有趣的事情。单元测试具有正向的促进作用，能给我们带来更快更好的结果，开发人员也将对基础代码有更大的信心，并对此感到满意。如果更改需求或加入新的特性呢？也没有问题，因为单元测试能够快速、频繁地完成产品的单元测试，并且能够保证产品的质量。

单元测试框架

C++ 的单元测试框架有很多种，例如：CppUnit、Boost.Test、CUTE、Goole Test 等。

一般而言，几个单元测试框架的集合称为 xUnit，所有遵循所谓的 xUnit 的基本设计的单元测试的框架，其结构和功能都是从 Smalltalk 的 SUnit 继承而来的。抛开实际情况不谈，本章内容没有涉及某个单元测试框架，因为本章内容适用于一般的单元测试，单元测试框架完整而详细的对比内容将超出本书的范围。进一步讲，选择一个合适的单元测试框架取决于很多因素。例如，如果以最小的工作量和最快的速度添加新的单元测试，对你来说是非常重要的，那么，最小的工作量和最快的速度将成为你选择单元测试框架的主要因素。

2.4　关于 QA

开发人员可能会认为："为什么我要测试我的软件？我们有测试人员和质量保证（QA，Quality Assurance）部门，这是他们的工作。"

关键问题在于：软件质量只是 QA 部门关注的问题吗？

简单明了的答案是：**不是！**

我以前说过这个问题，现在我再说一遍，尽管你的公司可能有一个单独的 QA 小组来测试软件，但开发组的目标应该是 QA 没有发现任何缺陷。

——Robert C. Martin，《The Clean Coder》[Martin11]

将一个已知的有缺陷的软件移交给 QA 是非常不专业的行为，专业的开发人员永远不会把保证系统质量的责任推给其他部门。相反，专业的软件开发人员与 QA 的人建立了富有成效的合作伙伴关系，他们紧密合作，相互补充。

当然，交付 100% 无缺陷的软件是一个很难达到的目标[⊖]，QA 有时会发现一些问题，这也很好。QA 是我们安全体系的第二道防线，他们会检查以前的质量保证措施是否充分有效。

我们可以从错误中学习并变得更好，专业开发人员通过修复 QA 发现的缺陷来立即补救这些质量问题，并通过编写自动化单元测试在未来捕获这些异常。然后，他们应该仔细

⊖　一个软件不可能 100% 无缺陷，形如 int a=x+y; 这样的语句都会有 bug。——译者注

考虑这个问题："以上帝的名义，我们忽略的这个问题是如何出现的？"本次学习总结的成果应该用于以后改善开发的质量。

2.5 良好的单元测试原则

我看到过很多没有任何意义的单元测试代码。单元测试应该为项目带来价值，为了实现这一目标，单元测试应该遵循一些基本原则，下面我将描述这些基本原则。

2.5.1 单元测试的代码的质量

高质量地要求产品代码，同样高质量地要求单元测试的代码。更进一步地讲，理论上，产品代码和测试代码之间不应该有任何区别——它们生而平等。我们不能说这是产品代码，那是测试代码，不能把原本属于一体的代码分开，千万不要那样做！将测试代码和产品代码分成两类的思想是以后项目中忽略单元测试的根本所在。

2.5.2 单元测试的命名

如果单元测试失败，开发人员希望立即知道以下信息：

❏ 测试单元的名称是什么？谁的单元测试失败了？

❏ 单元测试测试了什么？单元测试的环境是怎么样的（测试场景）？

❏ 预期的单元测试结果是什么？单元测试失败的实际测试结果又是什么？

因此，单元测试的命名需要具备直观性和描述性，这是非常重要的，我建议建立所有单元测试的命名标准。

首先，以这样的方式命名单元测试模块（依赖于单元测试框架，称为测试用具或测试夹具）是很好的做法，这样单元测试代码很容易衍生于单元测试框架。单元测试应该有一个像 <Unit_under_Test>Test 的名字，很显然，必须用测试对象的名称来替换 <Unit_under_Test> 占位符。例如，如果被测试的系统（SUT）是 Money 单位，与该测试单元对应的单元测试夹具，以及所有的单元测试用例都应该命名为 MoneyTest（见图 2-3）。

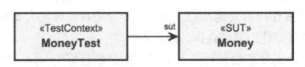

图 2-3 被测试系统（SUT）和单元测试名称

除此之外，单元测试必须有直观的且易理解的名称，如果单元测试的名称或多或少没有意义，比如 testConstructor()、test4391() 或 sumTest()，那么单元测试的名称不会有太大的帮助。通过下面的建议，可以为单元测试取一个好名字。

一般来说，可以在不同场景下使用多种用途的类，一个直观的且易理解的名称应该包

含以下三点:

> ❑ 单元测试的前置条件,也就是执行单元测试之前的 SUT 的状态。
> ❑ 被单元测试测试的部分,通常是被测试的过程、函数或方法(API)的名称。
> ❑ 单元测试预期的测试结果。

遵循以上三点建议,测试过程或方法的单元测试命名的模板,如下所示:

```
<PreconditionAndStateOfUnitUnderTest>_<TestedPartOfAPI>_<ExpectedBehavior>
```

下面是几小段示例代码:

代码2-1　好的且直观的单元测试命名的示例代码

```
void CustomerCacheTest::cacheIsEmpty_addElement_sizeIsOne();
void CustomerCacheTest::cacheContainsOneElement_removeElement_sizeIsZero();
void ComplexNumberCalculatorTest::givenTwoComplexNumbers_add_Works();
void MoneyTest:: givenTwoMoneyObjectsWithDifferentBalance_theInequalityComparison_Works();
void MoneyTest::createMoneyObjectWithParameter_getBalanceAsString_returnsCorrectString();
void InvoiceTest::invoiceIsReadyForAccounting_getInvoiceDate_returnsToday();
```

另一个构建直观的且易理解的单元测试名称的方法,就是在单元测试名称中显示特定的需求。这样的单元测试的名称通常能够反应应用程序域的需求,例如,单元测试名称来自于利益相关者的需求。

下面是一些具有特定域需求的单元测试名称的示例:

代码　2-2

```
void UserAccountTest::creatingNewAccountWithExistingEmailAddressThrowsException();
void ChessEngineTest::aPawnCanNotMoveBackwards();
void ChessEngineTest::aCastlingIsNotAllowedIfInvolvedKingHasBeenMovedBefore();
void ChessEngineTest::aCastlingIsNotAllowedIfInvolvedRookHasBeenMovedBefore();
void HeaterControlTest::ifWaterTemperatureIsGreaterThan92DegTurnHeaterOff();
void BookInventoryTest::aBookThatIsInTheInventoryCanBeBorrowedByAuthorizedPeople();
void BookInventoryTest::aBookThatIsAlreadyBorrowedCanNotBeBorrowedTwice();
```

当你阅读上面这些单元测试的名称时,即使在没有单元测试代码的情况下,也是非常直观的且易理解的。从这些单元测试的名称中可以很容易地得到许多有用的信息。如果单元测试失败,这样的命名将会是一个很大的优势。几乎所有的单元测试框架都会把失败的单元测试的名称输出到标准输出(stdout ⊖),所以,这种直观的且易理解的单元测试命名,极大地促进了错误的定位。

2.5.3　单元测试的独立性

每个单元测试和其他的单元测试都必须是独立的。如果单元测试之间是以特定的顺序执行的,那么这将是致命的,因为一个单元测试的执行依赖于前一个单元测试的影响,例

⊖　默认情况下输出到控制台,当然也有可能重定向到文件、数据库或网络。——译者注

如，改变了类的状态，改变了上下文环境等。永远不要编写"一个单元测试的输出是另一个单元测试的输入"的单元测试。当离开一个单元测试的时候，不应该改变测试单元的状态⊖，这是后续单元测试执行的先决条件。

主要的问题可能是由全局状态引起的，例如，在单元测试中使用单例或使用了静态的成员。单例不仅增加了单元测试之间的耦合度，还经常会保持一个全局的状态，单元测试之间因为全局状态而变得相互依赖。例如，如果一个全局状态是某个单元测试成功执行的先决条件，当前面的单元测试成功执行并修改了这个全局状态时，那么接下来的单元测试就会执行失败。

尤其是在遗留系统中，经常杂乱无章地使用单例模式，这就引出了一个问题：如何才能摆脱这些杂乱无章的对单例的依赖关系，让我们的代码更易于测试呢？这是在第 6 章的依赖注入部分讨论的一个重要问题。

处理遗留系统

如果你在所谓的遗留系统中添加单元测试时遇到许多困难，我强烈推荐 Michael C 写的《Working Effectively with Legacy Code》[Feathers07]。这本书包含了许多策略，用于处理大型的、未经测试的遗留代码，这本书还包括了 24 种依赖中断技术。当然，这些策略和技术超出了本书的范围。

2.5.4 一个测试一个断言

我知道这是一个有争议的话题，但我会试着解释为什么我认为这很重要，我的建议是限制一个单元测试只使用一个断言。如下所示：

代码2-3　一个检查Money类的不等运算符的单元测试

```
void MoneyTest::givenTwoMoneyObjectsWithDifferentBalance_theInequalityComparison_Works() {
  const Money m1(-4000.0);
  const Money m2(2000.0);
  ASSERT_TRUE(m1 != m2);
}
```

有人可能争辩说我们还可以检查其他比较运算符（例如，`Money :: operator==()`）在该单元测试中是否正常工作，只需添加更多断言就可以轻松实现这一点，如下所示：

代码2-4　问题：在一次单元测试中检查所有比较运算符真的是个好主意吗

```
void MoneyTest::givenTwoMoneyObjectsWithDifferentBalance_testAllComparisonOperators() {
  const Money m1(-4000.0);
  const Money m2(2000.0);
```

⊖　单元测试之间是独立的，离开任何一个单元测试后，单元测试的上下文环境应当一致。——译者注

```
ASSERT_TRUE(m1 != m2);
ASSERT_FALSE(m1 == m2);
ASSERT_TRUE(m1 < m2);
ASSERT_FALSE(m1 > m2);
// ...more assertions here...
}
```

我认为这种测试方法的问题是显而易见的：

☐ 如果由于某些原因而导致测试失败了，开发人员可能很难快速找到错误原因。最重要的是，前面一个断言的错误掩盖了其他的错误，也就是说，它隐藏了后续的断言，因为测试的执行被中断了。

☐ 正如单元测试的命名一节（2.5.2 节）中所述，我们应该以精确且富有表现力的方式命名测试。通过多个断言，单元测试确实可以测试很多东西（顺便说一下，这违反了单一职责原则，参见第 6 章），并且很难为它找到一个好的名字，上面的 ...testAllComparisonOperators() 仍然不够精确。

2.5.5 单元测试环境的独立初始化

该规则有点类似于单元测试的独立性，在一个干净整洁的单元测试运行完成后，与该单元测试相关的所有状态都必须消失。更具体地说，在运行所有单元测试时，每个单元测试都必须是应用程序的一个独立的可运行的实例，每个单元测试都必须完全自行设置和初始化其所需的环境，这同样适用于执行单元测试后的清理工作。

2.5.6 不要对 getters 和 setters 做单元测试

不要为类的简单的 getters（访问器）和 setters（设置器）编写单元测试，如下所示：

代码2-5 简单的setters和getters

```
void Customer::setForename(const std::string& forename) {
  this->forename = forename;
}

std::string Customer::getForename() const {
  return forename;
}
```

你真的认为这样简单而直接的方法会出问题吗？这些成员函数通常非常简单，因此为它们编写单元测试是愚蠢的。此外，这些简单的 getters 和 setters 已经隐式地通过其他且更重要的单元测试进行了测试。

注意，我刚才说到，测试**常见且简单**的 getters 和 setters 是没有必要的，但有时 getters 和 setters 并不是那么简单。根据我们稍后将讨论的信息隐藏原则（参见 3.5 节"信息隐藏原则"），如果 getter 是简单的，或者它必须通过复杂的逻辑来确定它的返回值，那么它就应该被隐藏起来。因此，有时显式地为一个 getters 或 setters 写出单元测试是很有用的。

2.5.7 不要对第三方代码做单元测试

不要为第三方代码编写单元测试代码！我们不必验证库或框架是否按预期的那样工作。例如，我们可以问心无愧地大胆假设，调用 C++ 标准库中的成员函数 std::vector::push_back() 无数次都不会出错。相反，我们可以预测第三方代码都有自己的单元测试。在你的项目中，不使用那些没有自己的单元测试和质量可疑的库或框架，这是一种明智的架构选择。

2.5.8 不要对外部系统做单元测试

对于外部系统，道理也和第三方代码一样，不要为你要开发的系统环境中的第三方系统编写测试代码，这不是你的责任。例如，如果你的财务软件使用一个通过 Internet 连接的现有的外部货币转换系统，那么你不应对这个外部系统进行测试，这样的系统不能提供明确的结果（货币之间的转换因子每分钟都在变化），并且由于网络问题可能根本无法对其进行测试，我们不对外部系统负责。

我的建议是无视这些东西（见本章后面的测试使用的虚假对象章节），测试你自己的代码，而**不是**他们的代码。

2.5.9 如何处理数据库的访问

目前，许多软件系统都包含（依赖）数据库系统，将大量的对象和数据长期存储到数据库中，从而可以方便地从数据库查询这些对象和数据，当系统被关闭以后，这些对象和数据也不会丢失。

一个很重要的问题是：在单元测试期间，我们应该如何处理数据库的访问？

*我对这个问题的第一个也是最重要的建议是：能**不使用**数据库进行单元测试，就**不使用**数据库进行单元测试。*

——Gerard Meszaros, xUnit Patterns

在单元测试过程中，数据库可能会引起各种各样的问题。例如，如果许多单元测试使用同一个数据库，那么，这个数据库就会趋向于一个大的集中式的存储系统，这些单元测试必须为不同的目的而共享这个数据库。而这种共享，可能会对本章前面讨论过的单元测试的独立性产生不利的影响，可能很难保证每个单元测试所需的前提条件。一个单元测试的执行，可以通过共享的数据库对其他的单元测试产生不好的影响。

另一个问题是，数据库的存储速度是缓慢的。访问数据库的速度比访问计算机内存的速度要慢得多。与数据库交互的单元测试往往比完全不依赖于数据库的单元测试慢得多。假设你有几百个单元测试，每个单元测试需要额外的平均 500 毫秒的时间，这很有可能是由于查询数据库导致的。总之，访问数据库的单元测试比没有访问数据库的单元测试要多花费几分钟的时间。

我的建议是模拟数据库 (参见本章后面 5.2.12 节 "测试替身")，只在内存中执行所有的单元测试⊖。不要担心，如果系统中存在数据库的使用，那么，在系统集成和系统测试级别会测试数据库⊖

2.5.10　不要混淆测试代码和产品代码

有时开发人员产生了一个想法，用测试代码来装备他们的生产代码。例如，在测试期间，一个类可能以如下方式包含了处理协作类的依赖关系的代码：

代码2-6　在测试过程中处理依赖关系的一种可能的解决方案

```cpp
#include <memory>
#include "DataAccessObject.h"
#include "CustomerDAO.h"
#include "FakeDAOForTest.h"

using DataAccessObjectPtr = std::unique_ptr<DataAccessObject>;
class Customer {
public:
  Customer() {}
  explicit Customer(bool testMode) : inTestMode(testMode) {}

  void save() {
    DataAccessObjectPtr dataAccessObject = getDataAccessObject();
    // ...use dataAccessObject to save this customer...
  };

  // ...

private:
  DataAccessObjectPtr getDataAccessObject() const {
    if (inTestMode) {
      return std::make_unique<FakeDAOForTest>();
    } else {
      return std::make_unique<CustomerDAO>();
    }
  }
  // ...more operations here...

  bool inTestMode{ false };
  // ...more attributes here...
};
```

DataAccessObject 是特定 DAO（数据访问对象）的抽象基类，在本例中为 CustomerDAO

⊖　单元测试不要访问数据库、磁盘、网络等外设。——译者注
⊖　数据库测试不是单元测试的内容，它是系统集成和系统测试级别的内容。——译者注

和 FakeDAOForTest，后者就是所谓的测试替身（fake object），这是一个用于测试的虚拟对象（参见本章后面的 2.5.12 节），目的是替换真正的 DAO，因为我们不想测试它，并且我们不想在测试期间保存 Customer 的数据（谨记我关于数据库的建议）。使用两个 DAO 中的哪一个由布尔数据成员 inTestMode 控制。

这段代码虽然可行，但这一解决方案有几个缺点。

首先，我们的生产代码会混杂测试代码，虽然初看并不显眼，但它会增加产品复杂度并降低代码的可读性。我们需要一个额外的成员来区分系统的测试模式和生产使用，这个布尔成员与客户无关，更不用说系统的域了。而且不难想象系统中的许多类都需要这种类型的成员。

此外，Customer 类依赖于 CustomerDAO 和 FakeDAOForTest，你可以在源代码头部的包含文件列表中看到它，这意味着在生产环境中测试虚拟类 FakeDAOForTest 也是系统的一部分，我们寄希望于测试替身的代码永远不会在生产中被调用，但是它确实被编译、链接并部署在了生产中。

当然，也有一些更好的方法来处理这些依赖关系，并保证生产代码不受测试代码的影响。例如，我们可以在 Customer::save() 中注入特定的 DAO 作为一个参考参数。

代码2-7　避免依赖测试代码（1）

```cpp
class DataAccessObject;

class Customer {
public:
  void save(DataAccessObject& dataAccessObject) {
    // ...use dataAccessObject to save this customer...
  }
  // ...
};
```

或者，也可以在构造 Customer 类型的实例期间完成。在这种情况下，我们必须将 DAO 的一个引用作为类的成员属性。此外，我们必须通过编译器禁止自动生成默认构造函数，因为我们不希望 Customer 的任何用户可以创建一个未正确初始化的实例。

代码2-8　避免依赖测试代码（2）

```cpp
class DataAccessObject;

class Customer {
public:
  Customer() = delete; //C++11的语法，指示编译器不生成Customer()构造函数
  Customer(DataAccessObject& dataAccessObject) : dataAccessObject(dataAccessObject) {}
  void save() {
    // ...use member dataAccessObject to save this customer...
  }

  // ...
```

```
private:
  DataAccessObject& dataAccessObject;
  // ...
};
```

---

deleted 函数 [C++11]

在 C++ 中，如果有些类型成员没有被定义，编译器会自动为这些类型生成所谓的特殊成员函数（默认构造函数、拷贝构造函数、拷贝赋值运算符和析构函数）。从 C++11 开始，这个特殊成员函数列表多了移动构造函数和移动赋值运算符。C++11（及更高版本）提供了一种简单且声明性的方法来阻止自动创建任何特殊成员函数、普通成员函数和非成员函数，你可以删除它们。例如，你可以通过以下方式阻止创建默认构造函数：

```
class Clazz {
public:
  Clazz() = delete;
};
```

另一个例子：你可以删除 new 运算符以防止在堆上动态分配一个类：

```
class Clazz {
public:
  void* operator new(std::size_t) = delete;
};
```

第三种替代方案是特定的 DAO 可以由 Customer 类已知的一个工厂（请参阅第 9 章中有关设计模式的 Factory 模式部分）来创建。如果系统在测试环境中运行，我们可以从外部配置 Factory 以创建所需的 DAO。无论你选择哪种可能的解决方案，Customer 类都能与测试代码脱离，Customer 与特定的 DAO 没有依赖关系。

2.5.11 测试必须快速执行

在大型项目中，单元测试的量级早晚会达到上千条。这在软件质量保证方面是有促进作用的。但比较尴尬的是，测试人员也许直到提交代码的时候才会执行它们，因为这项工作耗费的时间过于漫长。

很显然，测试花费的时间和团队的生产力有很大的关系。如果运行单元测试需要花费 15 分钟、30 分钟甚至更多，那么开发人员的工作进度就会由于长时间等待测试结果而受到影响。即使执行每个单元测试平均"只"需要几秒钟，那么执行完 1000 个测试用例也需要超过 8 分钟。这就意味着如果这些测试案例每天需要执行 10 次的话，那么将有 1.5 小时的时间花在等待上。结果就是，开发人员会减少单元测试的次数。

我的建议是：**测试必须快速执行！**单元测试必须为开发者建立一套快速反馈机制。一个大型项目的所有单元测试的执行时间最多花费 3 分钟，当然，越少越好。在开发过程中，为了更快地执行本地的测试用例，测试框架要提供一种简便的方法来暂时关闭不相关的测试组。

毫无疑问，在最终产品发布前，测试平台上的所有测试用例都应该执行到。一旦测试用例执行失败，应当立即通知开发团队。可以通过电子邮件提醒，或在显眼的地方标记出来（比如，在墙上的显示屏上展示出来，或者通过测试平台控制指示灯提醒开发人员）。即使只有一个测试用例不通过，也不能发布产品！

2.5.12 测试替身

单元测试应该只被称为"单元测试"，被测试单元在单元测试执行期间，与依赖系统完全无关，也就是说，被测试单元不依赖其他单元或外部系统。例如，虽然在系统集成测试的时候，数据库的测试不是必要的，但是这是集成测试的目的，所以禁止在实际单元测试期间访问数据库（如查询，参见 2.5.9 节"如何处理数据库的访问"）。因此，要测试的单元与其他模块或外部系统的依赖性应该被所谓的测试替身（Test Doubles）替换，测试替身也被称为伪对象（Fake Objects）或假模型（Mock-Ups）。

为了以一种优雅的方式使用测试替身，尽量达到被测试单元之间的松耦合（参见 3.7 节"松耦合原则"）。例如，抽象（如纯抽象类形式的接口）可以在访问单元测试不关心的合作者的时候被引入，如图 2-4 所示。

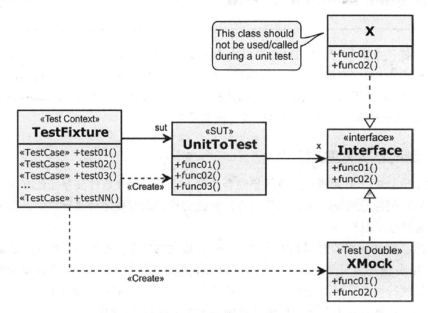

图 2-4　通过接口很容易地用 XMock 替换 X

假设你想开发一个应用程序，该应用程序使用外部的 Web 服务进行货币转换。在单元测试期间，不能正常使用外部服务，因为货币转换因子每秒都在发生变化。此外，通过互联网查询服务是比较慢的，很有可能失败，而且也不能模拟边界值的情况。因此，在单元测试期间，必须用测试替身替换实际货币转换服务。

首先，我们必须在代码中引入一个可变点，可以用一个测试替身替换与货币转换服务的通信模块，通常可以使用一个接口达到这个目的，该接口在 C++ 中是一个仅包含纯虚成员函数的抽象类。

代码2-9　一个货币转换的抽象接口

```
class CurrencyConverter {
public:
  virtual ~CurrencyConverter() { }
  virtual long double getConversionFactor() const = 0;
};
```

通过 Internet 访问被封装在实现 **CurryNyCurror** 接口的类中的货币转换服务。

代码2-10　访问实际的货币转换服务的类

```
class RealtimeCurrencyConversionService : public CurrencyConverter {
public:
  virtual long double getConversionFactor() const override;
  // ...more members here that are required to access the service...
};
```

第二个实现测试目的的方法是：测试替身 **CurrencyConversionServiceMock**。这个类的对象将返回一个预定义的转换因子，在单元测试的时候需要用到这个预定义的转换因子。此外，这个类的对象还提供了从外部设置转换因子的能力，例如，用于模拟边界情况。

代码2-11　测试替身

```
class CurrencyConversionServiceMock : public CurrencyConverter {
public:
  virtual long double getConversionFactor() const override {
    return conversionFactor;
  }

  void setConversionFactor(const long double value) {
    conversionFactor = value;
  }

private:
  long double conversionFactor{0.5};
};
```

产品代码中，在使用货币转换服务的地方，现在用接口来访问货币转换服务。得益于这种抽象，客户端代码在运行时是完全透明的——无论是访问实际的货币转换服务还是货币转换服务的替身。

代码2-12　使用这个服务的类的头文件

```cpp
#include <memory>

class CurrencyConverter;

class UserOfConversionService {
public:
  UserOfConversionService() = delete;
  UserOfConversionService(const std::shared_ptr<CurrencyConverter>& conversionService);
  void doSomething();
  // More of the public class interface follows here...

private:
  std::shared_ptr<CurrencyConverter> conversionService;
  //...internal implementation...
};
```

Listing 2-13. An excerpt from the implementation file

```cpp
UserOfConversionService::UserOfConversionService    (const std::shared_
ptr<CurrencyConverter>& conversionService) :
  conversionService(conversionService) { }

void UserOfConversionService::doSomething() {
  long double conversionFactor = conversionService->getConversionFactor();
  // ...
}
```

　　在 UserOfConversionService 类的单元测试中，测试用例能够通过初始化构造函数把伪对象（mock object）传递给这个类的对象。另一方面，在软件正常运行的情况下，也可以通过构造函数把真实的服务传递给这个类的对象。这种技术称为依赖注入模式，在后面第 9 章"设计模式和习惯用法"会进行详细讨论。

代码2-13　通过UserOfConversionService的构造函数传递它使用的CurrencyConverter对象

```cpp
std::shared_ptr<CurrencyConverter> serviceToUse = std::make_shared<name of the desired class
here */>();
UserOfConversionService user(serviceToUse);
// The instance of UserOfConversionService is ready for use...
user.doSomething();
```

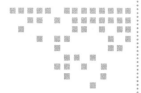

第 3 章　*Chapter 3*

原　　则

我建议学生们把更多的精力放在学习基本思想上，而不是新技术上，因为新技术在他们毕业之前就有可能过时，而基本思想则永远不会过时。

——David L. Parnas

在本章，我将介绍设计良好的和精心制作的软件需要遵循哪些最基本的原则。这些基本原则的特别之处在于，它们并不是只针对某些编程案例或者编程语言，其中一些原则甚至并不是专用于软件开发的。例如，我们讨论的 KISS 原则可以适用于生活的很多方面，一般来说，不仅是软件开发，把生活中的一切事情变得尽可能简单并不一定都是坏事。

也就是说，下面这些原则我们不应该学一次就忘掉，建议熟练掌握它们。这些原则非常重要，理想情况下，它们会成为每个开发人员的第二天性。我在后面章节中即将讨论到的很多具体原则都是基于以下基本原则的。

3.1　什么是原则

在本书中，你会发现许多编写更好的 C++ 代码和设计良好的软件的原则，但到底什么是原则呢？

许多人都有一些指导他们一生的原则。举个例子，如果你因为某些原因不吃肉，那么这可能就是原则；如果你想保护你的小孩，那么你会教他一些原则，指导他可以自己做出正确的决定，比如"不要和陌生人说话！"只要将这个原则记住，孩子就可以在特定的场合下做出正确的决定。

原则是一种规则、信仰或者指引你的观念，原则通常与价值观或价值体系直接联系。

例如，我们不需要被告知同类相残是错误的，因为人们对人类生活有天生的价值观。更好的一个例子是 Agile Manifesto [Beck01] 包含了 12 条原则，指导项目团队开展敏捷项目。

原则并不是不可改变的法律，更没有明文规定地刻在石头上。而且在编程的时候有时故意违背其中一些原则是有必要的，只要你有充分的理由违背原则，就可以去做，但是做的时候一定要小心！因为结果很可能会出乎你的意料。

以下几项基本原则，将会在本书后面的各个章节分别进行回顾及强化。

3.2 保持简单和直接原则（KISS）

任何事情都应该尽可能简单，而不是稍微简单一点。

——Albert Einstein, theoretical physicist, 1879—1955

KISS 是"Keep it simple，stupid"或"Keep it simple and stupid"的缩写（对于这个缩写有很多其他的意思，这两个是最常用的）。在极限编程中（extreme programming），简称 XP，这个原则有一个更有实践意义的名字"Do the simplest thing that could possibly work"（DTSTTCPW），即简单到只要能正常工作就好。KISS 原则旨在在软件开发中，把简单当作一个主要的目标，避免做一些没有必要的复杂性的工作。

我认为在软件开发过程中，软件开发者经常会忘记 KISS 原则，程序员偏向以精心设计的方式编写代码，这样导致的结果是他们往往将问题复杂化。我知道，我们都是技术精湛、积极进取的开发人员，而且我们也了解设计和架构模式、框架、技术、工具以及其他酷炫和奇特的东西，开发很酷的软件不只是我们朝九晚五的一个工作而已——它已经成为了我们的使命，我们因我们的工作而变得更有成就感。

但是你必须记住，任何软件系统都有内在的复杂性，毫无疑问，复杂问题通常需要复杂的代码。内在的复杂性是不可避免的，由于系统需要满足需求，所以这种复杂性客观存在。但是，为这种内在的复杂性添加不必要的复杂性将是致命的。因此，建议不要仅因为你会用，就把一些花哨技巧或一些很酷的设计模式都用在你所使用的编程语言中。另一方面，也不要过分简单，如果在 switch-case 判断中有十个条件是必需的，那它就应该有十个条件[⊖]。

保持代码尽可能简单！当然，如果对灵活性和可扩展性有很高的质量要求，则必须增加软件的复杂性以满足这些需求。例如，你可以使用众所周知的策略模式（请参阅第 9 章"设计模式"），如果需求需要的话，在代码中引入灵活的可变点。但要小心，只添加那些使事情整体变得更简单的复杂性的东西。

⊖ 可以考虑使用"表驱动法"来解决 N 个分支条件的问题。——译者注

对于程序员来说，关注简单性可能是最困难的事情之一，并且这是一个终生的学习经验。

——Adrian Bolboaca (@adibolb), April 3, 2014, on Twitter

3.3　不需要原则（YAGNI）

总是在你真正需要的时候再实现它们，而不是在你只是预见到你需要它们的时候实现它们。

——Ron Jeffries, You're NOT gonna need it! [Jeffries98]

这一原则与之前讨论的 KISS 原则紧密相连。YAGNI 是"You Aren't Gonna Need It！"的缩写，也可以看作"You Ain't Gonna Need It!"的缩写。YAGNI 原则向投机取巧和过度设计宣战，它的主旨是希望你不要写目前用不上，但将来也许需要的代码。

几乎每个开发者在日常工作中都有这样一种冲动："以后我们也许会用到这个功能……"**错，你不会用到它**！无论在什么情况下，你都要抵制开发以后可能用到的功能。毕竟，你可能根本不需要这个功能。如果你已经实现了这种无意义的功能，那么你花在那上面的时间就浪费了，并且你的代码也会变得更加复杂！当然，你也破坏了 KISS 原则。更严重的是，这些为日后的功能做准备的代码，充满了 bug 并可能导致严重的后果！

我的建议是：在你确定真的有必要的时候再写代码，那时再重构仍然来得及。

3.4　避免复制原则（DRY）

复制和粘贴是一个设计错误。

——David L. Parnas

虽然这个原则是最重要的，但我确信开发人员经常有意或无意地违反这个原则。DRY 是"Don't repeat yourself！"的缩写。我们应该尽可能避免复制，因为复制是一个非常不好的行为。该原则也称为"Once And Only Once"（OAOO）原则。

复制是非常危险的，其原因显而易见：当一段代码被修改的时候，也必须相应地修改这段代码的副本，不要抱着不修改副本的期望，可以肯定的是，一定要修改副本。任何复制的代码片段迟早会被忘记，并且，会因为漏改代码的副本而产生 bug。

就这样，没什么别的了吗？不是的，还有一些需要我们深入讨论的事情。

在 Dave Thomas 和 Andy Hunt 的出色的著作《The Pragmatic Programmer》[Hunt99]中陈述了 DRY 原则的含义，就是我们要保证"在一个系统内部，任何一个知识点都必须有一个单一的、明确的、权威的陈述。"值得注意的是，Dave 和 Andy 并没有明确地提到代码，他们谈论的是知识点。一个系统的知识所影响的范围远比它的代码更广泛。例如，DRY 原则同样也适用于文档、项目、测试计划和系统的配置数据。可以说，DRY 原则影响了每一件事情！你可以想象一下，严格遵守这一原则并不像开始看起来那么容易。

3.5 信息隐藏原则

信息隐藏原则是软件开发中一个众所周知的基本原则，它首先记录在开创性论文"On the Criteria to Be Used in Decomposing Systems Into Modules"[Parnas72] 中，由 David L. Parnas 于 1972 年撰写。

该原则指出，一段代码调用了另外一段代码，那么，调用者不应该知道被调用者的内部实现。否则，调用者就有可能通过修改被调用者的内部实现而完成某个功能⊖，而不是强制性地要求调用者修改自己的代码。

David L. Parnas 认为信息隐藏是把系统分解为模块的基本原则，Parnas 同样认为系统模块化是为了隐藏困难的设计决策或可能改变的设计决策，应该涉及隐藏困难的设计决策或可能改变的设计决策，软件单元（例如，类或组件）暴露于其环境的内部构件越少，该单元的实现与其客户端之间的耦合就越低。因此，软件单元内部实现的更改将不会被其使用者所察觉。

信息隐藏有很多优点：

❑ 限制了模块变更的范围。

❑ 如果需要修复缺陷，对其他模块的影响最小。

❑ 显著提高了模块的可复用性。

❑ 模块具有更好的可测试性。

信息隐藏通常与封装混淆，但其实它们不一样，这两个术语在许多著名的书籍中是同义词，但我并不这么认为。信息隐藏是帮助开发人员找到好的设计模块的原则，该原则适用于多个抽象层次并能展现其正面效果，特别是在大型系统中。

封装通常是依赖于编程语言的技术，用于限制对模块内部的访问。例如，在 C++ 中，你可以在 `private` 关键字后定义一些类成员，以确保类外部无法访问它们，但我们仅用这种防护方式进行访问控制，离自动隐藏信息还远着呢，封装有助于但不能保证信息隐藏。

以下代码示例展示了隐藏信息较差的封装类：

代码3-1　一个自动转向门的类（摘录）

```
class AutomaticDoor {
public:
  enum class State {
```

⊖ 因为调用者知道了被调用者是如何实现的，所以可以修改。——译者注

```
    closed = 1,
    opening,
    open,
    closing
  };

private:
  State state;
  // ...more attributes here...

public:
  State getState() const;
  // ...more member functions here...
};
```

这不是信息隐藏，因为类内部的实现部分暴露给了外部环境，尽管该类看起来封装得很好。注意 getState 返回值的类型，客户端用到的枚举类 State 用到了这个类，如下示例所示：

代码3-2　必须使用AutomaticDoor查询门的当前状态的示例

```
#include "AutomaticDoor.h"

int main() {
  AutomaticDoor automaticDoor;
  AutomaticDoor::State doorsState = automaticDoor.getState();
  if (doorsState == AutomaticDoor::State::closed) {
    // do something...
  }
  return 0;
}
```

枚举类（结构体）[C++11]

在 C++11 中，枚举类型也有了创新。为了向下兼容早期的 C++ 标准，现在仍存在众所周知的枚举类型及其关键字 enum。从 C++11 开始，我们还引入了枚举类和枚举结构体。

旧的 C++ 枚举类型有一个坏处，它们将枚举成员引入周围的命名空间，导致了名称冲突，如下示例所示：

```
const std::string bear;
// ...and elsewhere in the same namespace...
enum Animal { dog, deer, cat, bird, bear }; // error: 'bear' redeclared as different
kind of symbol
```

此外，旧的 C++ enum 会隐式转换为 int，当我们不预期或不需要这样的转换时会导致难以察觉的错误：

```
enum Animal { dog, deer, cat, bird, bear };
Animal animal = dog;
int aNumber = animal; // Implicit conversion: works
```

当使用枚举类（也称为"新枚举"或"强枚举"）时，这些问题将不再存在，它们的枚举成员对枚举来说是局部的，并且它们的值不会隐式转换为其他类型（比如另一个枚举或 int 类型）。

```cpp
const std::string bear;
// ...and elsewhere in the same namespace...
enum class Animal { dog, deer, cat, bird, bear }; // No conflict with the string named
'bear'
Animal animal = Animal::dog;
int aNumber = animal; // Compiler error!
```

对于现代 C++ 程序，强烈建议使用枚举类而非普通的旧的枚举类型，因为它使代码更安全，并且因为枚举类也是类，所以它们可以前向声明。

如果必须更改 AutomaticDoor 的内部实现并从类中删除枚举类 State，那么会发生什么呢？很容易看出它会对客户端的代码产生重大影响，它将导致使用成员函数 AutomaticDoor::getState() 的所有地方都要进行更改。

以下是具有良好的信息隐藏性的封装的 AutomaticDoor 类：

代码3-3　一个更好的自动门转向设计类

```cpp
class AutomaticDoor {
public:
  bool isClosed() const;
  bool isOpening() const;
  bool isOpen() const;
  bool isClosing() const;
  // ...more operations here...

private:
  enum class State {
    closed = 1,
    opening,
    open,
    closing
  };

  State state;
  // ...more attributes here...
};
```

代码3-4　类AutomaticDoor被修改后的简洁例子

```cpp
#include "AutomaticDoor.h"

int main() {
  AutomaticDoor automaticDoor;
  if (automaticDoor.isClosed()) {
    // do something...
  }
  return 0;
}
```

现在，修改 AutomaticDoor 类的内部要容易实现得多。客户端代码不再依赖于类的内部实现。现在你可以在不引起该类任何用户注意的情况下，删除 State 枚举并将其替换为另一种实现。

3.6 高内聚原则

软件开发中的一条通用建议是，任何软件实体（如模块、组件、单元、类、函数等）应该具有很高的（或强的）内聚性。一般来讲，当模块实现定义确切的功能时，应该具有高内聚的特性。

为了深入研究该原则，让我们来看两个例子，这两个例子没有太多的关联，从图 3-1 开始。

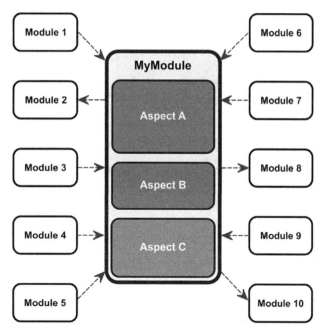

图 3-1 MyModule 类有很多的职责，这就导致了模块相互依赖

在上面的例子中，模块随意划分，业务领域三个不同的功能放在了一个模块内。功能 A、功能 B 和功能 C 之间基本没有什么共同点，但是这三个功能却被放在 MyModel 模块中。阅读模块的代码就会发现，功能 A、功能 B 和功能 C 在不同的、完全独立的数据上运行。

现在，观察图 3-1 中所有的虚线箭头，箭头指向的每一个模块都是一个被依赖者，箭头尾部的模块需要箭头指向的模块来实现。在这种情况下，系统中的其他模块想要使用功能 A、功能 B 或功能 C 时，调用的模块就会依赖于整个 MyModule 模块。这样设计的缺点是显而易见的：这会导致太多的依赖，并且可维护性也会降低。

为了提高内聚性, 功能 A、功能 B 和功能 C 应该彼此分离 (见图 3-2)。

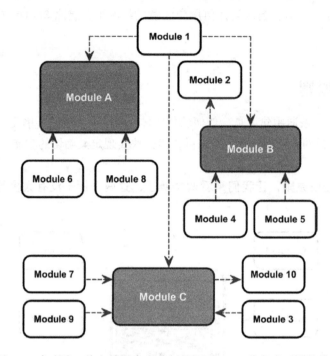

图 3-2   高内聚: 将之前混合在一起的 A、B、C 分离成不同的模块

现在, 很容易地看出, 每个模块的依赖项比旧的 `MyModule` 的依赖项少得多。很明显, 模块 A、模块 B、模块 C 之间没有直接的关系。`Module1` 是唯一依赖模块 A、模块 B 和模块 C 的模块。

另外一个低内聚的形式是**散弹枪反模式**(Shot Gun Anti-Pattern)。我想大家应该都听说过, 霰弹枪是一种能发射大量小铁沙的武器, 这种武器通常有很大的散射性。在软件开发中, 这种隐喻用于描述某个特定领域方面或单个逻辑思想是高度碎片化的, 并且分布在许多模块中, 图 3-3 描述了这种情况。

在这种低内聚方式下, 出现了许多不利的依赖关系, 功能 A 的各个片段必须紧密结合在一起。这就意味着, 实现功能 A 子集的每个模块必须至少与一个包含功能 A 子集的模块交互。这会导致大量的依赖性交叉。最坏的情况是导致循环依赖; 比如, 模块 1 和模块 3 之间, 或模块 6 和模块 7 之间。这再一次对可维护性和可扩展性产生了负面影响。当然, 这种设计的可测试性也是非常差的。

这种设计将导致所谓的 "霰弹枪手术"。对功能 A 的某种修改会导致很多模块进行或多或少的修改, 这真的很糟糕, 并且应该避免。我们应该把与功能 A 相关的所有代码都拿出来, 把相同逻辑的代码放到一个高内聚的模块内。

一些其他的原则——例如, 面向对象设计的单一职责(SRP)原则(详见第 6 章), 会促进高内聚性。高内聚往往与松耦合相关，反之亦然。

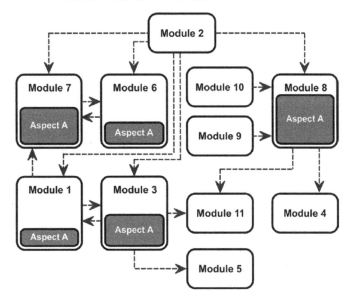

图 3-3　功能 A 跨越了 5 个模块

3.7　松耦合原则

考虑下面的示例代码：

代码3-5　一种可以开灯和关灯的开关

```cpp
class Lamp {
public:
  void on() {
    //...
  }

  void off() {
    //...
  }
};

class Switch {
private:
  Lamp& lamp;
  bool state {false};

public:
  Switch(Lamp& lamp) : lamp(lamp) { }

  void toggle() {
    if (state) {
```

```
        state = false;
        lamp.off();
    } else {
        state = true;
        lamp.on();
    }
    }
};
```

这段代码基本上可以正常运行。首先你需要创建 Lamp 类的实例，然后通过引用方式将 Lamp 的实例传递给 Switch。这个小例子看起来像图 3-4 描述的那样。

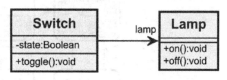

图 3-4　Switch 和 Lamp 的类图

这个设计有什么问题？

问题就是，我们的 Switch 类直接包含了一个具体类 Lamp 的引用。换句话说，这个 Switch 类知道那是一个具体的 Lamp 类。

也许你会争辩说："好吧，这就是开关的目的，开关必须能够开灯和关灯。"我会说："是的，如果这是开关应该做的唯一的一件事情，那么这个设计就足够了。但是，请你去商店看看，卖开关的人知道灯的存在吗？"

你对这个设计的可测试性有什么看法？在单元测试中，SWitch 类可以被单独测试吗？显然这是不可能的。当开关不仅需要打开灯、打开风扇、打开电动卷帘时，我们该怎么办？

在上面的例子中，灯和开关是**紧耦合**的。

在软件开发过程中，应该寻求模块间的松耦合（也称为低耦合或弱耦合）。这意味着你应该构建一个系统，在该系统中，每个模块都应该很少使用或不知道其他独立模块的定义。

软件开发中，松耦合的关键是接口。接口声明类的公共行为，而不涉及该类的具体实现。接口就像合同，而实现接口的类负责履行契约，也就是说，这些实现接口的类必须为接口的方法签名提供具体的实现。

在 C++ 中，使用抽象类实现接口，如下所示：

代码3-6　Switchable接口

```
class Switchable {
public:
    virtual void on() = 0;
    virtual void off() = 0;
};
```

这个 Switch 类不再包含 Lamp 类的引用。相反，它持有了我们新定义的 Switchable 接口类。

代码3-7　改进后的Switch类，灯不见了

```cpp
class Switch {
private:
  Switchable& switchable;
  bool state {false};

public:
  Switch(Switchable& switchable) : switchable(switchable) {}

  void toggle() {
    if (state) {
      state = false;
      switchable.off();
    } else {
      state = true;
      switchable.on();
    }
  }
};
```

这个 Lamp 类实现了我们新定义的 Switchable 接口。

代码3-8　Lamp类实现了Switchable接口

```cpp
class Lamp : public Switchable {
public:
  void on() override {
    // ...
  }

  void off() override {
    // ...
  }
};
```

用 UML 类图表示，我们新设计的类图看起来像下图 3-5 那样。

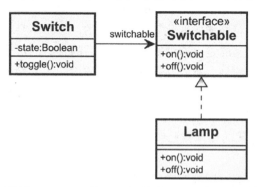

图 3-5　通过 Switchable 接口，实现了 Switch 和 Lamp 的松耦合

这个设计的优点是显而易见的。Switch 已经能完全独立于由它控制的具体类。而

且, Switch 可以通过实现 Switchable 接口的测试替身进行独立的测试。如果你想控制一个风扇而不是一盏灯呢? 也没有问题, 这个设计对扩展是开放的。只需要创建一个实现了 Switchable 接口的风扇类或者电气设备的其他类就可以了, 详见图 3-6。

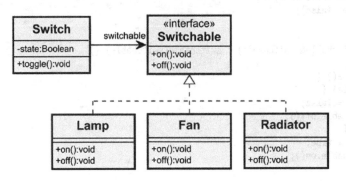

图 3-6   通过 Switchable 接口, Switch 能够控制不同种类的电气设备

松耦合可以为系统的各个独立的模块提供高度的自治性, 该原理可以适用于很多不同的层次: 可以用在最小的模块上, 当然, 还可以用在大型组件的体系结构上。高内聚会促进松耦合, 因为具有明确定义责任的模块, 通常会依赖于较少的其他模块。

3.8   小心优化原则

> 不成熟的优化是编程中所有问题 (或者至少是大部分问题) 的根源。
>
> ——Donald E. Knuth, American computer scientist [Knuth74]

我发现, 开发人员只有一个模糊的想法就进行程序的优化, 但他们并不确切知道性能瓶颈究竟在哪里。他们经常摆弄个别的指示, 或尝试优化小的、局部的循环结构以挤出最后一点性能。我也是这些开发人员中的一员, 其实这很浪费时间。

一般来讲, 这些更改对性能的变化是微不足道的, 通常不会出现预期的性能提升, 这只会浪费宝贵的时间。相反的是, 这种所谓的优化后的代码的可理解性和可维护性通常会受到严重影响。特别糟糕的是, 有时在这种优化措施中, 一些缺陷反而"巧妙"地被引入到了代码中。我的建议是: **只要没有明确的性能要求, 就避免优化。**

代码的可理解性和可维护性应该是我们的第一个目标, 正如我在第 4 章 "调用开销" 一节中所解释的那样, 现代的编译器已经非常擅长优化代码了, 每当你想优化某些代码时, 想想 YAGNI 原则。

只有在不满足利益相关方明确要求的情况下才能采取行动。但是, 你应该仔细分析影响性能的地方, 不要仅凭直觉进行优化。例如, 你可以使用 Profiler 找出软件的瓶颈所在。使用这样的工具后, 开发人员常常会惊讶于影响性能的点与最初假设的位置相差甚远。

注意 Profiler 是一种动态程序分析工具。除其他常用指标外，它还测量函数调用的频率和持续时间，它收集的分析信息还可用于程序优化。

3.9 最少惊讶原则（PLA）

最少惊讶原则（POLA / PLA），也称为最少惊喜原则（POLS），它在用户界面设计和人因工程学设计中很知名。该原则指出不应该让用户对用户界面的意外响应而感到惊讶，也不应该对出现或消失的控件、混乱的错误消息、公认的按键序列的异常响应（记住，Ctrl+C 是在 Windows 操作系统中复制应用程序的标准事务，而不是退出程序）或其他意外行为而感到困惑。

这个原则也可以很好地应用到软件开发中的 API 设计中。调用函数不应该让调用者感知到异常行为或一些隐藏的副作用，函数应该完全按照函数名称所暗示的意义执行（请参阅第 4 章中 4.3.3 节"函数命名"）。例如，在类的实例上调用 getter 时不应该修改该对象的内部状态。

3.10 童子军原则

这个原则是关于你和你的行为的，其内容是：**在离开露营地的时候，应让露营地比你来之前还要干净。**

童子军非常有原则，其中一个原则是，一旦他们发现了一些不好的东西，就立即清理环境中的污染物或那些引起混乱的东西。作为一名负责任的软件工程师，我们应该将这一原则应用于我们的日常工作，每当我们在一段代码中发现需要改进的或者风格不好的代码时，我们应该立即修正它，与这段代码的原创作者是谁无关紧要。

这种行为的好处是我们能不断防止自己的代码被破坏。如果我们都那样做，代码就不会变糟，软件熵增加的趋势也就没有机会能占据我们系统的主导地位。改善代码并不一定要大刀阔斧地去做，也可能只是一次小小的清理。举例如下：

❏ 重命名那些命名不佳的类、变量、函数或方法（请参阅第 4 章中的 4.1 节"良好的命名"和 4.3.3 节"函数命名"）。

❏ 将大型函数分解为更小函数（请参阅第 4 章中 4.3.2 节"让函数尽可能小"）。

❏ 让需要注释的代码不言自明，以避免注释（请参阅第 4 章中 4.2.2 节"不要为易懂的代码写注释"）。

❏ 清理复杂而令人费解的 if-else 组合。

❏ 删除一小部分重复的代码（请参阅本章中有关 DRY 原则的部分）。

由于这些改进大多数都是代码重构，因此如第 2 章所述，由良好的单元测试组成的坚固的安全体系是必不可少的。没有单元测试，你根本无法确定你是否破坏了某些东西。

除了良好的单元测试，我们仍然需要团队中的一种特殊的文化：代码所有权集体化（Collective Code Ownership）。

代码所有权集体化意味着我们应该真正地融入团队。每个团队成员在任何时候都可以对任何代码进行更改或扩展，不应该有这样的态度："这是 Peter 的代码，这是 Fred 的模块，我不会碰它们！"其他人可以接管我们写的代码，这应该被当作一种很高的衡量标准，团队中的任何人都不应该害怕，或者必须获得许可才能整理代码或添加新的功能。代码所有权集体化这种文化将使童子军原则很好地执行。

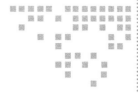

C++ 代码整洁的基本规范

正如我在本书的简介（见第 1 章）中已经解释过的那样，很多 C++ 代码都不够整洁。在许多项目中，软件熵占据着上风，即使你正在处理当前进行的开发项目。假设你正在维护一个软件，代码库的大部分内容都很旧了，这些代码看起来像是在 20 世纪写的，这并不奇怪，因为大部分代码确实都是在 20 世纪写的！有许多项目具有较长的生命周期，它们可能始于 20 世纪 90 年代甚至 80 年代。此外，许多程序员为了完成任务只是将代码片段从那些遗留项目中复制出来并加以修改。

有些程序员只是将编程语言视为一种工具，他们认为没有理由改进某些东西，因为他们写的代码只是拼凑起来的以某种方式运行的代码。程序员不应该这样做，因为这样会导致软件熵迅速增加，并且项目变糟的速度将比你想象的快很多。

在本章中，我将介绍 C++ 代码整洁的一些基础知识，这些通常是通用的知识，但是有些却是编程语言所特有的。例如，在所有编程语言中，起一个好名字是必不可少的。其他几个方面，如 const 的正确使用，智能指针的使用，或 Move 语义的巨大优势，都是 C++ 特有的。

在我讨论具体规范之前，我想提出一个一般性的建议：

如果你还没有使用 C++11（或更高版本），请立即开始使用！

随着 2011 年新标准的出现，C++ 在许多方面得到了改进。C++11 的一些特性，以及随后的 C++14 和 C++17 的特性都太有用了，不容忽视，而且这些特性不仅只与性能有关。有了这些新特性，C++ 语言肯定会变得更容易使用，甚至变得更加强大。C++11 不仅可以使你的代码更简短、更清晰、更易于阅读，它还可以提高你的工作效率。此外，该语言标准及后续标准的特性，使你能够编写更加正确且安全的代码。

那么现在让我们一步一步地去发现整洁的又具现代化的 C++ 语言的关键因素吧！

4.1 良好的命名

程序，是为了供人阅读而编写的，只是顺便提供给机器执行。

——Hal Abelson and Gerald Jay Sussman, 1984

以下源代码来自著名的 Apache OpenOffice 3.4.1 版本——一个开源办公软件套件。Apache OpenOffice 历史悠久，可追溯到 1984 年，它源自 Oracles OpenOffice.org（OOo），它是早期 StarOffice 的开源版本。2011 年，Oracle 停止了 OpenOffice.org 的开发，解雇了所有开发人员，并向 Apache 软件基金会提供了代码和商标。因此，请宽容一些，并牢记 Apache 软件基金会继承了一个近 30 岁的古老的野兽以及它巨大的技术债务。

代码4-1　摘自Apache的OpenOffice 3.4.1源代码

```cpp
// Building the info struct for single elements
SbxInfo* ProcessWrapper::GetInfo( short nIdx )
{
    Methods* p = &pMethods[ nIdx ];
    // Wenn mal eine Hilfedatei zur Verfuegung steht:
    // SbxInfo* pResultInfo = new SbxInfo( Hilfedateiname, p->nHelpId );
    SbxInfo* pResultInfo = new SbxInfo;
    short nPar = p->nArgs & _ARGSMASK;
    for( short i = 0; i < nPar; i++ )
    {
        p++;
        String aMethodName( p->pName, RTL_TEXTENCODING_ASCII_US );
        sal_uInt16 nInfoFlags = ( p->nArgs >> 8 ) & 0x03;
        if( p->nArgs & _OPT )
            nInfoFlags |= SBX_OPTIONAL;
        pResultInfo->AddParam( aMethodName, p->eType, nInfoFlags );
    }
    return pResultInfo;
}
```

我问一个简单的问题：**这个函数有什么作用**？

乍一看似乎很容易给出答案，因为代码片段很小（小于 20 行）并且缩进也很好。但事实上，你不可能一眼就看出这个函数究竟做了什么，其原因不仅在于你可能不知道的那些领域（知识盲点）。

这段简短的代码片段有许多问题（例如，注释掉的代码、德语注释、魔法数字如 0x03 等）。但主要问题是命名不佳。函数的名称 `GetInfo()` 非常抽象，最多能让我们对这个函数的实际功能有一个模糊的概念，并且命名空间的名称 `ProcessWrapper` 也不是很有帮助，也许你可以用这个函数来提取有关正在运行的进程的信息。那么，`RetrieveProcessInformation()` 不是一个更好的名字吗？

对函数的实现进行分析后，你还会注意到该命名具有误导性，因为 `GetInfo()` 不仅是你可能认为的简单的 getter，它还有一些用 new 运算符创建的东西。可能你还注意到了函数上面的注释，它是关于创建的，而不是只获取一些东西。换句话说，调用代码将接收在堆上分配的资源，并且必须处理它。为了强调这一事实，像 `CreateProcessInformation()` 这样的函数名不是更好吗？

接下来看一下函数的参数和返回值，什么是 `SbxInfo`？什么是 `nIdx`？也许参数 `nIdx` 用于保持一个数据结构中某个元素的值（即索引），但这只是猜测。事实上，我们并不清楚。

源代码更多的是给开发人员阅读而不是给编译器编译的。因此，源代码应该具有良好的可读性，良好的命名是提高其可读性的关键因素。如果你正在一个多人的项目团队中做开发，那么良好的命名至关重要，这样你和你的团队成员就能快速理解你的代码，即使你必须在几周或几个月后修改或阅读自己编写的代码，良好的类名、方法名和变量名将帮助你回忆你当初的意图。

所以，以下是我的基本建议：

源代码文件、命名空间、类、模板、函数、参数、变量和常量等，都应该具有有意义且富有表现力的名字。

当我设计软件或编写代码时，我会花很多时间考虑命名。我认为，考虑好名字花费的时间是值得的，即使有时候并不容易，它需要花 5 分钟或更长时间。我很少能立即为某个东西想出一个完美又合适的好名称，因此，我经常重命名，这种情况对具有良好的编辑器或具有重构功能的集成开发环境（IDE）来说是很容易实现的。

如果给变量、函数或类想出合适的名称似乎很难或几乎不可能，那么这可能表明你的代码在某些方面存在问题。也许存在设计问题，你应该找到并解决命名困难的根本原因。

以下是一些想出好名称的建议。

4.1.1　名称应该自注释

我已经时刻保持代码自注释的这种观念。所谓代码自注释，就是不需要注释解释其用途的代码（参见下面的注释部分以及如何避免这些注释）。自注释的代码，需要为其命名空间、类、变量、常量和函数提供具有自解释性的命名。

使用简单但是具有自我注释和自我描述的命名。

代码4-2　一些不好的命名的例子

```cpp
unsigned int num;
bool flag;
std::vector<Customer> list;
Product data;
```

有关变量命名习惯的讨论通常会变成宗教之间的战争, 但我非常确定的是, num、flag、list 和 data 的命名是非常不好的命名。data 代表什么? 可以说一切都是 data (数据), 这个命名绝对没有任何语义。就像你在一个移动的箱子里装上你的货物和流动资产一样, 但你没有在箱子上明确写明真正装的东西, 例如 "烹饪用具", 而是在每个箱子上写了 "东西" 一词, 当纸箱被送到你的新房子后, 这个信息是完全没有用的。

下面是一个例子, 例子中展现了如何更好地命名上面代码中的四个变量:

代码4-3　一些好的命名的例子

```cpp
unsigned int numberOfArticles;
bool isChanged;
std::vector<Customer> customers;
Product orderedProduct;
```

现在, 人们可以争辩说名字越长越好, 考虑下面的例子:

代码4-4　一个非常详细的变量命名

```cpp
unsigned int totalNumberOfCustomerEntriesWithMangledAddressInformation;
```

毋庸置疑, 这个名字是非常具有表现力的一个名字。即使不知道这段代码从哪里来, 读者也可以很清晰地知道这个变量是干什么用的。但是, 像这样的命名存在一些问题, 例如, 你不能很容易地记住如此长的名字, 并且这样的名字很难输入。如果在表达式中使用这样冗长的名字, 代码的可读性甚至会受到影响:

代码4-5　由于冗长的名字引起的命名混乱

```cpp
totalNumberOfCustomerEntriesWithMangledAddressInformation =
  amountOfCustomerEntriesWithIncompleteOrMissingZipCode +
  amountOfCustomerEntriesWithoutCityInformation +
  amountOfCustomerEntriesWithoutStreetInformation;
```

在试图让代码保持整洁时, 太冗长的命名方式是不合适的或不可取的。如果使用变量的上下文很清晰, 则可以使用较短和较少描述性的名称。如果变量是类的成员 (属性), 例如, 类的名字通常为类的成员 (属性) 提供了足够的上下文信息:

代码4-6　类的名字为类的成员变量提供了足够的上下文信息

```cpp
class CustomerRepository {
private:
  unsigned int numberOfMangledEntries;
  // ...
};
```

4.1.2　使用域中的名称

在此之前，你应该听说过领域驱动设计（Domain-Driven Design，DDD）。"领域驱动设计"一词是由 Eric Evans 在 2004 版的《Evss04》中创造出来的。DDD 是接近于复杂面向对象软件开发中的一种方法，主要集中在核心领域和领域逻辑上。换句话说，领域驱动设计是试图通过将业务领域的事物和概念映射到代码中，使你的软件成为一个真实系统的模型。例如，如果开发的软件应该支持汽车租赁中的业务流程，那么在该软件的设计中应该可以发现汽车租赁的业务和概念（例如租车、汽车池、客户、租赁期、租金确认、会计等）。另一方面，如果软件开发是在航空航天工业中的，那么航空航天领域应该体现在其中。

这种做法的优点是显而易见的。首先，使用域中的术语，可以促进开发人员与其他利益相关人之间的沟通和交流。领域驱动设计能够帮助软件开发团队在公司的业务和 IT 利益相关人之间创建一个通用的模型，开发团队可以用这个通用模型来沟通业务需求、数据实体模型和过程模型。

领域驱动设计的详细介绍已经超出了本书的范围。然而，以从应用程序域的元素和概念可以被重新使用的方式命名组件、类和函数，是一个很好的主意。这能让我们尽可能自然地表达软件设计的思想。它将使代码更容易被任何参与解决问题的人理解，例如，测试人员或业务专家。

以上述的汽车租赁为例，一个负责为某个客户预订汽车使用情况的类可以如下：

代码4-7　预订汽车的接口

```cpp
class ReserveCarUseCaseController {
public:
  Customer identifyCustomer(const UniqueIdentifier& customerId);
  CarList getListOfAvailableCars(const Station& atStation, const RentalPeriod&
  desiredRentalPeriod) const;
  ConfirmationOfReservation reserveCar(const UniqueIdentifier& carId, const RentalPeriod&
  rentalPeriod) const;

private:
  Customer& inquiringCustomer;
};
```

现在，看一下所有类、方法、参数和返回类型的名称，它们代表了租赁汽车领域内典型的术语。如果你从上到下阅读这些方法，你会发现，这些方法是租车所需要的各个步骤。虽然这是 C++ 写的代码，但是，具有领域知识的非技术相关人员也有很大的可能理解这一段代码。

4.1.3　选择适当抽象层次的名称

为了控制当今软件系统的复杂性，这些系统通常是分层的。软件系统的分层意味着将整个问题分解为较小的部分作为子任务，直到开发人员确信他们能够处理这些较小的部分。进行这种分解有不同的方法和标准，上一节中提到的领域驱动设计以及面向对象的分析和设计（OOAD）就是其中的两种方法，在这两种方法中，创建组件和类的基本标准是业务域。

通过这种分解，可以在不同的抽象级别创建软件模块：从大型组件或子系统开始，再到像类这样的非常小的构建模块。更高抽象级别的构建模块要完成的任务，应该通过与下一层较低抽象级别的模块的交互来完成。

该方法引入的抽象级别也会对命名产生影响，每当我们在层次结构中深入一层时，元素的名称就会变得更加具体。

想象一个网上商店。在顶层可能存在一个单一职责的大型组件是创建单据。该组件可能有一个简短的描述性名称，如 Billing。通常，这个组件由更小的组件或类组成。例如，其中一个较小的模块可能负责计算折扣，另一个模块可能负责创建单据的条目。因此，这些模块的比较好的名称可能是 DiscountCalculator 和 LineItemFactory。如果我们现在更加深入地去研究分解层次结构，组件、类以及函数或方法的名称将变得越来越具体、详尽，因此也越来越长。例如，最深层次的类中的很小的方法可能具有一个又详细又长的名称，如 calculateReducedValueAddedTax()。

4.1.4　避免冗余的名称

如果你将一个类型的名称作为创建它的成员变量名的一部分，那么给这个类提供一个能清晰表述上下文信息的命名是多余的，比如，像这样：

代码4-8　不要在其成员中重复该类的名称

```cpp
#include <string>

class Movie {
private:
  std::string movieTitle;
  // ...
};
```

千万不要这样做！虽然这只是极小地违背了 DRY 原则。相反，如果将其命名为 Title，成员变量又位于 Movie 类的命名空间中，那么并不会有任何歧义，它就是电影的名字！

还有命名冗余的另一个例子：

代码4-9　不要在成员名称中包含成员自己的类型

```cpp
#include <string>

class Movie {
  // ...
private:
  std::string stringTitle;
};
```

电影的名字显然是一个字符串而不是整数！不要在名称中包含变量或常量类型。

4.1.5　避免晦涩难懂的缩写

为变量或常量取名的时候，请使用完整单词而不是晦涩难懂的缩写。原因很明显：那些晦涩难懂的缩写会显著降低代码的可读性，此外，当开发人员谈论他们的代码时，变量名也应该很容易发音。

请记住我们的 Open Office 代码段中第 8 行名为 nPar 的变量，它的含义很不明确，而且其本身也没有很好的发音。

以下是一些好的和不好的命名示例：

代码4-10　好名称和坏名称的一些例子。

```
std::size_t idx;          // Bad!
std::size_t index;        // Good; might be sufficient in some cases
std::size_t customerIndex; // To be preferred, especially in situations where
                          // several objects are indexed

Car ctw;       // Bad!
Car carToWash; // Good

Polygon ply1;          // Bad!
Polygon firstPolygon; // Good

unsigned int nBottles;       // Bad!
unsigned int bottleAmount;   // Better
unsigned int bottlesPerHour; // Ah, the variable holds a work value,
                             // and not an absolute number. Excellent!

const double GOE = 9.80665; // Bad!
const double gravityOfEarth = 9.80665; // More expressive, but misleading. The constant is
                                       // not a gravitation, which would be a force in physics.
const double gravitationalAccelerationOnEarth = 9.80665; // Good.
constexpr Acceleration gravitationalAccelerationOnEarth = 9.80665_ms2; // Wow!
```

看看最后一行，我对它评论了一句"Wow！"这看起来非常方便，因为它是科学家一看就都很熟悉的变量标识，几乎像在学校教物理，并且在 C++ 中这确实是可能实现的，就像你将在第 5 章中学到的 Type-rich 编程。

4.1.6　避免匈牙利命名和命名前缀

你知道 Charles Simonyi 吗？Charles Simonyi 是匈牙利裔美国人，他是一名计算机软件专家，在 20 世纪 80 年代曾担任微软的首席架构师。或许你在其他领域记住了他的名字，Charles Simonyi 还是一名太空游客，他曾两次前往太空，其中一次是前往国际空间站（ISS）。

他还提出了一种在计算机软件中命名变量的符号约定，该约定被命名为匈牙利命名法。该方法已在微软内部以及在后来的其他软件开发商中被广泛使用。

使用匈牙利命名法时，变量的类型（有时也包括范围）将被用作该变量的命名前缀，下面是一些匈牙利命名的例子：

代码4-11 匈牙利命名法的一些例子和解释

```
bool fEnabled;         // f = a boolean flag
int nCounter;          // n = number type (int, short, unsigned, ...)
char* pszName;         // psz = a pointer to a zero-terminated string
std::string strName;   // str = a C++ stdlib string
int m_nCounter;        // The prefix 'm_' marks that it is a member variable,
                       // i.e. it has class scope.
char* g_pszNotice;     // That's a global(!) variable. Believe me, I've seen
                       // such a thing.
int dRange;            // d = double-precision floating point. In this case it's
                       // a stone-cold lie!
```

但现在是 21 世纪了，我的建议是：

不要使用任何把类型信息加入变量名称中的命名法，比如：匈牙利命名法或其他的命名法。

匈牙利命名法在像 C 语言这样的弱类型语言中可能有用，在开发人员使用简单编辑器进行编程时，它可能很有用。但对于具有"IntelliSense"（智能提示）这类功能的 IDE 它没有任何用途，反而会带来危害。

如今，现代化和功能丰富的开发工具能很好地满足开发人员的需求，并可以显示变量的类型和范围，我们没有必要再在变量的名称中加入类型信息了。远离匈牙利命名法，这样的前缀可能会影响代码的可读性。

在最坏的情况下，甚至有可能产生的问题是，我们在开发期间改变了变量的类型，但并没有调整变量名的前缀。换句话说，前缀变成了不可信的东西，你能从上面示例中的最后一个变量中看到这种问题，这种情况真的很糟糕！

另一个问题是，在支持多态的面向对象语言中，前缀不能轻易指定，或者前缀甚至可能令人费解。对于一个可以是整数还可以是双精度的多态变量，哪种匈牙利命名法前缀更适合？ idX 还是 diX？如何为实例化了的 C++ 模板确定合适且准确无误的前缀？

顺便说一下，即使微软所谓的通用命名约定（General Naming Conventions）也强调你不应该使用匈牙利命名法。

4.1.7 避免相同的名称用于不同的目的

一旦为任何软件实体（例如，类或组件）、函数或变量定义了有意义且富有表现力的名称，你就应该注意永远不要把这个名称用于任何其他的目的。

我认为这点是很明显的。因为，相同的名称用于不同的目的是很不容易理解的，也很有可能会误导读者。一定不要那样做，我在本节中要说的就这些。

4.2　注释

真相只能在一个地方找到——代码。

——Robert C. Martin, Clean Code [Martin09]

你还记得你刚开始作为一名专业软件开发人员的时候吗？你还记得当时你在公司的编码标准吗？也许你还年轻，从业时间不长，但年龄较大的人会向你证实大多数标准都包含一条规则，即比较专业的代码必须有适当的注释。对于该规则的一个合理的推测就是，其他任何开发人员或新团队成员都可以轻松理解代码的意图。

乍一看，这条规则似乎是一个好主意。因此，在许多公司，代码注释被广泛采用。在一些项目中，代码和注释比率几乎是 50∶50。然而不幸的是，这却**不是**一个好主意，而且，**这条规则绝对是个非常不好的的主意！**它在几个方面是完全错误的，因为在大多数情况下，注释就是代码异味（code smell）。当需要解释和澄清代码功能时，注释是必要的，但这通常意味着开发人员不能编写出简单且能够自解释的代码。

请不要误解，还是有一些合理的关于注释的用例的。在某些情况下，注释可能会很有帮助，我将在本节末尾介绍其中一些相当罕见的案例。但对于其他任何情况，有一条规则应该都适用，那就是下一节的标题："让写代码像讲故事一样！"

4.2.1　让写代码像讲故事一样

想象一部在电影院放的电影，如果只有在使用画面下方的文字说明解释个别场景时我们才能理解，那么这部电影肯定不会很成功。相应的，评论家会各种挑剔。没有人会看这么糟糕的电影。因此，好电影之所以非常成功，是因为它们主要通过演员的表演和对话来讲述一个令人印象深刻的故事。

讲故事在许多领域是一个基本上很成功的概念，不仅是电影制作。当你考虑开发一个优秀的软件产品时，你应该像给世界讲一个伟大而迷人的故事一样去思考。像 Scrum 这样的敏捷项目管理框架使用被称为"用户故事"的东西作为从用户角度捕获需求的方式，这一点也不奇怪。正如我已经在 4.1.2 节"使用域中的名称"部分中所解释的那样，你应该用那些利益相关者们自己的语言与他们进行交谈。

所以，我的建议是：

代码应该像讲故事一样能够自我解释，且尽可能地避免注释。

注释不是字幕，如果你觉得你必须在自己的代码中写些注释，那是因为你想要解释一些东西，你应该考虑的是如何更好地编写代码，以便它能够自解释，并且使注释变得多余。像 C++ 这样的现代编程语言，拥有编写清晰且富有表现力的代码所需的一切条件，优秀的程序员可以利用这种表现能力来讲述故事。

任何程序员都能写出计算机能够理解的代码；而优秀的程序员能写出人类可以理解的代码。

——Martin Fowler, 1999

4.2.2 不要为易懂的代码写注释

我们来看一段简短且典型的源码，里面充满了注释：

代码4-12 这些注释有用吗

```
customerIndex++;                                                // Increment index
Customer* customer = getCustomerByIndex(customerIndex);  // Retrieve the customer at the
                                                                // given index
CustomerAccount* account = customer->getAccount();       // Retrieve the customer's account
account->setLoyaltyDiscountInPercent(discount);          // Grant a 10% discount
```

请不要侮辱代码阅读者的智商！很明显，这些评论**完全没用**。代码本身在很大程度上是可以自解释的。他们不仅绝对不会添加新的或相关的信息，而且更糟的是，这些无用的注释是代码的一种重复。他们违背了我们在第 3 章中讨论过的 DRY 原则。

也许你已经注意到了另一个细节，看看最后一行。注释的字面意思是 10%的折扣，但在代码中是传递了一个名为 discout 的变量或常量给函数或方法 setLoyaltyDiscountInPercent()，这里发生了什么？一个合理的猜测就是，这个注释已经与源代码不相符了，因为代码被修改了，但注释未被修改。这真的很糟，也很具误导性。

4.2.3 不要通过注释禁用代码

注释有时候被用于禁用掉一段不想让编译器编译的代码。一些开发人员经常为这种做法提供的解释是，以后可能会再次使用这段代码。他们认为："也许有一天……我们会再次需要它。"

代码4-13 注释掉代码的示例

```
// This function is no longer used (John Doe, 2013-10-25):
/*
double calcDisplacement(double t) {
  const double goe = 9.81; // gravity of earth
  double d = 0.5 * goe * pow(t, 2); // calculation of distance
  return d;
}
*/
```

注释掉代码的一个主要问题是它增加了代码的混乱度却没有带来实际意义上的好处。试想一下，上面示例中那种注释掉函数的地方不是唯一一处，而是有很多处，代码将很快变得特别混乱，注释掉的代码片段会增加很多阻碍可读性的因素。此外，注释掉的代码片段不具备质量保证，即它们不会被编译器编译，也不会被测试和维护。我的建议是：

除了快速进行测试外，不要通过注释禁用代码，同时还要有一个版本控制系统！

　　如果不再使用某段代码，将其删除即可。如果需要，你可以通过"时间机器"（即版本控制系统）找回它。事实证明尽管这种情况很少见，只需看看开发人员在上面的示例中添加的时间戳。这段代码已经很久了，再次需要它的可能性有多大？

　　在开发过程中进行快速测试时，比如，在搜索错误的原因时，暂时注释掉代码部分当然很有帮助，但必须确保不会把这类修改后的代码记录到版本控制系统中。

4.2.4　不要写块注释

　　在许多项目中都可以找到类似下面这种注释：

代码4-14　块注释示例

```cpp
#ifndef _STUFF_H_
#define _STUFF_H_

// -----------------------------------
// stuff.h: the interface of class Stuff
// John Doe, created: 2007-09-21
// -----------------------------------
class Stuff {
public:
  // ---------------
  // Public interface
  // ---------------

  // ...

protected:
  // -------------
  // Overrideables
  // -------------

  // ...

private:
  // -----------------------
  // Private member functions
  // -----------------------

  // ...

  // -----------------
  // Private attributes
  // -----------------

  // ...

};

#endif
```

这些注释（不包括那些我用来隐藏不相关部分的注释）被称为"块注释"或"横幅"。它们通常用于在源码文件的顶部放置有关文件内容的摘要，或者用于标记代码中的特殊位置。比如，它们引入了一个代码段，可以找到类的所有私有成员函数。

这些注释大多是纯粹制造混乱，应该立即删除。这种注释能带来好处的情况是很少见的，在极少数情况下，可以在此类注释下放置一组特殊类别的函数，但是你不应该用由连字符（-）、斜杠（/）、数字符号（#）或星号（*）组成的杂乱字符串来包围它，像下面这段代码段就有充足的理由引入这种注释：

代码4-15 有时很有用：一种可以引用一类函数的注释

```
private:
    // Event handlers:
    void onUndoButtonClick();
    void onRedoButtonClick();
    void onCopyButtonClick();
    // ...
```

在某些项目中，编码标准规定在任何源代码文件的顶部都必须包含版权和许可文本的大标题，它们看起来像这样：

代码4-16 Apache OpenOffice 3.4.1的所有源代码文件中的许可证头

```
/**************************************************************
 *
 * Licensed to the Apache Software Foundation (ASF) under one
 * or more contributor license agreements.  See the NOTICE file
 * distributed with this work for additional information
 * regarding copyright ownership.  The ASF licenses this file
 * to you under the Apache License, Version 2.0 (the
 * "License"); you may not use this file except in compliance
 * with the License.  You may obtain a copy of the License at
 *
 *   http://www.apache.org/licenses/LICENSE-2.0
 *
 * Unless required by applicable law or agreed to in writing,
 * software distributed under the License is distributed on an
 * "AS IS" BASIS, WITHOUT WARRANTIES OR CONDITIONS OF ANY
 * KIND, either express or implied.  See the License for the
 * specific language governing permissions and limitations
 * under the License.
 *
 **************************************************************/
```

首先，我想说一些关于版权的基本内容，你无须添加有关版权的注释或进行任何其他操作即可对你的作品拥有版权。根据"保护文学和艺术作品伯尔尼公约"[Wipo1886]（简称"伯尔尼公约"），这些注释没有法律意义。

不过有段时期你需要这样的注释，在美国于1989年签署"伯尔尼公约"之前，如果你想在美国强制执行你的版权，则必须提供此类版权声明。但这已成为过去，现在不再需要这些注释了。

我的建议是简单省略它们，它们只是笨重而无用的行李。但是，如果你想要甚至需要在项目中提供版权和许可信息，那么最好将它们写在单独的文件中，例如 license.txt 和 copyright.txt。如果软件许可证要求在所有情况下都必须将许可证信息包含在每个源代码文件的头部区域中，如果你的 IDE 具有所谓的折叠编辑器，则可以隐藏这些注释。

不要用注释代替版本控制

有时（这非常糟糕）把横幅注释用于版本管理的更改日志，如下例所示：

代码4-17　管理源代码文件中的更改历史记录

```
// ##############################################################################
// Change log:
// 2016-06-14 (John Smith) Change method rebuildProductList to fix bug #275
// 2015-11-07 (Bob Jones) Extracted four methods to new class ProductListSorter
// 2015-09-23 (Ninja Dev) Fixed the most stupid bug ever in a very smart way
// ##############################################################################
```

不要这样做！跟踪项目中每个文件的更改历史记录是版本控制系统的主要任务之一。例如，如果你使用 Git，则可以使用 git log — [filename] 来获取文件更改历史记录。编写上述注释的程序员很可能是那些总在他们的提交中留空 Check-In 注释信息的人。

4.2.5　特殊情况的注释是有用的

当然，并非所有源代码注释都是无用的、错误的或不好的。在某些情况下，注释很重要甚至是必不可少的。

在一些非常特殊的情况下，即使你已经为所有变量和函数都命名了完美的名字，你的代码的某些部分也需要进一步的解释以帮助读者理解。例如，如果一段代码具有高度的内在复杂性，以致没有深入专业知识的人无法轻易理解，那么注释就是合理的。例如，使用了复杂的数学算法或公式就是这样一类情况。或者处理非日常（商业）领域（即对每个人来说不易理解的应用领域或领域）的软件系统，例如，实验物理学，自然现象的复杂模拟或复杂的加密方法。在这些情况下，一些精心编写的解释类型的注释是非常有价值的。

需要编写必要注释的另一个原因是你可能故意偏离了良好的设计原则。例如，DRY 原则（参见第 3 章），在大多数情况下都是有效的，但在某些非常罕见的情况下，你必须故意复制一段代码。例如，为满足有关性能的质量需求，需要通过一个注释来解释你为什么违反了原则，否则你的队友可能无法理解你为什么那么做。

注释的挑战在于：很难写出良好且有意义的注释。它可能比编写代码更困难，正如不是开发团队的每个成员都擅长设计用户界面一样，并不是每个人都擅长写作，技术写作通常需要具备专业的技能。

因此，基于上述原因，这里有一些针对添加不可避免的注释的建议：

❑ **确保你的注释为代码增加了价值。**价值在这里指的是注释为其他人（通常是其他开发人员）添加了重要的信息，这些信息在代码中并不明显。

❑ **应该解释为什么这样，而不是怎样去做。**一段代码如何工作，从代码本身来看就应该非常清楚，给变量和函数使用有意义的名字是实现这一目标的关键。我们只用注释解释为什么存在某段代码，例如，你可以解释你为什么选择了特定算法或方法。

❑ **尽量做到注释尽可能短且富有表现力。**写出短而简洁的注释，最好是一行注释，避免长篇大论。请时刻记住，你还需要维护注释。实际上，维护一段简短的注释要比宽泛而冗长的注释容易得多。

 在具有语法着色的集成开发环境（Integrated Development Environment，IDE）中，注释的颜色通常预先配置为绿色或蓝绿色，你应该把这个颜色改成红色！源代码中的注释是一种特殊的东西，它应该引起开发人员的注意。

从源代码生成文档

还有一种特殊形式的注释，即由文档生成器提取文档。Doxygen（http//doxygen.org）就是这样的一种工具，它在 C++ 世界中被广泛使用，并在 GNU 通用公共许可证（GPLv2）下发布。这种工具解析是带注释的 C++ 源代码，并以可阅读与可打印文档（如 PDF）的形式创建文档；或者是可以用浏览器查看的一组 web 的文档（HTML）。结合可视化工具，Doxygen 甚至可以生成类图，包括依赖图和调用图。另外，Doxygen 也可用于代码分析。

为了用这种工具获得有意义的文档，源代码必须以特定的注释格式进行注释，以下是一个带有 Doxygen 风格的不太好的注释的例子：

代码4-18　一个带有Doxygen文档注释的类

```
//! Objects of this class represent a customer account in our system.
class CustomerAccount {
  // ...

  //! Grant a loyalty discount.
  //! @param discount is the discount value in percent.
  void grantLoyaltyDiscount(unsigned short discount);

  // ...
};
```

什么？`CustomerAccount` 类的对象代表客户账户？真的吗？`grantLoyaltyDiscount` 给忠诚度打折扣？

但是认真的人！对我来说，两个注释都不对。

一方面，对于库或者框架的公共接口（API）来说，具有此类注释并能从中生成文档可能非常有用，特别是软件客户端是未知的情况（如具有公共可用库和框架的情况），如果想在项目中使用该软件，这样的文档可能非常有用。

另一方面，此类注释会干扰你的代码。代码与注释的比例会很快达到 50:50，从上面的例子中可以看出，这些注释也倾向于解释一些显而易见的事情（请记住本章 4.2.2 节"不要为易懂的代码写注释"部分）。最后，曾经最好的文档，即"可执行文档"是一套精心设计的单元测试（参见第 2 章和第 8 章关于测试驱动开发的单元测试部分），它可以准确地显示库中的 API 是如何被使用的。

无论如何，对这个话题我没有最终观点。如果你想用或不得不用 Doxygen 风格的解释来注释软件组件的公共 API，那么，看在上帝的份上，就这样做吧，如果做得好，它可能非常有用。我强烈建议你只关注你的公共 API 部分！对于软件的其他部分，如内部使用的模块或私有功能，我建议你不要为它们配备 Doxygen 注释。

如果使用来自应用层的术语和解释，那么上述示例可以被有效改进。

代码4-19　从业务角度注释的类

```
//! Each customer must have an account, so bookings can be made. The account
//! is also necessary for the creation of monthly invoices.
//! @ingroup entities
//! @ingroup accounting
class CustomerAccount {
  // ...

  //! Regular customers occasionally receive a regular discount on their
  //! purchases.
  void grantDiscount(const PercentageValue& discount);

  // ...
};
```

也许你已经注意到我没有用 Dogygen 的 `@param` 标签注释方法的参数。相反，我将它的类型从无意义的 `unsigned short` 改为名为 `PercentageValue` 的自定义类型的 const 引用。因此，参数可以自解释。为什么这是一个比任何注释都更好的方法，你可以参阅第 5 章中有关 Type-Rich 编程的部分。

以下是在源代码中添加 Doxygen 风格注释的一些终级小窍门：

❑ 不要使用 Doxygen 的 `@file [<name>]` 标签将文件的名称写入文件本身。一方面，这是没用的，因为 Dogygen 无论如何都会自动读取文件的名称。另一方面，它违反了 DRY 原则（见第 3 章），它是冗余的信息，如果必须重命名文件，则必须记住重命名 `@file` 标签。

❑ 不要手动编辑 `@version`、`@author` 和 `@date` 标签，因为版本控制系统可以比开发人员更好地管理和跟踪这些信息。如果这些管理信息在任何情况下都应出现在源代码文件中，则这些标签应由版本控制系统自动填充。在其他情况下，完全不需要它们。

- 不要使用 @bug 或 @todo 标签。相反，你应该立即修复这些缺陷，或者用问题跟踪软件来提交缺陷，以便日后分别管理开放点。
- 强烈建议使用 @mainpage 标签来提供描述性项目主页（理想情况是在单独的头文件中用于此目的），因为这样的主页可作为入门指南和帮助，很适用于目前不熟悉项目的开发人员。
- 我不会用 @example 标签来提供包含 API 的源代码使用范例的注释块。如前所述，这些注释会给代码增加很多干扰。相反，我会提供一套精心设计的单元测试（参见第 2 章关于单元测试和第 8 章关于测试驱动开发的部分），因为这些是最好的使用范例——可执行的例子！此外，单元测试始终是正确且最新的，因为它们必须在 API 更改时进行调整（否则测试将失败）。另一方面，使用范例的注释可能会在没有人注意到的情况下出错。
- 一旦项目增长到特定大小，建议在 Dogygen 的分组机制（标签：@defgroup <name>、@addogroup <name> 和 @ingroup <name>）的帮助下汇集某些类别的软件单元。例如，当你想要表达某些软件单元属于更高抽象级别（如组件或子系统）的内聚模块这一事实时，这一点非常有用。该机制还允许将某些类别的类组合在一起，例如所有实体、所有适配器（请参阅第 9 章中的 Adapter 模式）或所有对象工厂（请参阅第 9 章中的 Factory 模式）。例如，上一个代码示例中的 CustomerAccount 类是在实体组（包含所有业务对象的组）中，但它也是账务组件的一部分。

4.3 函数

函数（方法、程序、服务、操作）是任何软件系统的核心，它们代表代码行之上的第一个组织单位。编写良好的函数可以显著提高程序的可读性和可维护性。出于这个原因，它们应该被精心设计并被谨慎对待。在本节中，我给出了编写函数的几条重要建议。

然而，在我解释这些重要的建议之前，让我们再次展示一个不好的例子，取自 Apache 的 OpenOffice 3.4.1。

代码4-20　Apache的OpenOffice 3.4.1源代码的另一部分摘录

```
1780  sal_Bool BasicFrame::QueryFileName(String& rName, FileType nFileType, sal_Bool bSave )
1781  {
1782      NewFileDialog aDlg( this, bSave ? WinBits( WB_SAVEAS ) :
1783                      WinBits( WB_OPEN ) );
1784      aDlg.SetText( String( SttResId( bSave ? IDS_SAVEDLG : IDS_LOADDLG ) ) );
1785
1786      if ( nFileType & FT_RESULT_FILE )
1787      {
1788          aDlg.SetDefaultExt( String( SttResId( IDS_RESFILE ) ) );
1789          aDlg.AddFilter( String( SttResId( IDS_RESFILTER ) ),
1790                  String( SttResId( IDS_RESFILE ) ) );
```

```
1791          aDlg.AddFilter( String( SttResId( IDS_TXTFILTER ) ),
1792              String( SttResId( IDS_TXTFILE ) ) );
1793          aDlg.SetCurFilter( SttResId( IDS_RESFILTER ) );
1794      }
1795
1796      if ( nFileType & FT_BASIC_SOURCE )
1797      {
1798          aDlg.SetDefaultExt( String( SttResId( IDS_NONAMEFILE ) ) );
1799          aDlg.AddFilter( String( SttResId( IDS_BASFILTER ) ),
1800              String( SttResId( IDS_NONAMEFILE ) ) );
1801          aDlg.AddFilter( String( SttResId( IDS_INCFILTER ) ),
1802              String( SttResId( IDS_INCFILE ) ) );
1803          aDlg.SetCurFilter( SttResId( IDS_BASFILTER ) );
1804      }
1805
1806      if ( nFileType & FT_BASIC_LIBRARY )
1807      {
1808          aDlg.SetDefaultExt( String( SttResId( IDS_LIBFILE ) ) );
1809          aDlg.AddFilter( String( SttResId( IDS_LIBFILTER ) ),
1810              String( SttResId( IDS_LIBFILE ) ) );
1811          aDlg.SetCurFilter( SttResId( IDS_LIBFILTER ) );
1812      }
1813
1814      Config aConf(Config::GetConfigName( Config::GetDefDirectory(),
1815          CUniString("testtool") ));
1816      aConf.SetGroup( "Misc" );
1817      ByteString aCurrentProfile = aConf.ReadKey( "CurrentProfile", "Path" );
1818      aConf.SetGroup( aCurrentProfile );
1819      ByteString aFilter( aConf.ReadKey( "LastFilterName") );
1820      if ( aFilter.Len() )
1821          aDlg.SetCurFilter( String( aFilter, RTL_TEXTENCODING_UTF8 ) );
1822      else
1823          aDlg.SetCurFilter( String( SttResId( IDS_BASFILTER ) ) );
1824
1825      aDlg.FilterSelect(); // Selects the last used path
1826 //   if ( bSave )
1827      if ( rName.Len() > 0 )
1828          aDlg.SetPath( rName );
1829
1830      if( aDlg.Execute() )
1831      {
1832          rName = aDlg.GetPath();
1833 /*       rExtension = aDlg.GetCurrentFilter();
1834          var i:integer;
1835          for ( i = 0 ; i < aDlg.GetFilterCount() ; i++ )
1836              if ( rExtension == aDlg.GetFilterName( i ) )
1837                  rExtension = aDlg.GetFilterType( i );
1838 */
1839          return sal_True;
1840      } else return sal_False;
1841  }
```

问题：第一次看到名为 QueryFileName() 的成员函数时，你的期望是什么？

你是否会期望打开一个选择对话框（请记住第 3 章中讨论的最少惊讶原理）呢？可能不

是，但这里正是这样做的。用户显然被要求与应用程序进行一些交互，因此该成员函数的一个更好的名称应该是 AskUserForFilename()。

但这还不够，如果仔细查看第一行，你会看到有一个布尔型参数 bSave 被用于区分打开文件的对话框和保存文件的对话框。你期望的是那样吗？函数名中的 Query... 术语与这个事实相匹配的程度如何呢？因此，该成员函数的一个更好的名称可能是 AskUserForFile
nameToOpenOrSave()。

接下来的行处理函数的参数 nFileType。显然，区分了三种不同的文件类型。参数 nFile-
Type 被名为 FT_RESULT_FILE、FT_BASIC_SOURCE 和 FT_BASIC_LIBRARY 的内容掩盖。根据按位 and 操作的结果，文件对话框的配置不同，例如，设置过滤器。由于布尔参数 bSave
之前已经被处理过，因此三条 if 语句引入了不同的路径，这增加了所谓的函数的圈复杂度。

圈复杂度

定量软件度量圈复杂度是由美国数学家 thomas J. McCabe 于 1976 年发明的。

该度量直接计算一段源代码的线性独立路径的数量，例如函数。如果函数不包含 if 或 switch 语句，并且没有 for 或 while 循环，则只有一条通过函数的路径，圈复杂度为 1。如果函数包含一条表示单个决策点的 if 语句，则有两条通过函数的路径，圈复杂度为 2。

如果圈复杂度很高，受影响的代码通常更难以理解、测试和修改，因此更容易出问题。

三个 if 衍生出了另一个问题：这个功能进行这种配置是否合适？当然不合适！它们不应该放在这里。

接下来的行（从 1814 年开始）可以访问其他配置数据，但并不能准确确定是哪些，这看起来好像前面使用的文件过滤器（LastFilterName）是从包含配置数据（配置文件或 Windows 注册表）的源加载的。特别令人困惑的是，在前三条 if 子句中设置的过滤器（aDlg.SetCurFilter(...)）在此处将**始终**被覆盖掉（参见第 1820 ~ 1823 行）。那么，之前在三个 if 块中设置该过滤器的意义是什么呢？

在函数结束前，引用参数 rName 开始起作用。等一下，请问这算什么名字？它可能是文件名，是的，但为避免产生误解，为什么不把它命名为 filename？为什么文件名不是这个函数的返回值？（本章后面要讨论的主题就是你应该避免使用所谓的输出参数。）

好像这还不够糟，该函数还包含注释掉的代码。

这个函数大约包含 50 行，但它有许多不好的代码异味。该函数太长、圈复杂度较高、混合了不同的信息、参数太多，且包含死亡代码（dead code）。函数名称 QueryFileName()
是无特异性的，可能会产生误导。谁要被查询？一个数据库吗？ AskUserForFilename()
反而会更好，因为它强调与用户的交互。此外，函数的大多数代码难以阅读且难以理解，
nFileType & FT_BASIC_LIBRARY 是什么意思？

　　但关键的一点是，由该函数执行的任务（文件名选择）交待了它自己的类，因为作为应用程序 UI 的一部分的 `BasicFrame` 类绝对不对此类事情负责。

　　已经够了，让我们来看看软件设计者在设计优秀的软件时应该考虑的一些因素。

4.3.1　只做一件事情

　　一个函数，必须有一个定义非常清晰的任务或功能，它应该用它的函数签名（函数型构）来表示。美国软件开发商 Robert C.Martin，在他的《Clean Code》一书中，表述如下：

函数应该做一件事情，应该做好这件事情，应该仅做好这一件事情。

——Robert C. Martin, Clean Code [Martin09]

　　现在，你可能会问："但是，我如何知道一个函数在什么时候做了太多的事情呢？"下面是一些可能的标志：

　　1. 函数体量比较大，也就是说，一个函数包含了很多代码行（请参见 4.3.2 节"让函数尽可能小"）

　　2. 当你试图为这个函数找到一个有意义和有表现力的名字以描述该函数的功能时，函数名字中无法避免地使用连词，例如，"和""或"。（请参见 4.3.3 节"函数命名"）

　　3. 函数体用空行垂直分隔成代表后续步骤的几个片段，通常，这些片段的开头使用注释说明这些代码片段的功能。

　　4. 圈复杂度⊖（比较高，函数包含了太多的"`if`""`else`"或"`switch-case`"语句。

　　5. 函数的入参比较多（请参见 4.3.5 节"函数的参数和返回值"），特别是一个或多个 `bool` 类型的参数。

4.3.2　让函数尽可能小

　　关于函数的一个核心问题是：一个函数最多应该有多少行代码？有很多关于函数长度的经验法则和启发方法。例如，有些人说一个函数的长度应该适合显示屏幕的大小。乍一看，这似乎不是一个太坏的原则，如果函数的长度适合显示屏幕的大小，开发者不需要滚动滚动条就可以阅读整个函数的代码。另一方面，显示屏幕的高度是否应该决定一个函数的最大长度？显示屏幕的大小并不总是一样，所以，我认为这不是一个好的原则，以下是我对这个话题的建议：

函数应该很小，理想情况下是 4 ~ 5 行，最多 12 ~ 15 行，行数不能再多了。

⊖　圈复杂度（cyclomatic complexity）是一种代码复杂度的衡量标准，在 1976 年由 Thomas J. McCabe, Sr. 提出。软件源码某部分的圈复杂度就是这部分代码中线性无关路径的数量。如果一段源码中不包含控制流语句（条件或决策点），那么这段代码的圈复杂度为 1，因为这段代码中只会有一条路径；如果一段代码中仅包含一条 `if` 语句，且 `if` 语句仅有一个条件，那么这段代码的圈复杂度为 2；包含两条嵌套的 `if` 语句，或是一条 `if` 语句有两个条件的代码块的圈复杂度为 3。——译者注

不要惊慌！我已经听到了很强烈的抗议："很多微小的函数？你真的是认真的吗？"

没错，我是认真的。正如 Robert C. Martin 在他的《Clean Code》[Martin09] 一书中所写的：函数体应该小，而且应该很小。

大的函数使用起来，通常具有较高的复杂性。开发人员通常不能一目了然地看出这个函数是干什么的（也就是函数的功能）。如果一个函数太大，那么这个函数通常拥有很多职责（见 4.3.1 节"只做一件事情"），所以该函数没有做一件事情（实现一个功能）。一个函数越大，理解和维护这个函数就越困难。这样的函数通常包含许多（主要是）嵌套的判断语句（if、else、switch）和循环语句，也被称为高圈复杂度或圈复杂度较高。

当然，与任何规则都一样，都有合理的例外。例如，一个包含单个 switch 语句的函数如果函数中的代码是极其整洁且容易理解的，那么也是可以接受的。在一个函数中可以有一个 400 行的 switch 语句块（例如，在电信系统中，有时候需要处理不同类型的输入数据），这完全是可以的。⊖

函数调用开销

现在，一些人可能会提出一个异议：许多小函数都能够降低程序执行的速度。因为他们可能会说，任何函数调用都存在调用开销，这个函数的调用开销是比较昂贵的。

让我解释一下，为什么我认为这种担心在大多数情况下是没有根据的。

是的，的确有那么一段时间 C++ 编译器不太擅长优化，CPU 的速度也相对较慢。那是一个传播神话的时代，通常 C++ 比 C 慢，这样的神话是由不太懂这门语言的人传播的，但是，时代已经发生了改变。

如今，现代 C++ 编译器已经非常擅长优化了。例如，它们可以执行多种局部和全局加速优化；它们可以将许多 C++ 结构 (如循环或条件语句) 简化为功能上类似的高效机器代码。现在，它们已经足够智能了，可以自动内联函数，前提是这些函数基本上是可以内联的（当然，有时不可能这样做）。

甚至，链接器在链接的时候也能够进行优化。例如，Microsofts Visual-Studio 的编译器 / 链接器提供了一个名为完整程序优化的特性，允许编译器和链接器使用程序中所有模块的信息进行全局优化；使用 Visual-Studio 的另一个名为配置文件引导优化的特性，编译器使用从 .exe 或 .dll 文件的配置测试运行中收集的数据来优化程序。

如果我们不想使用编译器的优化选项，那么当我们考虑函数调用时，我们在讨论什么？

英特尔酷睿 i7 2600K 处理器可以在 3.4 GHz 的时钟速度下每秒执行 128.3 亿条指令。女士们，先生们，当我们讨论函数调用时，我们讨论的是几纳秒！光在一纳秒 (0.000000001 秒) 内传播约 30 厘米。与计算机上的其他操作 (如缓存外的内存访问或硬盘访问) 相比，

⊖ 译者认为这样不是一个最优的方法，最好不要出现这样的代码。400 行的 switch 语句极其难以维护，建议将 case 分支的代码封装成函数。如果还不能解决问题，那么进一步使用"表驱动法"来解决这个问题。——译者注

函数调用要快得多。

开发人员应该把宝贵的时间花在真正的性能问题上，这些问题通常源于糟糕的架构和设计。只有在非常特殊的情况下，才需要担心函数调用开销。

4.3.3　函数命名

通常来说，变量和常量的命名规则也大都适用于函数和方法，函数名称应该清晰、富有表现力，并且能自解释，你不必阅读函数体就知道函数的功能。因为函数定义了程序的行为，所以它们的名称通常都有动词。一些特殊的函数用于提供有关状态的信息，它们的名字通常以"is……"或"has……"开头。

> 函数名称应以动词开头。谓词，即关于一个对象是 true 或 false 的陈述，应该以"is"或"has"开头。

以下是表述方法名称的一些示例：

代码4-21　成员函数的表达和自解释命名的示例

```cpp
void CustomerAccount::grantDiscount(DiscountValue discount);
void Subject::attachObserver(const Observer& observer);
void Subject::notifyAllObservers() const;
int Bottling::getTotalAmountOfFilledBottles() const;
bool AutomaticDoor::isOpen() const;
bool CardReader::isEnabled() const;
bool DoubleLinkedList::hasMoreElements() const;
```

4.3.4　使用容易理解的名称

看看下面的代码行，当然，这只是一个较大程序的一行摘录：

```cpp
std::string head = html.substr(startOfHeader, lengthOfHeader);
```

原则上来说这行代码看起来很好，有一个名为 html 的 C++ string 类型的变量，显然包含一段 HTML 代码。执行这行代码时，将检索 html 子字符串的副本并将其赋值给名为 head 的新字符串。substr 有两个参数：一个用于设置子字符串的起始索引，另一个用于限制要包含在子字符串中的字符数。

刚刚，我详细解释了**如何**从一段 HTML 中提取标题，现在我来向你展示相同代码的另一个版本：

代码4-22　引入一个有意图的名称后，代码会更容易理解

```cpp
std::string ReportRenderer::extractHtmlHeader(const std::string& html) {
  return html.substr(startOfHeader, lengthOfHeader);
}
```

```
// ...
std::string head = extractHtmlHeader(html);
```

你能看到这样一个小小的变化能为你的代码带来多少清晰度吗？我们引入了一个小的成员函数，通过它的语义名称解释其意图。在最初操作字符串的地方，我们通过调用新函数来替换对 std::string::substr( ) 的直接调用。

函数的名称应表达其意图和目的，而不是解释它的工作原理。

如何完成工作，你应该查看函数体内的代码，不要在函数名称中解释函数如何工作，相反，你要从业务的角度表达函数的目的。

此外，我们还有另一个优势，从 HTML 页面中提取标题的部分功能是准隔离的，现在更容易更换，而不用到处寻找那些调用函数的地方。

4.3.5 函数的参数和返回值

详细讨论了函数名后，还有另一个对于良好和整洁的函数很重要的方面：函数的参数和返回值。这些都有助于显著地理解函数或方法并且易于用户使用。

参数的个数

一个函数（方法，操作）最多应该有多少个参数？

在 Clean Code 中，我们找到以下建议：

函数的理想参数是零个（niladic），接下来是一个（monadic），然后是两个（dyadic），尽可能避免使用三个参数（triadic）。超过三个（polyadic）则需要非常特别的证明——或者无论如何都不应该使用。

——Robert C. Martin, Clean Code [Martin09]

这个建议很有意思，因为 Martin 建议理想的函数应该没有参数。这有点奇怪，因为纯数学意义上的函数（y = f (x)）总是至少有一个参数（请参见第 7 章 "函数式编程"），这意味着 "没有参数的函数" 通常一定具有某种副作用。

请注意，Martin 在他的书中用 Java 语言编写代码示例，因此他谈论的函数实际上意味的是类的方法。我们必须考虑对象的方法有一个额外的隐式 "参数" ——this！this 指针表示执行的上下文，借助于 this，成员函数可以访问它的类的属性，读取或操作它们。换句话说，从成员函数的角度来看，类的属性并不是全局变量。因此，Martin 的规则似乎是一个正确的指导方针，但我认为它主要适用于面向对象的程序设计。

但为什么参数多了并不好呢？

首先，函数参数列表中的每个参数都可能导致依赖关系，但标准内置类型（如 int 或

double）的参数除外。如果在函数的参数列表中使用复杂类型（如类），则代码取决于该类型。头文件必须包含该类型。

此外，必须在函数内部的某处处理每个参数（如果不是，则参数是不必需的，应立即删除）。三个参数就可以让函数变得相对复杂，正如我们在 Apache 的 OpenOffice 中的成员函数 BasicFrame::QueryFileName() 的示例中所看到的那样。

在程序编程中，有时可能很难做到不超过三个参数。例如，在 C 语言中，你经常会看到具有更多参数的函数。一个可怕的例子就是以前的 Windows Win32-API。

代码4-23　用于创建窗口的Win32 CreateWindowEx函数

```cpp
HWND CreateWindowEx
(
  DWORD dwExStyle,
  LPCTSTR lpClassName,
  LPCTSTR lpWindowName,
  DWORD dwStyle,
  int x,
  int y,
  int nWidth,
  int nHeight,
  HWND hWndParent,
  HMENU hMenu,
  HINSTANCE hInstance,
  LPVOID lpParam
);
```

这个丑陋的代码很明显来早期，我很确定，如果现在设计它，Windows API 就不会是那样了。这不无道理，有许多框架，例如 Microsoft 基础类（MFC）、Qt（https//www.qt.io）或 wxWidgets（https：// www.wxwidgets.org），它们包装了这个可怕的接口，并提供了更简单、更面向对象的方法来创建用户图形界面（UI）。

而且减少参数数量的可能性很小。你可以将 x、y、nWidth 和 nHeight 组合到名为 Rectangle 的新结构中，但仍然还有九个参数。一个烦人的因素是这个函数的一些参数是指向其他复杂结构的指针，这些复杂结构本身又由许多属性组成。

在良好的面向对象设计中，通常不需要这么长的参数列表，但是 C++ 不像 Java 或 C#那样是纯粹的面向对象语言。在 Java 中，所有内容都必须嵌入到类中，这有时会导致很多样板式代码（boiler-plate code）。在 C++ 中，这不是必需的，你可以在 C++ 中实现一个独立的函数，即不属于任何类的函数，这非常好。

所以以下是我对本主题的建议：

函数的参数应该尽可能的少。一个参数是比较理想的，类的成员函数（方法）一般没有参数。通常这些函数被用于操作对象的内部状态，或者被用于从对象中查询某些内容。

避免使用标志参数

标志参数是一种参数，它告诉函数根据其值执行不同的操作。标志参数大多是 bool 类型，有时甚至是枚举类型。

代码4-24　用于控制票据明细级别的标志参数

```
Invoice Billing::createInvoice(const BookingItems& items, const bool withDetails) {
  if (withDetails) {
    //...
  } else {
    //...
  }
}
```

标志参数的基本问题是你在函数中引入了两条（有时甚至更多）执行路径。这样的参数通常在函数内部的 if 语句或 switch/case 语句中的某处进行判断，它被用于确定是否采取某种操作，这意味着该函数并没有完全正确地完成一件事（参见 4.3.1 节 "只做一件事情"）。这是一个低内聚的案例（见第 3 章），违反了单一职责原则（参见第 6 章 "关于面向对象"）。

如果你看到函数在某个地方被调用，那么如果没有详细分析函数 Billing::createInvoice()，你就不知道 true 或 false 究竟意味着什么。

代码4-25　一个莫名其妙的例子：参数列表中的true是什么意思

```
Billing billing;
Invoice invoice = billing.createInvoice(bookingItems, true);
```

我的建议是，你应该尽量避免使用标志参数。但如果执行操作的关注点与其配置并未分离，那么这种类型的参数总是无法避免的。

一种可能的解决方案是提供单独的、命名良好的函数。

代码4-26　一个更容易理解的例子：两个具有良好命名的成员函数

```
Invoice Billing::createSimpleInvoice(const BookingItems& items) {
  //...
}

Invoice Billing::createInvoiceWithDetails(const BookingItems& items) {
  Invoice invoice = createSimpleInvoice(items);
  //...add details to the invoice...
}
```

另一种解决方案是对账单进行特殊化处理：

代码4-27　以面向对象的方式实现了票据不同层次的细节

```
class Billing {
public:
  virtual Invoice createInvoice(const BookingItems& items) = 0;
```

```
    // ...
};

class SimpleBilling : public Billing {
public:
  virtual Invoice createInvoice(const BookingItems& items) override;
  // ...
};

class DetailedBilling : public Billing {
public:
  virtual Invoice createInvoice(const BookingItems& items) override;
  // ...
private:
  SimpleBilling simpleBilling;
};
```

SimpleBilling 类型的私有成员变量在类 DetailedBilling 中是必需的，它避免了重复代码，能够执行简单的票据创建工作，并在之后将详细信息添加到票据中。

OVERRIDE 说明符 [C++11]

从 C++11 开始，为了可以明确指定类的一个虚函数覆盖了基类虚函数，我们引入了 override 标识符。

如果在声明成员函数后立即出现 override，编译器将检查该函数是否为虚函数并从基类覆盖虚函数。因此，开发人员可以避免，在他们自认为已经覆盖了虚函数时可能出现的细微的错误，因为他们有可能已经改变或添加了新的函数，例如，由于错别字而导致的问题。

避免使用输出参数

输出参数（有时也称为结果参数）是用作函数返回值的参数。

输出参数的一个常见好处是，使用它们的函数可以一次传回多个值。下面是一个典型的例子：

```
bool ScriptInterpreter::executeCommand(const std::string& name,
                     const std::vector<std::string>& arguments,
                     Result& result);
```

ScriptInterpreter 类的这个成员函数不仅返回一个 bool 型的值。第三个参数是对 Result 类型对象的非 const 引用，它表示函数的实际结果，布尔型返回值用于确定解释器是否成功执行命令，该成员函数的典型调用可能如下所示：

```
ScriptInterpreter interpreter;
// Many other preparations...
Result result;
```

```
if (interpreter.executeCommand(commandName, argumentList, result)) {
  // Continue normally...
} else {
  // Handle failed execution of command...
}
```

My simple advice is this:

我的建议很简单：

不惜一切代价也要避免使用输出参数。

输出参数很不直观，也可能导致混淆。调用者有时不容易发现传递的对象是否被当作了输出参数，因此该参数很可能会被函数改变。

此外，输出参数使表达式的简单组合变得复杂。如果函数只有一个返回值，它们可以很容易地实现链式函数调用。相反，如果函数具有多个输出参数，开发人员则必须处理将保存结果值的所有变量。因此，调用这些函数的代码很快就会变得混乱。

特别是程序注重稳定性并且必须减少副作用的情况，使用输出参数绝对是一种可怕的做法。另一点就是，不可变对象（参见第 9 章）还无法被作为输出参数传递。

如果某个方法应该向其调用者返回一些内容，那么把它作为方法的返回值返回。如果该方法必须返回多个值，请重新设计它，返回一个包含这些值的对象的单个实例，或者可以使用 std::tuple（参见扩展阅读）或 std::pair。

std::tuple 和 std::make_tuple [C++11]

从 C++11 开始，我们引入了一种很有用的类模板——std::tuple，它可以保存固定个数的混合类型的值，它在头文件 <tuple> 中的定义如下：

```
template< class... Types >
class tuple;
```

它是一种所谓的可变参数模板，也就是说，它是一个可以接受可变数量的参数的模板。例如，如果你必须将不同类型的多个不同的值作为一个对象保存，则可以照下面这样写代码：

```
using Customer = std::tuple<std::string, std::string, std::string, Money, unsigned int>;
// ...
Customer aCustomer = std::make_tuple("Stephan", "Roth", "Bad Schwartau",
  outstandingBalance, timeForPaymentInDays);
```

std::make_tuple 用于创建 tuple 对象，它从参数类型中推导出目标类型。利用 auto 关键字，你可以让编译器从其初始化程序中推断出 aCustomer 的类型：

```
auto aCustomer = std::make_tuple("Stephan", "Roth", "Bad Schwartau",
  outstandingBalance, timeForPaymentInDays);
```

但不幸的是，你只能通过索引来访问 std::tuple 实例的各个元素。例如，要从 aCustomer 中检索出城市，你必须编写以下代码：

```
auto city = std::get<2>(aCustomer);
```

这很不直观，可能会降低代码的可读性。

我的建议是仅在特殊情况下使用 std::tuple 类模板，它应该只被用于那些临时组合起来的对象，这些对象无论如何都不属于同一类别。而一旦数据（属性、对象）必须被捆绑在一起时，由于它们的内聚力很高，这通常说明我们要为这一组数据引入一个显式的类型——类！

如果你还必须区分成功和失败，那么你可以使用所谓的特例模式（参见第 9 章有关"设计模式"）来返回表示无效结果的对象。

不要传递或返回 0（NULL，nullptr）

一个十亿美元的错误

Charles antony richard hoare 先生，也叫 Tony Hoare 或 C.A.R.Hoare，是英国著名的计算机科学家。他主要以自己的快速排序算法而闻名。1965 年，Tony Hoare 与瑞士计算机科学家 Niklaus E.Wirth 一起为编程语言 ALGOL 的进一步发展做出了很大的贡献。他为编程语言 ALGOL W 引入了 Null 引用，这一语言就是 PASCAL 的前身。

40 多年后，Tony Hoare 却对这一决定后悔莫及。他在伦敦举行的 QCon 2009 大会上的一次演讲中表示，引入 Null 引用可能是历史上一个价值十亿美元的错误。他认为，在过去的几个世纪里，Null 引用已经引发了很多问题，为它花费的成本可能已达 10 亿美元。

在 C++ 中，指针可以指向 NULL 或 nullptr。具体来说，这意味着指针指向内存地址 nullptr，NULL 只是一个宏定义：

```
#define NULL    0
```

从 C++11 开始，该语言提供了新的关键字 nullptr，其类型为 std::nullptr_t。有时候我们会看到像这样的函数：

```cpp
Customer* findCustomerByName(const std::string& name) const {
  // Code that searches the customer by name...
  // ...and if the customer could not be found:
  return nullptr; // ...or NULL;
}
```

接收 NULL 或 nullptr（从这里开始，为了简便，我将仅在下面的文本中使用 nullptr）这样的函数返回值可能会令人困惑。函数调用者应该怎么做？这是什么意思？在上面的示例中，可能是具有给定名称的客户不存在，但它也可能意味着存在严重错误。`nullptr` 可能意味着成功，可能意味着失败，还可能意味着几乎所有事情。

我的建议是这样的：

如果从函数或方法返回常规指针是不可避免的，不要返回 `nullptr`！

换句话说，如果被迫返回一个常规指针作为函数的结果（稍后我们会看到这可能有更好的选择），请确保你返回的指针始终指向有效地址。我认为这点很重要，以下就是原因。

不应该从函数返回 `nullptr` 的主要原因是，你把要做什么这一决定转移给了你的调用者。代码的调用者必须检查它，且必须处理它。如果函数可能返回 `nullptr`，这会导致许多空检查，如下所示：

```cpp
Customer* customer = findCustomerByName("Stephan");

if (customer != nullptr) {
  OrderedProducts* orderedProducts = customer->getAllOrderedProducts();
  if (orderedProducts != nullptr) {
    // Do something with orderedProducts...
  } else {
    // And what should we do here?
  }
} else {
  // And what should we do here?
}
```

太多的空值检查会降低代码的可读性并增加其复杂性。另外，还有一个很明显的问题，直接引导我们进入下一个问题。

如果函数可以返回有效指针或 `nullptr`，则它会引入一个需要由调用者处理的选择路径，它应该把程序引向合理且有意义的方向，这有时很成问题。当指向 Customer 的指针指向无效的实例时，程序对此正确、直观的响应是什么？只是一个 `nullptr`？是否应该使用消息中止正在运行的操作？在这种情况下，是否有需求强制要求程序必须持续运行？这些问题有时无法得到很好的回答，经验表明，利益相关者通常可以相对容易地描述所有所谓的软件快乐日案例，即软件正常运行的案例。但描述软件异常、错误和特殊情况的预期行为要困难得多。

最糟糕的结果可能是：如果忘记了任何空检查，可能会导致严重的运行时错误，解引用空指针将导致段错误和应用程序崩溃。

在 C++ 中还有另一个需要考虑的问题：**对象的所有权**。

对函数的调用者来说，在使用之后如何处理指针所指向的资源是模糊的。谁是该资源的拥有者？是否需要删除该对象？如果是，资源是如何分配的？是否必须用 `delete` 删除对象，因为它可能是在函数内部的某个地方用 **new** 运算符分配的。或者该资源是被多个对象管理的，它被删除后会导致未定义的行为（请参阅 5.4 节 "不允许未定义的行为"），它甚至可能是一个必须以非常特殊的方式处理的操作系统资源。

根据信息隐藏原则（见第 3 章），以上这些都与调用者无关，但实际上我们已经将资源的责任强加给了调用者。如果调用者没有正确地处理指针，它可能会导致严重的错误，例如内存泄漏、二次删除、未定义的行为，有时还会引发安全漏洞。

一些避免使用指针的策略

首选在栈上构造对象而不是在堆上

创建新对象的最简单的方法就是在栈上创建它，就像这样：

```
#include "Customer.h"
// ...
Customer customer;
```

上面的示例在栈上创建了 Customer 类的实例（已在头文件 Customer.h 中定义）。创建实例的代码行通常可以在函数体或方法体内的某处找到，这意味着如果函数或方法离开其作用域，实例则会自动销毁，这通常发生在从函数或方法返回时。

到现在为止，一切都好。但是如果必须将在函数或方法中创建的对象返回给调用者，我们该怎么办？

在老式的 C++ 中，这种需求通常以这样的方式应对，即在堆上创建对象（使用 new 操作符），然后从函数返回一个指向该分配资源的指针。

```
Customer* createDefaultCustomer() {
  Customer* customer = new Customer();
  // Do something more with customer, e.g. configuring it, and at the end...
  return customer;
}
```

这种做法的一个合理的解释是，如果我们要处理大型对象时，这种方式可以避免昂贵的拷贝构造。但是我们已经在上面讨论了这种解决方案的缺点，例如，如果返回的指针是 nullptr，调用者应该怎么做？ 此外，这给函数的调用者强加了管理资源的责任（例如，以正确的方式删除返回的指针）。

一个好消息是：从 C++11 开始，我们可以将大型的对象直接作为返回值返回，而不必担心昂贵的拷贝构造代价。

```
Customer createDefaultCustomer() {
  Customer customer;
  // Do something with customer, and at the end...
  return customer;
}
```

在这种情况下我们不再需要担心资源管理，原因是所谓的 Move 语义，Move 语义从 C++11 开始支持使用。简单地说，Move 语义这一概念允许资源从一个对象"移动"（move）

到另一个对象，而不是复制它们。术语"移动"在这里意味着从旧的源对象中移除对象的内部数据并将数据放入新对象中，它将数据的所有权从一个对象转移到另一个对象，并且可以非常快速地执行（C++11 Move 语义将在第 5 章中详细讨论）。

在 C++11 标准中，所有标准库容器类都已扩展为支持 Move 语义。这不仅使它们非常高效，而且更容易操作。例如，我们想高效地从函数返回一个包含很多字符串元素的 vector 对象，你可以像下面示例中那样执行此操作：

代码4-28　从C++11开始，可以很容易地以返回值的方式返回本地实例化的大型对象

```cpp
#include <vector>
#include <string>

using StringVector = std::vector<std::string>;
const StringVector::size_type AMOUNT_OF_STRINGS = 10000;

StringVector createLargeVectorOfStrings() {
  StringVector theVector(AMOUNT_OF_STRINGS, "Test");
  return theVector; // Guaranteed no copy construction here!
}
```

Move 语义是摆脱大量常规指针的一种很好的方法，但我们能做得还有更多……

在函数的参数列表中，用 const 引用代替指针

利用 C++ 的引用，把下面这种写法

```cpp
void function(Type* argument);
```

替换为下面这种写法：

```cpp
void function(Type& argument);
```

使用引用而不是指针作为参数的主要优点是不需要检查引用是否为 nullptr。原因很简单，引用永远不会是 NULL。（好吧，我知道有一些很微妙的可能性，使你仍然可以最终得到一个空引用，但这也预示着代码的编程风格非常差劲或很不专业。）

使用引用的另一个优点是，你不需要在解引用操作符（＊）的帮助下解引用函数内部的任何内容，这有利于写出更清晰的代码。而且该引用也可以在函数内部使用，因为它是在栈上局部创建的。当然，如果你不想有任何副作用，你应该把它作为 const 引用（参见下面"正确地使用 const"）。

如果不可避免地处理指向资源的指针，请使用智能指针

如果由于必须在堆上分配资源而不可避免地使用指针，则应立即将其包装并利用所谓的 RAII 习惯用法（资源申请即初始化）。这意味着你应该使用智能指针，由于智能指针和 RAII 机制在现代 C++ 中扮演着重要角色，因此第 5 章中有专门关于此话题的讨论章节。

如果 API 返回原始指针

如果 API 返回原始指针，那么就有了"依赖问题"。

从 API 中返回的指针通常或多或少都不在我们的控制范围内，典型的例子就是第三方库。

幸运的是，我们遇到了一个精心设计的 API，提供了创建资源的工厂方法，并提供了将资源交还给库以便安全和妥善处理的方法，于是我们成功了。在这种情况下，我们可以再次利用 RAII 机制（资源申请即初始化，参见第 5 章），我们可以创建一个自定义的智能指针来包装常规指针，这由它的 allocator 分配，而 deallocator 可以按照第三方库的预期结果处理资源。

正确地使用 const

const 的正确使用对于实现更好、更安全的 C++ 代码来说是一种很实用的方法。使用 const 可以省去很多麻烦且节省调试时间，因为违反 const 会直接导致编译时错误。还有，const 的使用也可以支持编译器的一些优化算法，这意味着正确使用该限定符，也是一种提高程序执行性能的有效方法。

不幸的是，许多开发人员低估了使用 const 的好处，我的建议是这样的：

注意 const 的正确性。尽可能地使用 const，并始终为变量或对象选择适当的声明以区分可变和不可变。

通常，C++ 中的关键字 const 可以防止程序对该对象的变更。但该关键字有很多用法，const 可能被用在不同的环境中表达不同的意思。

最简单的用法是将变量定义为常量：

```
const long double PI = 3.141592653589794;
```

另一个用途是防止传递给函数的参数被改变。由于存在多种可变的情况，因此通常会导致混淆，下面是一些例子：

```
unsigned int determineWeightOfCar(Car const* car); // 1
void lacquerCar(Car* const car); // 2
unsigned int determineWeightOfCar(Car const* const car); // 3
void printMessage(const std::string& message); // 4
void printMessage(std::string const& message); // 5
```

1. 指针 car 指向 Car 类型的**常量对象**，即 Car 对象（"指针指向的对象"）不能被修改。

2. 指针 car 是一个 Car 类型的**指针常量**，即你可以修改 Car 对象，但不能修改指针（例如，为其指定 Car 的新实例）。

3. 在这种情况下，指针和指针指向的对象（Car 对象）都无法被修改。

4. 参数 message 通过 const 引用传递给函数，即不允许在函数内部更改被引用的字符串变量。

5.这只是 const 引用参数的另一种表示，它等同于第 4 行（顺便说一句，我更喜欢这种表示）。

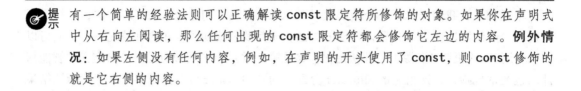

> 有一个简单的经验法则可以正确解读 const 限定符所修饰的对象。如果你在声明式中从右向左阅读，那么任何出现的 const 限定符都会修饰它左边的内容。**例外情况**：如果左侧没有任何内容，例如，在声明的开头使用了 const，则 const 修饰的就是它右侧的内容。

const 关键字的另一个用途是将类的（非静态）成员函数声明为 const，就像下面这个例子中第 5 行代码一样：

```cpp
#include <string>

class Car {
public:
  std::string getRegistrationCode() const;
  void setRegistrationCode(const std::string& registrationCode);
  // ...

private:
  std::string _registrationCode;
  // ...
};
```

与第 6 行的 setter（设置器）相反，第 5 行的成员函数 getRegistrationCode 不能修改类 Car 的成员变量。getRegistrationCode 的以下实现将导致编译错误，因为该函数尝试将新的字符串指定给 _registrationCode 变量：

```cpp
std::string Car::getRegistrationCode() {
  std::string toBeReturned = registrationCode;
  registrationCode = "foo"; // Compile-time error!
  return toBeReturned;
}
```

4.4 C++ 工程中的 C 风格代码

如果你看一下相对较新的 C++ 程序（例如，在 GitHub 或 Sourceforge 上的一些源码），你会惊讶于很多这些所谓的"新"程序中仍然包含 C 风格的代码。好吧，C 语言仍然是 C++ 语言的一个子集，这意味着 C 语言的元素仍然可用。不幸的是，许多这样的旧式 C 代码在编写干净、安全和现代化的代码时都有明显的缺点，而且很明显我们有比它们更好的选择。

因此，一个基本的建议就是用 C++ 代码替代那些旧的且容易出错的 C 代码结构，并且这种可能性是很大的。如今，现代 C++ 中几乎已经完全没有 C 风格的编程习惯了。

4.4.1 使用 C++ 的 string 和 stream 替代 C 风格的 char*

所谓 C++ 的 string 是 C++ 标准库的一部分，其类型为 std::string 或 std::wstring（均在头文件 <string> 中定义）。实际上，两者都是类模板 std::basic_string<T> 上的类型定义，并以以下这种方式定义：

```
typedef basic_string<char> string;
typedef basic_string<wchar_t> wstring;
```

要创建这样的 string，必须实例化这两个模板中任一模板的对象。例如，使用它们的初始化构造函数：

```
std::string name("Stephan");
```

与此相比，所谓的 C 风格字符串只是一个字符数组（类型为 char 或 wchar_t），它以所谓的 0 结束符（有时也称为空终止符）结束。0 结束符是一个特殊字符（'\ 0'，ASCII 码为 0），用于表示字符串的结尾，C 风格的字符串通过以下方式定义：

```
char name[] = "Stephan";
```

在这种情况下，0 结束符会自动添加到字符串的末尾，也就是说，字符串的长度为 8 个字符。重要的一点是，我们必须记住，我们仍然在处理一系列字符，这意味着它具有固定的大小。你可以用索引运算符更改数组的内容，但不能在数组末尾添加其他字符。如果末尾的 0 结束符被意外覆盖，可能会导致各种问题。

字符数组通常在指向其首元素的指针的帮助下才能被使用，例如，当字符数组被作为函数参数传递时：

```
char* pointerToName = name;

void function(char* pointerToCharacterArray) {
  //...
}
```

但是，在许多 C++ 程序及教科书中，仍然经常使用 C 风格的字符串。现在已经没有什么好的理由在 C++ 语言中使用 C 风格的字符串了吗？

是的，在某些情况下你仍然可以使用 C 风格的字符串，我将介绍其中一些情况。但是，对于现代 C++ 程序中绝大多数字符串的应用来说，它们应该使用 C++ 中的 string 来实现。与旧式的 C 风格字符串相比，std::string 和 std::wstring 类型的对象提供了许多优点：

❏ C++ string 对象自己管理字符串的内存，因此你可以轻松地复制、创建和销毁它们。

这意味着它们可以让你免于管理字符串数据的生命周期，这些可能是使用 C 风格字符数组的棘手而艰巨的任务。

❑ 它们是可变的。可以通过各种方式轻松操作 string：添加字符串或单个字符、连接字符串、替换字符串的某些部分等。

❑ C++ string 提供了方便的迭代器接口。与所有其他标准库容器类型一样，std:: string 和 std::wstring 都允许你遍历其元素（即遍历其字符），这也意味着可以将头文件 <algorithm> 中定义的所有合适的算法应用于 string 对象。

❑ C++ string 与 C++ I/O stream（例如，ostream、stringstream、fstream 等）能完美配合使用，因此你可以轻松地利用所有这些有用的流操作。

❑ 从 C++11 开始，标准库广泛使用了 move 语义。许多算法和容器现在都是针对移动优化的。移动主义也适用于 C++ string，例如，std::string 的实例通常可以作为函数的返回值返回。以前需要返回指针或引用的函数现在可以高效地返回一个大型的字符串对象，也就是说，我们不需要花费昂贵的代价去做字符串的复制工作。

综上，我可以给出以下建议：

除了少数例外情况，现代 C++ 程序中的字符串应该由标准库中的 C++ string 表示。

但是，有哪些例外情况使用旧的 C 风格字符串是正确的呢？

一方面，有字符串常量，即不可变字符串。如果你只需要一个固定个数的固定字符，那么 std::string 几乎没有什么优势。例如，你可以通过以下方式定义这样的字符串常量：

```
const char* const PUBLISHER = "Apress Media LLC";
```

在这种情况下，既不能修改指针指向的值，也不能修改指针本身（另请参阅有关 const 正确性的部分）。

使用 C 风格字符串的另一个原因是，为了与 C 风格的 API 库兼容。许多第三方库通常具有较低等级的接口，以确保向后兼容并尽可能保持其宽泛的使用范围。在这种 API 上，字符串通常被设计为 C 风格的字符串类型。但是，即使在这种情况下，C 风格字符串的使用也应该仅限于处理此接口。在不与这种 API 的数据进行交换时，应尽可能使用更令人舒适的 C++ 字符串。

4.4.2　避免使用 printf()、sprintf() 和 gets() 等

printf() 是 C 语言库的一部分（在头文件 <cstdio> 中定义），用于执行输入 / 输出操作，它将格式化后的数据打印到标准输出（stdout）。有些开发人员仍然在其 C++ 代码中使用大量的 printf 进行跟踪或记录日志，他们经常认为 printf 一定比 C++ I/O 流操作快得多，因为它省去了 C++ 相关的开销。

首先，无论你使用 printf() 还是 std::cout，I/O 本身都是瓶颈。在标准输出上写任

何东西通常都很慢。比程序中的大多数其他操作都慢。在某些情况下，std::cout 可能比
printf() 略慢，但与 I/O 操作的一般耗时相比，这几微秒通常可以忽略不计。在这一点上，
我还想提醒大家小心（过早）优化（请记住第 3 章中的 3.8 节"小心优化原则"）。

　　其次，基本上说 printf() 是类型不安全的，它容易出错。该函数需要一系列无类型参
数，这些参数与一个填充了格式标识符的 C 风格字符串相关，也就是与第一个参数有很大
关系。这种不安全的函数应该被禁止使用，因为它可能导致微妙的错误、未定义的行为（请
参阅第 5 章中的 5.4 节"不允许未定义的行为"）和安全漏洞。

---

std::to_String() [C++11]

不要在现代 C++ 程序中使用 C 中的函数 sprintf()（包含头文件 <cstdio>）进行转
换。从 C++11 开始，数字类型的所有变量都可以用安全方便的 std::to_string() 函数和
std::to_wstring() 函数轻松转换为 C++ string 类型对象，该函数在头文件 <string> 中定
义。例如，有符号整数可以通过以下方式转换为一个包含该值的以文本表示的 std::string：

```
int value { 42 };
std::string valueAsString = std::to_string(value);
```

std::to_string() 和 std::to_wstring() 分别适用于所有整数或浮点类型，如 int、
long、long long、unsigned int、float、double 等。但这种简单转换的一个主要缺点是
在某些情况下结果是不准确的。

```
double d { 1e-9 };
std::cout << std::to_string(d) << "\n"; // Caution! Output: 0.000000
```

此外，无法通过配置控制 to_string() 字符串的格式化输出，例如小数位数的控制。
这意味着事实上该功能在真实程序中的适用范围很小。如果需要更精确和自定义的转换，
你必须自己提供。你可以利用字符串流（包含头文件 <sstream>）和头文件 <iomanip> 中定
义的 I/O 控制符（Manipulator）的配置功能，而不是使用 sprintf()，如下所示：

```
#include <iomanip>
#include <sstream>
#include <string>

std::string convertDoubleToString(const long double valueToConvert, const int
precision) {
  std::stringstream stream { };
  stream << std::fixed << std::setprecision(precision) << valueToConvert;
  return stream.str();
}
```

　　第三，与 printf 不同，C++ I/O stream 允许通过提供自定义插入操作符（operator
<<）轻松地对复杂对象进行流化。假设我们有一个类 Invoice（在一个名为 Invoice.h 的头

文件中定义），看起来像下面这样：

代码4-29　文件Invoice.h的摘录，带有行号

```
01  #ifndef INVOICE_H_
02  #define INVOICE_H_
03
04  #include <chrono>
05  #include <memory>
06  #include <ostream>
07  #include <string>
08  #include <vector>
09
10  #include "Customer.h"
11  #include "InvoiceLineItem.h"
12  #include "Money.h"
13  #include "UniqueIdentifier.h"
14
15  using InvoiceLineItemPtr = std::shared_ptr<InvoiceLineItem>;
16  using InvoiceLineItems = std::vector<InvoiceLineItemPtr>;
17
18  using InvoiceRecipient = Customer;
19  using InvoiceRecipientPtr = std::shared_ptr<InvoiceRecipient>;
20
21  using DateTime = std::chrono::system_clock::time_point;
22
23  class Invoice {
24  public:
25    explicit Invoice(const UniqueIdentifier& invoiceNumber);
26    Invoice() = delete;
27    void setRecipient(const InvoiceRecipientPtr& recipient);
28    void setDateTimeOfInvoicing(const DateTime& dateTimeOfInvoicing);
29    Money getSum() const;
30    Money getSumWithoutTax() const;
31    void addLineItem(const InvoiceLineItemPtr& lineItem);
32    // ...possibly more member functions here...
33
34  private:
35    friend std::ostream& operator<<(std::ostream& outstream, const Invoice& invoice);
36    std::string getDateTimeOfInvoicingAsString() const;
37
38    UniqueIdentifier invoiceNumber;
39    DateTime dateTimeOfInvoicing;
40    InvoiceRecipientPtr recipient;
41    InvoiceLineItems invoiceLineItems;
42  };
43  // ...
```

该类依赖于票据接收者（在本例中是在 Customer.h 标题中定义的 Customer 的别名，请参阅第 18 行），并用表示票据编号的标识符（类型 UniqueIdentifier）保证编号在所有票据号码中是唯一的。此外，Invoice 使用了表示 money 数量的数据类型（请参阅第 9 章中有关设计模式的 9.2.10 节 "Money Clsss 模式"），并且对表示单个票据中条目的其他数据类型也有依赖，后者用于使用 std::vector 管理票据内的条目列表（分别参见第 16 行和第 41

行）。为了表示开出票据的时间，我们使用了 chrono 库中的数据类型 time_point（在头文件 <chrono> 中定义），该数据类型自 C++11 开始被引入。

现在让我们进一步想象一下，我们希望将整个票据及其所有数据以流的形式传输到标准输出，如果我们能写出像下面这样的代码，岂不是很简单方便吗？

```
std::cout << instanceOfInvoice;
```

是的，这用 C++ 来实现是完全可能的。输出流的插入操作符（<<）可以被任何类重载，我们只需要在头文件类的声明中添加一个 operator << 重载函数。重要的是让这个函数成为类的友元函数（参见第 35 行），因为它能在不创建对象的情况下被调用。

代码4-30　类Invoice的插入操作符

```
43   // ...
44   std::ostream& operator<<(std::ostream& outstream, const Invoice& invoice) {
45     outstream << "Invoice No.: " << invoice.invoiceNumber << "\n";
46     outstream << "Recipient: " << *(invoice.recipient) << "\n";
47     outstream << "Date/time: " << invoice.getDateTimeOfInvoicingAsString() << "\n";
48     outstream << "Items:" << "\n";
49     for (const auto& item : invoice.invoiceLineItems) {
50       outstream << "    " << *item << "\n";
51     }
52     outstream << "Amount invoiced: " << invoice.getSum() << std::endl;
53     return outstream;
54   }
55   // ...
```

类 Invoice 的所有组成部分都被写在了函数的输出流中。这是可能的，因为类 UniqueIdentifier、InvoiceRecipient 和 InvoiceLineItem 也有自己的输出流的插入操作符重载函数（此处未显示）。为了打印 vector 中的所有条目，我们可以使用基于 C++11 标准范围的 for 循环。为了获得开票日期的文本表示，我们可以使用名为 getDateTimeOfInvoicingAsString() 的内部方法，该方法返回格式良好的 date/time 字符串。

所以，对于现代 C++ 编程，我的建议如下：

避免使用 printf()，以及其他不安全的 C 函数，比如，sprintf()、puts() 等。

4.4.3　使用标准库的容器而不是 C 风格的数组

你应该使用 C++11 标准中的 std::array<TYPE,N> 模板（包含头文件 <array>），而不是使用 C 风格的数组。std::array<TYPE,N> 的实例是一个固定大小的序列容器，并且与普通的 C 风格数组一样高效。

C 风格数组的问题或多或少与 C 风格的字符串相同（参见上文）。C 风格数组很不友好，因为它们在程序中只能作为一个指向首元素的原始指针被传递。这可能存在潜在危险，因为无法绑定类型的检查,该数组的用户可能访问到不存在的元素。而使用 std::array 创建的数组则很安全,因为它们本身就不是指针,也没有指针的问题(另请参阅本节前面的"一些避免使用指针的策略"一节)。

使用 std::array 的一个优点是我们知道它的大小(元素的数量)。使用数组时,该数组的大小经常是必要的重要信息,普通的 C 风格数组不知道自己的大小。因此,数组的大小通常必须作为附加信息处理,例如,在附加变量中,必须将大小作为函数调用的附加参数传递,如下例所示:

```cpp
const std::size_t arraySize = 10;
MyArrayType array[arraySize];

void function(MyArrayType const* array, const std::size_t arraySize) {
  // ...
}
```

严格来说,在这种情况下,数组及其大小不会形成一个聚合的单元(请参阅第 3 章中的 3.6 节"高内聚原则")。此外,我们已经从上一节有关参数和返回值的内容中了解到,函数参数的个数应尽可能少。

相反,std::array 的实例带有自己的大小且任何实例都可以查询到。因此,函数或方法的参数列表不需要有关数组大小的这一参数:

```cpp
#include <array>

using MyTypeArray = std::array<MyType, 10>;

void function(const MyTypeArray& array) {
  const std::size_t arraySize = array.size();
  //...
}
```

std::array 的另一个值得注意的优点是它具有 STL 兼容接口。类模板提供了公共成员函数,因此它看起来像标准库中的其他容器。例如,数组的用户可以使用 std::array::begin() 和 std::array::end() 分别获取指向序列开头和序列结尾的迭代器,这也意味着来自头文件 <algorithm> 中的算法可以应用于数组(请参阅下一章中有关算法的部分)。

```cpp
#include <array>
#include <algorithm>

using MyTypeArray = std::array<MyType, 10>;
MyTypeArray array;

void doSomethingWithEachElement(const MyType& element) {
  // ...
}

std::for_each(std::cbegin(array), std::cend(array), doSomethingWithEachElement);
```

> **非成员函数 std::begin() 和 std::end() [C++11/14]**

每个 C++ 标准库容器都有 begin()/cbegin() 和 end()/cend() 成员函数，它们是用于检索容器的迭代器和常量迭代器。

C++11 为此目的引入了自由的非成员函数：std::begin(<container>) 和 std::end(<container>)。在 C++14 中，缺少的函数 std::cbegin(<container>)、std::cend(<container>)、std::rbegin(<container>) 和 std::rend::(<container>) 也已经被引入。现在的建议是不要使用成员函数，而是使用这些非成员函数（都在头文件 <iterator> 中定义以获取容器的迭代器和 const 迭代器，就像这样：

```cpp
#include <vector>

std::vector<AnyType> aVector;
auto iter = std::begin(aVector); // ...instead of 'auto iter = aVector.begin();'
```

原因是这些自由函数允许更灵活和通用的编程风格。例如，许多用户自定义的容器没有 begin() 和 end() 成员函数，这使得它们无法与标准库算法一起使用（请参阅第 5 章中的算法部分），任何其他用户定义的需要迭代器的模板函数都一样。而这些检索迭代器的非成员函数是可扩展的，因为它们可以被任何类型的序列重载，包括旧的 C 风格数组。换句话说，非 STL 兼容（自定义）容器可以使用迭代器功能。

例如，假设你必须处理一个 C 风格的整数数组，就像下面这样：

```cpp
int fibonacci[] = { 1, 1, 2, 3, 5, 8, 13, 21, 34, 55, 89, 144 };
```

现在可以用符合标准库的 Iterator 接口对这种类型的数组进行改造。对于 C 风格的数组，这些函数已经在标准库中提供，因此你不必自己编程。它们或多或少看起来像下面这样：

```cpp
template <typename Type, std::size_t size>
Type* begin(Type (&element)[size]) {
    return &element[0];
}

template <typename Type, std::size_t size>
Type* end(Type (&element)[size]) {
    return &element[0] + size;
}
```

如果要将数组的所有元素插入输出流中，例如，要在标准输出上打印它们，我们可以这样编写代码：

```cpp
int main() {
  for (auto it = begin(fibonacci); it != end(fibonacci); ++it) {
```

```
    std::cout << *it << ", ";
  }
  std::cout << std::endl;
  return 0;
}
```

一旦为自定义的容器类型或旧式 C 风格数组提供了重载的 begin() 和 end() 函数，就可以将所有标准库算法应用于这些类型。

此外，std::array 可以在成员函数 std::array::at(size_type n) 的帮助下访问数组中的元素，包括边界检查。如果给定索引超出范围，则抛出一个类型为 std::out_of_bounds 的异常。

4.4.4 用 C++ 类型转换代替 C 风格的强制转换

在出现错误之前，我首先要提出一个重要警告：

 类型转换基本上都是不好的，应该尽可能避免类型转换！它表明程序一定存在设计问题，即使问题可能相对很小。

但是，如果在某些情况下无法避免类型转换，那么在任何情况下都不应该使用 C 风格的转换：

```
double d { 3.1415 };
int i = (int)d;
```

在这种情况下，double 类型被降级为 int 类型。由于浮点数的小数位被丢弃，因此这种显式转换伴随着精度的损失。使用 C 风格的显式转换就意味着：编写这行代码的程序员已经知道要产生的后果。

当然，这肯定比隐式类型转换更好。不过，你应该用 C++ 类型转换代替旧的 C 风格类型转换，就像这样：

```
int i = static_cast<int>(d);
```

对该建议一个简单的解释就是：C++ 风格的类型转换会在编译器编译期间进行检查，而 C 风格的强制转换却不会在编译期间进行检查，因此后者可能会在运行时出错，这可能会导致严重缺陷或应用程序崩溃。例如，一个改进的使用 C 风格的强制转换可能会导致栈被破坏，如下例所示：

```
int32_t i { 200 };                    // Reserves and uses 4 byte memory
int64_t* pointerToI = (int64_t*)&i; // Pointer points to 8 byte

*pointerToI = 9223372036854775807;  // Can cause run-time error through stack corruption
```

显然，在这种情况下，将 64 位值写入仅 32 位大小的存储区域是允许的。问题是编译器无法告知我们这段代码的潜在危险，编译器会进行转换，即使是非常保守的设置（g++ −std = c++17 −pedantic −pedantic-errors −Wall −Wextra −Werror −Wconversion），它也没有任何报错，这在程序运行期间可能会导致非常隐蔽的错误。

现在让我们看看，如果我们在第 2 行使用 C++ static_cast 而不是旧的 C 风格的类型转换会发生什么：

```
int64_t* pointerToI = static_cast<int64_t*>(&i); // Pointer points to 8 byte
```

编译器现在能够发现有问题的转换并报告相应的错误信息：

```
error: invalid static_cast from type 'int32_t* {aka int*}' to type 'int64_t* {aka long int*}'
```

你应该使用 C++ 的类型转换，而不是旧的 C 风格类型转换的另一个原因是，在程序中很难找出 C 风格的强制转换。开发人员很难发现它们，你也无法通过普通的编辑器或文字处理器方便地搜索它们。相比之下，搜索 static_cast<>、const_cast<> 或 dynamic_cast<> 等术语非常容易。

一目了然，下面是针对现代化的 C++ 程序设计中类型转换方面的所有建议：

1. **在任何情况下尽量避免类型转换（强制转换）**。相反，尝试消除那些强制你使用转换的设计问题。

2. 如果无法避免显式类型转换，则**仅使用 C++ 风格的类型转换**（static_cast<> 或 const_cast<>），因为编译器会检查这些转换，**永远不要使用旧的 C 风格的类型转换**。

3. 注意，**也不要使用 dynamic_cast<>，因为它被认为是一个糟糕的设计**。对 dynamic_cast<> 的需求被当作一个可靠的标记，它表明当前的特殊化层次结构出现了问题（本主题将在第 6 章进行深入讨论）。

4. **在任何情况下，永远不要使用 reinterpret_cast<>**。这种类型转换被打上了不安全、不可移植和依赖于实现等标记。它漫长而复杂的名称是一种暗示，让你思考目前你正在做什么。

4.4.5　避免使用宏

C 语言中最重要的遗产之一也许就是宏了。宏是一段可以通过名称进行标识的代码。如果预处理器在编译时在源代码中找到了宏的名称，则该名称将被其相关的代码片段替换。

有一种宏是类似于对象的宏，通常用于为数字常量提供符号名称，如下例所示：

代码4-31　两个类似对象宏的例子

```
#define BUFFER_SIZE 1024
#define PI 3.14159265358979
```

宏的其他典型示例如下：

代码4-32　两个类似函数的宏的例子

```
#define MIN(a,b) (((a)<(b))?(a):(b))
#define MAX(a,b) (((a)>(b))?(a):(b))
```

MIN 和 MAX 分别比较两个值并返回较小和较大的值。这些宏称为类似函数的宏，虽然这些宏看起来几乎像函数，但它们并不是。C 预处理器仅执行相关代码片段对宏名称的替换（实际上，它只是文本查找和替换操作）。

宏是有潜在危险的。它们的通常表现并不如预期那样，并且可能产生不必要的副作用。例如，假设你已经定义了一个这样的宏：

```
#define DANGEROUS 1024+1024
```

在你的代码中的某个地方你写了：

```
int value = DANGEROUS * 2;
```

可能有人期望变量值为 4096，但实际上它是 3072。记住数学运算的顺序，它告诉我们应该从左到右分别进行计算。

因为使用宏而产生了意外副作用的另一个例子是按以下方式使用 MAX：

```
int maximum = MAX(12, value++);
```

预编译器将会生成以下代码：

```
int maximum = (((12)>(value++))?(12):(value++));
```

现在可以很容易地看到，对值的后置递增操作将执行两次，这当然不是编写上述代码的开发人员的本意。

不要再使用宏了！至少从 C++11 开始，它们几乎已经过时了。除了一些非常罕见的例外情况，宏已经不再是必需的了，它不应该再用于现代 C++ 程序中。也许未来可能会引入所谓的 Reflection（即程序可以在运行时检查、反射和修改自己的结构和行为的能力）作为C++ 标准的一部分，它有助于完全摆脱宏。但是到目前为止，宏仍然用于某些特殊目的，例如，在使用单元测试或日志框架时。

替换类似对象的宏，可以用常量表达式来定义常量：

```
constexpr int HARMLESS = 1024 + 1024;
```

替换类似函数的宏，还可以仅使用真正的函数，例如，在头文件 <algorithm> 中定义的函数模板 std::min 或 std::max（请参阅以后有关 <algorithm> 头文件的章节）：

```
#include <algorithm>
// ...
int maximum = std::max(12, value++);
```

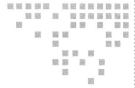

现代 C++ 的高级概念

在第 3 章和第 4 章我们已经讨论了基本原理与实践，为写出现代整洁风格的 C++ 代码打下了坚实的基础。将这些原则和规则熟记于心，开发者就可以提升 C++ 内在的代码质量，通常，C++ 外在的质量也相当重要。代码越容易理解，维护性越好，越容易扩展，bug 也会越少，这样会给软件管理员更好的生活体验，因为使用这样健全的代码更有趣。在第 2 章我们还了解到，最重要的是，维护良好的单元测试套件可以进一步改进软件质量及开发效率。

但是我们可以做得更好吗？答案当然是可以。

正如我在本书的介绍中已经解释过的那样，C++ 在过去的几年中取得了相当大的进步。不仅有 C++11 语言标准（ISO/IEC 14882:2011 的缩写），还有随之而来的 C++14（只是 C++11 的一个小小的扩展），以及最新版本的 C++17（在 2017 年 6 月已经进入 ISO 投票的最后阶段），已然变成了现代、高效、灵活的开发工具，从而摆脱了现有杂乱无章的编程语言的束缚。通过这些标准引入的一些新概念，如 Move 语义，几乎是一个范式转变。

在前面的章节中，我已经使用了这些 C++ 标准的一些特性，而且大部分都在扩展阅读进行了解释。现在是时候深入研究其中的一些，并探索它们如何能够支持我们编写健壮且现代的 C++ 代码。当然在这里，我不可能完整地介绍所有最新标准 C++ 的语言特性，如果那样的话将会与编写本书的初心背道而驰。撇开这个事实不说，最新标准的语言特性在其他很多书中都可以找到。因此，我选择了几个有代表性的主题，我相信这些主题可以帮助我们写出非常整洁的 C++ 代码。

5.1 资源管理

对软件开发人员来说，管理资源是一项基本任务。大量的各种各样的资源必须合理分配、使用以及使用后归还。主要的资源包括以下几个方面：

❑ 内存（栈或者堆）；

❑ 访问硬盘或者其他介质（如网络）上的文件（读/写）所需的文件句柄；

❑ 网络连接（例如：连接服务器、数据库等）；

❑ 线程、锁、定时器和事务；

❑ 其他操作系统资源，如 Windows 操作系统上的 GDI 句柄（GDI 是图形设备接口的缩写，GDI 是微软 Windows 核心操作系统组件并负责呈现图形对象）。

合理地运用资源可能是一项棘手的任务。请看下面的例子：

代码5-1　处理堆上分配的资源

```cpp
void doSomething() {
  ResourceType* resource = new ResourceType();
  try {
    // ...do something with resource...
    resource->foo();
  } catch (...) {
    delete resource;
    throw;
  }
  delete resource;
}
```

这段代码有什么问题？或许你已经注意到有两个完全相同的 delete 语句。这种捕获所有的异常处理机制已经表明代码中至少有两个分支。这也意味着我们必须在两个位置确保资源已经释放。正常情况下，这种包罗万象的异常处理机制并不受欢迎，但是在这个例子中，我们没有好的办法去代替这种异常处理机制，因为在抛出异常之前，我们要确保资源得到正确的释放，以便程序的其他地方用到这个资源（例如函数调用的地方）。

而且这个简单的例子只有两个分支。在现实的应用编程中，可能存在更多重要的执行分支。如果分支过多，忘记写 delete 的概率将会增大。任何一个分支只要有一个 delete 遗漏，就会导致资源泄漏。

⛔警告　千万不要低估资源泄漏！资源泄漏是一个**很严重的问题**，特别是那种生命周期长的进程，或者是快速分配很多资源而没有立即释放的进程。如果操作系统缺乏资源，这将直接导致临界系统状态。此外，资源泄漏可能是一个安全问题，因为攻击者可能利用它们进行"拒绝服务"⊖。

⊖ 原文是 Denial of Service，简称 DOS 攻击）攻击。——译者注

上面这个简单例子的问题，一个最简单的解决方法是我们可以在栈上分配内存，而不是在堆上。

代码5-2　更简单：在栈上分配资源

```
void doSomething() {
  ResourceType resource;

  // ...do something with resource...
  resource.foo();

}
```

代码这样写，无论在什么情况下，资源都可以安全释放。但是，不是在任何情况下，我们都可以在栈上分配资源，就像我们在第 4 章 "不要传递或返回 0（NULL，nullptr）" 节说的文件句柄、系统资源等。

问题的关键是：**我们如何保证分配的资源总是被释放**？

5.1.1　资源申请即初始化

资源申请即初始化（Resource Acquisition is Initialization，RAII）是帮助我们安全处理资源的术语（见第 9 章有关术语章节），该术语也被称为 "构造时获得，析构时释放"，或者 "基于范围的资源管理"。

RAII 利用类的构造函数和对应的析构函数的对称性，我们可以在类的构造函数中分配资源，在析构函数中释放资源。如果我们创建模板类，它就可以用于申请和释放不同类型的资源。

代码5-3　适用于不同资源的简单模板类

```
template <typename RESTYPE>
class ScopedResource final {
public:
  ScopedResource() { managedResource = new RESTYPE(); }
  ~ScopedResource() { delete managedResource; }

  RESTYPE* operator->() const { return managedResource; }

private:
  RESTYPE* managedResource;
};
```

现在我们就可以像下面这样使用 ScopeResource 类模板：

代码5-4　用ScopeResource模板类管理其中一个实例化资源

```
#include "ScopedResource.h"
#include "ResourceType.h"
```

```
void doSomething() {
  ScopedResource<ResourceType> resource;
  try {
    // ...do something with resource...
    resource->foo();
  } catch (...) {
    throw;
  }
}
```

显而易见，这里不需要 new 和 delete。如果这个资源超过了它的使用范围，在这个方法中很多地方都会超出资源的使用范围，被包装的 ResourceType 类的实例化资源就会通过调用它的析构函数自动释放。

但是，一般情况下不需要重新造轮子，也不需要实现这种包装器。这种包装器其实就是你知道的智能指针。

5.1.2 智能指针

从 C++11 开始，标准库提供了便于使用的、不同的和高效的智能指针。这些智能指针在被引入 C++ 标准之前，在众所周知的 Boost 库项目中已经开发了很长一段时间，所以这些智能指针几乎没有 bug。智能指针减少了内存泄漏的可能性，此外，它们被设计成是线程安全的。

本节将提供简单的概览。

具有独占所有权的 std::unique_ptr<T>

std::unique_ptr<T> 模板类 (定义在 <memory> 头文件中) 管理了一个指向 T 类型对象的指针。顾名思义，这个智能指针提供的是独占的所有权，也就是说，一个对象一次只能由 std::unique_ptr<T> 的一个实例拥有，这是与 std::shared_ptr<T> 的主要区别，下面将对此进行解释。

Std::unique_ptr<T> 的使用比较简单，如下代码所示：

```
#include <memory>

class ResourceType {
  //...
};

//...
std::unique_ptr<ResourceType> resource1 { std::make_unique<ResourceType>() };
// ... 使用类型推导的方式，代码会更简洁 ...
auto resource2 { std::make_unique<ResourceType>() };
```

基于上面的构造方式，resource 的使用非常类似于指向 ResourceType 的裸指针。

（std::make_unique<T> 将在 5.1.3 节 "避免显示的 new 和 delete" 中解释）。例如，你可以使用 * 和 -> 操作符来间接引用指针：

```
resource->foo();
```

当然，如果超出了 resource 的作用域，resource 即能够安全地释放其所持有的 ResourceType 类型的实例。但最好的是，resource 可以很容易地放入容器中⊖，例如，放入 std::vector 容器中：

```
#include "ResourceType.h"
#include <memory>
#include <vector>

using ResourceTypePtr = std::unique_ptr<ResourceType>;
using ResourceVector = std::vector<ResourceTypePtr>;

//...

ResourceTypePtr resource { std::make_unique<ResourceType>() };
ResourceVector aCollectionOfResources;
aCollectionOfResources.push_back(std::move(resource));
// 注意: 运行到这里的时候，resource实例变成了空⊜
```

需要注意的是，std::vector::push_back() 分别调用了 std::unique_ptr<T> 的移动构造函数和移动赋值操作符（请参见 5.2 节 "Move 语义"）。因此，resource 不再管理对象，并被表示为空。

⚠警告　**不要在代码中使用** std::auto_ptr<T>**！** 随着 C++11 标准的发布，std::auto_ptr<T> 已被标记为 "弃用"，并且不再使用。**在最新的 C++17 标准中，这个智能指针模板类 (std::auto_ptr<T>) 已经从 C++ 语言中删除了。**这个智能指针的实现不支持 rvalue 引用和 Move 语义（请参见 5.2 节 "Move 语义"），并且也不能存储到 STL 库的容器中（如 std::vector<T>）。std::unique_ptr<T> 是 std::auto_ptr<T> 的完美替代者。⊜

正如前面提到的，不允许调用 std::unique_ptr<T> 的拷贝构造函数。然而，使用 Move 语义可以把 std::unique_ptr<T> 持有的资源转移给另一个 std::unique_ptr<T> 实例（我们将在后面的部分详细讨论 Move 语义），如下所示：

⊖ 不会发生 ResourceType 实例的深拷贝。——译者注

⊜ 请理解一下 std::move 语义。——译者注

⊜ std::auto_ptr<T> 的实现有非常多的问题，使用上也有很多限制，所以在译者看来，std::auto_ptr<T> 不能称之为 "智能指针"，应该被称为 "弱智指针"。在项目中一定不要使用 std::auto_ptr<T>，因为它有可能为项目带来灾难性的后果，如果你的 TeamLeader 是一个非常有经验的人，那么你很有可能会被他臭骂一顿。——译者注

```
std::unique_ptr<ResourceType> pointer1 = std::make_unique<ResourceType>();
std::unique_ptr<ResourceType> pointer2; // pointer2 是空的

pointer2 = std::move(pointer1); // 此时pointer1是空的，pointer2是新的持有者
```

具有共享所有权的 std::shared_ptr<T>

std::shared_ptr<T> 模板类（定义在 <memory> 头文件中）的实例可以指向 T 类型的一个对象，也可以与 std::shared_ptr<T> 的其他实例共享这个所有权。换句话说，T 类型的一个实例的所有权以及删除它的责任，可以由**许多**共享这个实例的所有者（std::shared_ptr<T> 的实例）接管。

std::shared_ptr<T> 提供了简单且有限的垃圾回收功能。这个智能指针的内部实现有一个引用计数器，用于监视当前有多少个 std::shared_ptr<T> 的实例。如果智能指针的最后**一**个实例被销毁，智能指针就会释放它持有的资源。

图 5-1 展示了一个 UML 对象图，它描述了运行系统中的一种情况，三个实例（client1、client2 和 client3）使用三个智能指针共享相同的资源（:Resource）。

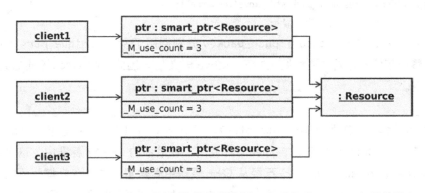

图 5-1　三个 client 通过智能指针共享同一个对象（:Resource）的情况

与前面讨论过的 std::unique_ptr<T> 相反，std::shared_ptr<T> 是可以拷贝的。同时，你也可以强制使用 std::move<T> 来移动它指向的资源：

```
std::shared_ptr<ResourceType> pointer1 = std::make_shared<ResourceType>();
std::shared_ptr<ResourceType> pointer2;

pointer2 = std::move(pointer1); //pointer1指向的资源被移动到了pointer2中，pointer1即为空
```

上面的例子并没有修改智能指针的引用计数（请参见 std::shared_ptr<T> 的内部实现），但是在移动后必须小心使用 pointer1 变量，因为这个变量是空的了，也就是说，它持有一个 nullptr。Move 语义和 std::move<T> 将在后面的章节中讨论。

无所有权但是能够安全访问的 std::weak_ptr<T>

有时候，一个没有持有资源的指针指向一个或多个 std::shared_ptr<T> 实例持有的资源，这是非常必要的。一开始你可能会说："好吧，但是如果不这么做，会有什么问题吗？"我可以通过调用共享指针的 get() 成员函数，从 std::shared_ptr<T> 的实例中获取原始指针。

代码5-5　从std::shared_ptr<T>的实例中获取原始指针

```
std::shared_ptr<ResourceType> resource = std::make_shared<ResourceType>();
// ...
ResourceType* rawPointerToResource = resource.get();
```

小心陷阱! 这么做可能非常危险。如果 std::shared_ptr<T> 的最后一个实例在程序的某个地方被释放⊖，而这个原始指针⊖仍然在某个地方被使用，会发生什么情况呢？这个原始指针将变成野指针，使用它可能会导致严重的问题（请记住我在前一章中对未定义行为的警告）。你没有办法也没有机会确定一个原始指针指向的地址是否有效。

如果你需要一个没有所有权的指针，你应该使用 std::weak_ptr<T>（在 <memory> 头文件中定义），它对资源的生命周期没有影响。std::weak_ptr<T> 仅仅"观察"它指向的资源，并检查该资源是否有效。

代码5-6　使用std::weak_ptr<T>管理资源

```
01  #include <memory>
02
03  void doSomething(const std::weak_ptr<ResourceType>& weakResource) {
04    if (! weakResource.expired()) {
05      // 现在我们知道weakResource指向的对象是有效的
06      std::shared_ptr<ResourceType> sharedResource = weakResource.lock();
07      // Use sharedResource...
08    }
09  }
10
11  int main() {
12    auto sharedResource(std::make_shared<ResourceType>());
13    std::weak_ptr<ResourceType> weakResource(sharedResource);
14
15    doSomething(weakResource);
16    sharedResource.reset(); // 删除sharedResource指向的ResourceType的实例
17    doSomething(weakResource);
18
19    return 0;
20  }
```

正如上面示例代码的第 4 行所示，我们可以通过 std::weak_ptr<T> 的 expired() 成

⊖　有多个 std::shared_ptr<T> 的实例指向同一个资源，当 std::shared_ptr<T> 的实例被释放的时候，其指向的资源也会被释放。——译者注

⊖　通过 get() 方法获取的资源的原始指针。——译者注

员函数来检查它指向的资源是否有效。但是，std::weak_ptr<T> 不提供指针解引用操作符，如 * 或 ->。如果要使用其"观察"的资源，首先必须调用 lock() 成员函数（请参阅第 6 行代码）获取一个 std::shared_ptr<T> 的实例。

现在，你可能会问自己，使用 std::weak_ptr<T> 的场景是什么？我可以很容易地在任何需要资源的地方使用 std::shared_ptr<T>，为什么 std::weak_ptr<T> 的存在是必要的呢？

首先，使用 std::shared_ptr<T> 和 std::weak_ptr<T>，你就能够区分软件设计中的资源所有者和资源使用者。并不是每个软件单元都想成为资源的所有者，因为它们只需要资源来完成特定的、有时间限制的任务。正如我们在上面示例 doSomething() 函数中看到的那样，有时仅在一小段时间内将弱指针"提升"为强指针就足够了。

一个很好的例子就是，为了提高性能，在内存中保留最近访问的对象一段时间，缓存中的对象以及指向对象的 std::shared_ptr<T> 指针，与最后使用对象的时间戳一起保存在缓存中，定期运行一种垃圾清理机制，它扫描缓存并决定销毁那些在指定时间范围内没有使用的对象。

在使用缓存对象的地方，std::weak_ptr<T> 的实例用于指向这些对象，但是不拥有对象的所有权。如果 std::weak_ptr<T> 实例的 expired() 成员函数返回 true，那么垃圾回收进程就从缓存中清除了该指针指向的对象。另外一种情况，可以使用 std::weak_ptr<T>::lock() 函数获取 std::shared_ptr<T> 的实例，这样，即使垃圾回收进程处于活动状态，也可以安全地使用这个对象。垃圾回收进程需要评估 std::shared_ptr<T> 的引用计数，根据引用计数确定当前对象至少被一个用户正在使用。因此，对象的生命周期被延长了，或者当引用计数为 0 时，垃圾回收进程从缓存中删除这个对象，这样不会影响它的使用者。

另外一个例子是处理循环依赖问题。例如，如果你有一个类 A 需要拥有一个指向另一个类 B 的指针，同时，类 B 需要拥有一个指向类 A 的指针，这样就会产生循环依赖问题。如果用 std::shared_ptr<T> 指向相应的其他类，如下面的代码所示，可能会导致内存泄漏。原因是在各自的共享指针实例中，引用计数永远不会为 0，因此，对象永远不会被删除。

代码5-7　使用std::shared_ptr<T>导致的循环依赖问题

```cpp
#include <memory>

class B; // // 类型前置声明

class A {
public:
  void setB(std::shared_ptr<B>& pointerToB) {
    myPointerToB = pointerToB;
  }
```

```
private:
  std::shared_ptr<B> myPointerToB;
};

class B {
public:
  void setA(std::shared_ptr<A>& pointerToA) {
    myPointerToA = pointerToA;
  }

private:
  std::shared_ptr<A> myPointerToA;
};

int main() {
  { // 使用花括号建立一个作用域范围
    auto pointerToA = std::make_shared<A>();
    auto pointerToB = std::make_shared<B>();
    pointerToA->setB(pointerToB);
    pointerToB->setA(pointerToA);
  }
  // 此时，A和B的实例已经无法访问了，但是A和B的实例又没有被释放(内存泄漏)⊖

  return 0;
}
```

如果将 A 和 B 类中的 `std::shared_ptr<T>` 的成员变量类型替换为 `std::weak_ptr<T>` 类型，就能解决内存泄漏的问题。

代码5-8　使用std::weak_ptr<T>处理循环依赖问题

```
class B; // 类型前置声明

class A {
public:
  void setB(std::shared_ptr<B>& pointerToB) {
    myPointerToB = pointerToB;
  }

private:
  std::weak_ptr<B> myPointerToB;
};

class B {
public:
  void setA(std::shared_ptr<A>& pointerToA) {
    myPointerToA = pointerToA;
  }

private:
  std::weak_ptr<A> myPointerToA;
};
// ...
```

⊖　有兴趣的读者可以分别为类 A 和 B 增加析构函数，并在析构函数中输出信息到控制台查看效果。基于上面的代码，即使离开花括号作用域，A 和 B 的实例依然没有销毁，所以导致了内存泄漏。——译者注

基本上来说，循环依赖是应用程序代码中糟糕的设计，应该尽可能地避免循环依赖。在底层库中可能会有一些例外，因为循环依赖不会导致严重的问题。除此之外，开发人员应该遵循第 6 章的无环依赖原则。

5.1.3 避免显式的 new 和 delete

在现代 C++ 编码中，在你写应用程序代码时应该避免显示地调用 new 和 delete。或许你会问为什么？一个简单而直接的解释是：new 和 delete 会增加代码的复杂度。

更具体的答案是：当不可避免地需要调用 new 和 delete 时，你必须处理异常情形、非默认情形，或者需要特别处理的情形。想要知道上述这些例外的情形，让我们先了解默认情形——C++ 开发者应该必须了解的情形。

显示调用 new 和 delete 可以通过以下这些措施来避免：

❑ **尽可能使用栈内存**。分配栈内存很简单（在第 3 章讲的 KISS 原则），而且安全。栈内存永远不会造成内存泄漏。资源一旦超出它的使用范围就会被销毁。你甚至可以通过调用函数来返回值的类型，这样，就会将直接获取值的方式转为函数调用的方式。

❑ **用 make functions 在堆上分配资源**。用 std::make_unique<T> 或 std::make_shared<T> 实例化资源，然后将它包装成一个资源管理对象去管理资源及智能指针。

❑ **尽量使用容器（标准库、Boost，或者其他）**。容器会对其元素进行存储空间的管理。相反，在你自己开发数据结构或序列式容器的时候，你必须自己实现所有的内存管理细节，这将是一个复杂的，且容易出错的任务。

❑ 如果有特殊的内存管理，**利用特有的第三方库封装资源**（见下一章节）。

5.1.4 管理特有资源

正如本节关于资源管理的介绍中已经提到的，有时候其他资源不是用 new 和 delete 运算符在堆上申请和释放的。其中的一些例子，比如在文件系统中打开文件、动态链接模块（如 Windows 操作系统上的动态链接库（DLL）），以及图形界面的特殊平台对象（如窗口对象、按钮对象、文本框输入对象等）。

通常，这些资源是通过所谓的句柄（handle）来管理的。句柄是操作系统资源的一个抽象以及唯一的引用。在 Windows 平台上，用 HANDLE 这种数据类型定义这些句柄。事实上，该数据类型定义在头文件 WinNT.h 中，这个 C 风格的头文件定义了很多 Win32 API 的宏和类型：

```
typedef void *HANDLE;
```

例如，你想用一个合理的进程 ID 访问 Windows 进程，你可以使用 Win32 API 函数 OpenProcess() 检索该进程的句柄：

```
#include <windows.h>
// ...
const DWORD processId = 4711;
HANDLE processHandle = OpenProcess(PROCESS_ALL_ACCESS, FALSE, processId);
```

当你用完句柄后，你必须用 CloseHandle() 函数释放该句柄。

```
BOOL success = CloseHandle(processHandle);
```

因此这种用法与 new 运算符和 delete 运算符有类似的对称性。所以它也应该利用 RAII 术语来管理，并对此类资源使用智能指针。首先，我们只需要用自定义的删除器 (deleter) 替换默认的删除器 CloseHandle()：

```
#include <windows.h> // Windows API declarations

class Win32HandleCloser {
public:
  void operator()(HANDLE handle) const {
    if (handle != INVALID_HANDLE_VALUE) {
      CloseHandle(handle);
    }
  }
};
```

请注意！如果你用别名定义，std::shared<T> 现在管理的类型表即为 void **类型，因为 HANDLE 已经被定义成指向 void 的指针类型。

```
using Win32SharedHandle = std::shared_ptr<HANDLE>; // 注意!
```

Win32 中 HANDLE 的智能指针必须按照如下定义：

```
using Win32SharedHandle = std::shared_ptr<void>;
using Win32WeakHandle = std::weak_ptr<void>;
```

📖**注意**　在 C++ 中不允许定义 std::unique_ptr<void> 类型！这是因为 std::shared_ptr<T> 实现了类型删除，但是 std::unique_ptr<T> 没有。如果一个类支持类型删除，也就意味着它可以存储任意类型的对象，而且会正确地释放对象占用的内存。

如果你想用共享的句柄，你必须注意在对象构造时应当传一个自定义的句柄删除器 (Win32HandleCloser) 作为构造函数的参数：

```
const DWORD processId = 4711;
Win32SharedHandle processHandle { OpenProcess(PROCESS_ALL_ACCESS, FALSE, processId),
  Win32HandleCloser() };
```

5.2 Move 语义

如果有人问 C++11 的哪种特性对现代 C++ 的发展影响最大，不管是现在还是将来要写的 C++ 代码，我都会很明确地认为是 move 特性。第 3 章策略部分讲一些关于避免使用指针的策略时，我已经简单提到过 C++ 的 move 特性，因为我认为它非常重要，所以我想在这里深入探讨这个语言特性。

5.2.1 什么是 Move 语义

在以前的许多情况下，旧的 C++ 语言强迫我们使用复制构造函数，实际上我们没有真正想要对象的深拷贝。相反，我们只是想移动对象的负载，即对象的数据，如其他对象、数据成员或原始数据类型等。

在以前的例子中我们必须使用复制而不是 move，比如下面的例子：

- ❑ 局部变量作为函数或方法的返回值时。在 C++11 之前为了防止拷贝构造的情况发生，经常利用指针解决这类问题。
- ❑ 向 std::vector 或者其他容器插入一个对象时。
- ❑ std::swap<T> 模板函数的实现。

在前面提到的许多情况下，没有必要保持源对象的完整性，即创建一个深度的，并在运行时效率方面经常进行耗时的复制，以便源对象保持可用。

C++ 11 引入了一种语言特性，可以移动对象的内部数据这一特性，可谓脱颖而出。除了复制构造函数和拷贝赋值运算符，类的开发人员现在可以实现移动构造函数和移动赋值操作符（后面的章节我们会讲其实**不应该**这么做）。通常来说，move 操作符效率比拷贝操作符效率要高。相对于拷贝运算，原对象的数据只是传递给了目标对象，而用于操作的参数（原对象）被置于一种"空"或者原始的状态。

下面的示例显示了一个类，它显式地实现了这两种类型的语义：

拷贝构造函数（第 6 行）和赋值操作符（第 8 行），还有 move 构造函数（第 7 行）和 move 赋值操作符（第 9 行）。

代码5-9　显示定义有copy和move特殊函数的类

```
01  #include <string>
02
03  class Clazz {
04  public:
05      Clazz() noexcept;                          // 默认构造函数
06      Clazz(const Clazz& other);                 // 复制构造函数
07      Clazz(Clazz&& other) noexcept;             // move 构造函数
08      Clazz& operator=(const Clazz& other);      // 拷贝构造函数
09      Clazz& operator=(Clazz&& other) noexcept;  // move 赋值运算符
10      virtual ~Clazz() noexcept;                 // 析构函数
11
```

```
12  private:
13    // ...
14  };
```

正如我们即将在后面的 5.2.5 节 "零原则" 提到的那样，不需要显示地声明和定义这些构造器以及赋值运算符是我们任何一个 C++ 开发者的主要目标。

Move 语义与所谓的右值引用紧密相关（见后面小节）。当把右值引用作为它们参数的时候，构造器和赋值运算符分别被称为 "move 构造器" 和 "move 赋值运算符"。右值运算符用双与号进行标识（&&）。为了更好区分，一般单与号（&）的引用被称为左值引用。

5.2.2　左值和右值的关系

所谓的左值和右值是历史术语（继承自 C 语言），因为左值可能通常出现在赋值运算符左边（有时也会出现在右边），而右值一般出现在赋值运算符右边。我认为左值的一个更好的解释是它是一个 locator value，这可以清楚地表明左值是一个在内存有位置的对象（即它具有可访问和可识别的内存地址）。

相对于左值，右值是一些表达式不是左值的对象，它是一个临时对象或者子对象，因此不能给右值赋值。

虽然这些定义都来源于旧的 C 语言，但是 C++11 还是引入了更多种类的定义（xvalue、glvalue 和 prvalue）支持 Move 语义，这些定义非常适合日常使用。

左值表达式的一种最简单的形式是变量的声明：

```
Type var1;
```

var1 表达式就是一个左值类型。下面这些定义也都是左值类型：

```
Type* pointer;
Type& reference;
Type& function();
```

左值可以是赋值运算符左边的操作数，像下面这个整型变量 theAnswerAllQuestions 的例子：

```
int theAnswerToAllQuestions = 42;
```

还有，用一个内存地址给指针赋值可以很明确地知道指针是左值：

```
Type* pointerToVar1 = &var1;
```

字面值 "42" 则是一个右值。在内存中没有可标识的位置，所以不可能为它赋值（当然，右值也可以占用栈上数据区的内存，但是这个内存是暂时分配的，而且赋值完成后就会被马上释放）：

```
int number = 23; // 正确，因为number是左值
42 = number; // 编译错误：赋值运算符左边需要一个左值
```

你不相信上面通用示例中 function() 是左值吗？没错，它是左值！你可以写下面一段代码（不要怀疑，或许有点奇怪），编译器会编译通过：

```
int theAnswerToAllQuestions = 42;

int& function() {
  return theAnswerToAllQuestions;
}

int main() {
  function() = 23; // Works!
  return 0;
}
```

5.2.3 右值引用

上面已经提到了 C++11 的 Move 语义与右值引用紧密相连。现在这些右值引用使定位右值的内存位置成为可能。在下面的例子中，临时的内存分配给右值引用后，内存将变成"永久"的。你甚至可以定义指针去指向这边内存，然后用该指针去操作这片右值引用的内存。

```
int&& rvalueReference = 25 + 17;
int* pointerToRvalueReference = &rvalueReference;
*pointerToRvalueReference = 23;
```

引入右值之后，它们当然也可以作为函数或者方法的参数。表 5-1 给出了可能的用法。

表 5-1　不同函数或者方法的签名和它们接受的参数类型

函数 / 方法签名	允许的参数类型
void function(Type param)	**左值和右值**参数都可以
void X::method(Type param)	
void function(Type& param)	只接受**左值**参数
void function(const Type& param)	
void X::method(Type& param)	
void X::method(const Type& param)	
void function(Type&& param)	只接受**右值**参数
void X::method(Type&& param)	

表 5-2 给出了函数和方法返回值类型，以及它们接受的返回值类型。

当然，右值引用可以作为任意函数或者方法的参数，它们预定的应用领域是 move 构造器和 move 赋值运算符。

表 5-2　函数 / 方法可能接受的返回值类型

函数 / 方法签名	可能返回的类型
int function()	[const] int, [const] int&, 或 [const] int&&
int X::method()	
int& function()	Non-const int 或 int&
int& X::method()	
int&& function()	字面值（如 42），或对象右值引用（通过 std::move 获取），对象的生命期比函数的生命期长。
int&& X::method()	

代码5-10　一个显式定义copy和Move语义的类

```cpp
#include <utility> // std::move<T>

class Clazz {
public:
  Clazz() = default;
  Clazz(const Clazz& other) {
    // Classical copy construction for lvalues
  }

  Clazz(Clazz&& other) noexcept {
    // Move constructor for rvalues: moves content from 'other' to this
  }
  Clazz& operator=(const Clazz& other) {
    // Classical copy assignment for lvalues
    return *this;
  }

  Clazz& operator=(Clazz&& other) noexcept {
    // Move assignment for rvalues: moves content from 'other' to this
    return *this;
  }
  // ...
};

int main() {
  Clazz anObject;
  Clazz anotherObject1(anObject);             // 调用拷贝构造函数
  Clazz anotherObject2(std::move(anObject));  // 调用move构造函数
  anObject = anotherObject1;                  // 调用拷贝赋值函数
  anotherObject2 = std::move(anObject);       // 调用move赋值函数
  return 0;
}
```

5.2.4　不要滥用 Move

也许你已经注意到在上面的例子中，我们可以用函数 std::move<T>()（定义在头文件 <utility>）来实现 move 功能。

首先，我们不要被 std::move<T>() 函数误导了，它并不是可以 move 任何东西。或多或少是对 T 类型右值引用对象的一个强制类型转换。

大多数情况下，没有必要那样做。正常情况下，选用 copy 版本的构造器还是 move 版本的构造器，或者它们对应的赋值操作运算符，编译器在编译期间通过对函数重载解析，自动进行选择。编译器确定它遇到的是左值还是右值，然后相应地选择最佳的构造函数和赋值运算符。C++ 标准库的容器还考虑到了 move 操作保证的异常安全级别（我们将在 5.7.1 节 "防患于未然" 详细讨论这个话题）。

注意这个特例——不要写下面这样的代码:

代码5-11　不合理使用std::move()

```cpp
#include <string>
#include <utility>
#include <vector>

using StringVector = std::vector<std::string>;
StringVector createVectorOfStrings() {
  StringVector result;
  // ...do something that the vector is filled with many strings...
  return std::move(result); // Bad and unnecessary, just write "return result;"!
}
```

将 std::move<T>() 作为返回值是完全没有必要的，因为编译器会自行判断变量返回值，并将其 move 返回（从 C++11 开始，所有的标准库容器都支持 move 语义，甚至有很多其他标准库的类也支持，比如 std::string）。更糟糕的一个影响是它可能会干扰 RVO（Return Value Optimization），也就是我们熟知的复制省略，现在几乎所有的编译器都支持复制省略。RVO 或复制省略在函数或方法返回值拷贝代价很高的时候，允许编译器进行优化。

经常思考第 3 章的重要原则: **小心优化**! 不要在你的代码中到处使用 std::move<T>() 函数，仅仅因为你觉得在优化代码时你比编译器要聪明，事实并非如此! 大篇幅的 std::move<T>() 会影响代码的可读性，而且编译器可能无法正确执行其优化策略。

5.2.5　零原则

作为一个资深的 C++ 开发者，或许你早就知道三大规则或五大规则。三大规则 [Koenig01]，最早由 Marshall Cline 于 1991 年提出，强调一个类需显示定义其析构函数，应该总是定义拷贝构造函数和赋值构造函数。随着 C++11 的出现，因为 move 构造器和 move 赋值运算符被加入 C++ 语言，所以三大规则被扩展成了五大规则，多出来的两大规则要求这两个特殊函数也必须在类中显式进行定义。

长久以来，三大规则或五大规则对于 C++ 设计都是很好的建议，当开发人员不考虑它们时，会出现一些细微的错误，下面的例子可以证明这一点:

代码5-12   String类的一种不合理的实现

```cpp
#include <cstring>

class MyString {
public:
  explicit MyString(const std::size_t sizeOfString) : data { new char[sizeOfString] } { }
  MyString(const char* const charArray, const std::size_t sizeOfArray) {
    data = new char[sizeOfArray];
    strcpy(data, charArray);
  }
  virtual ~MyString() { delete[] data; };

  char& operator[](const std::size_t index) {
    return data[index];
  }
  const char& operator[](const std::size_t index) const {
    return data[index];
  }
  // ...

private:
  char* data;
};
```

这确实是一个非常业余的实现字符串类，有一些缺陷，在初始化构造函数中没有检查指针（charArray）是否为 nullptr，而且没有考虑到 string 经常增长或者缩短。当然，现在没有人会自己去实现一个 string 的类，否则就是在重新造轮子。std::string 是 C++ 标准库中的一个高可用的 string 类。然而，根据上面的例子，很容易证明为什么坚持五大规则那么重要。

为了保证内部字符串初始化构造函数分配的内存可以安全释放，必须定义并显式实现析构函数。上面的示例违反了五大规则，copy/move 构造器以及 copy/move 赋值运算符都没有被显式地定义。

假设我们用下面的方法来使用 MyString 类：

```cpp
int main() {
  MyString aString("Test", 4);
  MyString anotherString { aString }; // Uh oh! :-(
  return 0;
}
```

由于 MyString 类中没有显式地定义 copy/move 构造器，编译器会合成这些成员函数，也就是说，编译器会生成默认的 copy/move 构造器。这些默认的实现只会创建一个源对象的浅拷贝。在我们的实例中，我们拷贝的是存储字符串的地址指针，而不是指针指向的对象。

这就意味着，自动调用默认的复制构造函数创建 anotherString 之后，MyString 的两个实例指向同一块内存，这在图 5-2 中编译器的 Debug 模式下一目了然。

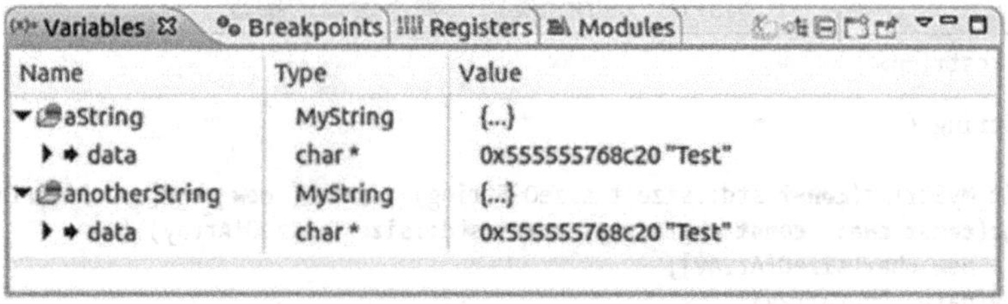
Variables
Breakpoints
Registers
Modules
Name
Type
Value
aString
MyString
{...}
data
char *
0x555555768c20 "Test"
anotherString
MyString
{...}
data
char *
0x555555768c20 "Test"

图 5-2　两个指针指向同一片内存地址

如果字符串对象被销毁，这将导致内存的数据被双重删除，因此会造成严重问题，比如段错误或者未定义行为。

正常情况下，在类中没有理由去显式定义析构函数。每一次当你被迫地定义析构函数时，这就是一个值得注意的例外，因为它表明在对象生命周期结束时，你需要花费大量精力对资源进行特殊处理。一个非默认的析构函数通常需要释放资源，比如堆上的内存。这样导致的结果是，为了让资源能够正确地拷贝或者 move，同时你也需要显式地定义 copy/move 构造器和 copy/move 操作运算符。这就是五大规则的含义。

有很多方法可以解决上面的问题。比如，我们可以提供显式的 copy/move 构造器和 copy/move 赋值运算符去正确分配内存，例如创建一个指针指向对象的深拷贝。另外一种方法是，禁止拷贝和 move，同时阻止编译器生成这些函数的默认版本。C++11 之后可以通过删除这些特殊的成员函数来解决，但是用这种方法是不完整的，因为程序不会编译被删掉的成员函数。

代码5-13　修改后的MyString类，显式定义删除拷贝构造函数和拷贝赋值函数

```
class MyString {
public:
  explicit MyString(const std::size_t sizeOfString) : data { new char[sizeOfString] } { }
  MyString(const char* const charArray, const int sizeOfArray) {
    data = new char[sizeOfArray];
    strcpy(data, charArray);
  }
  virtual ~MyString() { delete[] data; };
  MyString(const MyString&) = delete;
  MyString& operator=(const MyString&) = delete;
  // ...
};
```

问题是，这个类删除了特殊的成员函数，所以就限制了该类的使用范围。比如，`MyString` 现在不能用于 `std::vector`，因为 `std::vector` 需要 `T` 元素类型是可赋值拷贝的和可构造拷贝的。

现在选择另一种方法来思考实现。我们必须摆脱释放资源的析构函数。如果这个成功了，根据五大规则，我们就没有必要去显式地提供其他的特殊成员函数。以下是我们的示例代码：

代码5-14 用char类型的vector替换char类型指针，无须显式的析构函数

```cpp
#include <vector>

class MyString {
public:
  explicit MyString(const std::size_t sizeOfString) {
    data.resize(sizeOfString, ' ');
  }

  MyString(const char* const charArray, const int sizeOfArray) : MyString(sizeOfArray) {
    if (charArray != nullptr) {
      for (int index = 0; index < sizeOfArray; index++) {
        data[index] = charArray[index];
      }
    }
  }

  char& operator[](const std::size_t index) {
    return data[index];
  }
  const char& operator[](const std::size_t index) const {
    return data[index];
  }
  // ...

private:
  std::vector<char> data;
};
```

再一次强调：我知道自己实现的这个字符串类是不切实际的、业余的，现在已经不需要了，但是这里只是作为演示。

现在改变了什么？我们已经用 std::vector<char> 类型代替了原有私有成员的 char* 类型。因此我们不再需要显式的析构函数，因为在 MyString 类的对象被销毁之后我们不需要做额外的事情，没有必要释放任何资源。因此，编译器默认生成的特殊成员函数，像 copy/move 构造器，或 copy/move 赋值运算符，如果它们被调用，它们可以正确地执行，我们不需要显式定义它们。这是一个好消息，因为我们遵循了 KISS 原则 (见第 3 章)

这也是我们说的零原则！ 零原则是由 R.Martinho Fernandes 于 2012 年 [Frenandes12] 提出来的。在 C++ 2013 会议上，ISO 标准委员会 Peter Sommerlad 教授也提出了该原则，Peter Sommerlad 是 HSR Hochschule für Technik Rapperswil(瑞士) 的 IFS 软件研究所主任。这条原则是这样的：

在实现你的类的时候，应该不需要声明 / 定义析构函数，也不需要声明 / 定义 copy/ move 构造器和 copy/move 赋值运算符。用 C++ 智能指针和标准库类来管理资源。

换句话说，零原则规定你的类应该以这样一种方式来设计：编译器自动生成的成员函

数（copy、move 以及析构函数）可以正确执行。这样的话你的类很容易理解（考虑第 3 章的 KISS 原则），错误越少，越好维护。这个原则背后的原理是：写更少的代码做更多的事情。

5.3 编译器是你的搭档

正如我在其他地方写的那样，C++11 标准的出现，已经从根本上改变了现代化且整洁的 C++ 程序的设计方式。开发人员编写现代化 C++ 代码时所使用的风格、模式和术语与以往大不相同。最新的 C++ 标准除了提供许多有用的特性来编写可维护、易理解、高效、易测试的 C++ 代码外，还改变了其他东西：**编译器的角色！**

以前，编译器只是一个将源码转换为计算机可执行的机器指令（目标代码）的工具。但是现在，它已经逐渐成为一个在不同层次上帮助开发者的工具。现在使用编译器请遵循以下三个指导原则：

❐ 能在编译阶段解决的事情就在编译阶段解决。

❐ 能在编译阶段检查的事情就在编译阶段检查。

❐ 编译器对程序所知道的一切都应该由编译器决定。

在前面的章节中，我们已经了解了在某些情况下编译器是如何支持我们的。例如，在学习 move 语义时，我们已经了解了现代 C++ 编译器能够实现多方面复杂的优化（例如，删除拷贝构造函数），从而减少开发人员的工作量。在接下来的几节中，我将会向你展示编译器是如何支持我们的开发工作，并让编码变得更简单的。

5.3.1 自动类型推导

在 C++11 标准发布前，你是否了解 C++ 关键字 **auto** 的含义？我很确信在过去它是 C++ 中最不为人所知的关键字，也是使用最少的关键字。在 C++98 和 C++03 标准中，它被称为存储类说明符，通常被用来定义拥有"自动生命周期"的局部变量，即它的生命周期从定义时开始，在它所在的块退出时终止。在 C++11 以后的版本中，若没有显示说明，则所有的变量都有自动生命周期。因此，关键字 auto 拥有了一个全新的语义⊖。

现在，auto 用来实现自动类型推导，也称作类型推导。如果它被用来做一个变量的类型说明符，表明变量的类型将从它的初始化表达式中自动推导出来，请看下面的例子：

```
auto theAnswerToAllQuestions = 42;
auto iter = begin(myMap);
const auto gravitationalAccelerationOnEarth = 9.80665;
constexpr auto sum = 10 + 20 + 12;
auto strings = { "The", "big", "brown", "fox", "jumps", "over", "the", "lazy", "dog" };
auto numberOfStrings = strings.size();
```

⊖ 与 C++11 之前的 auto 语义完全不同。——译者注

依赖实参的名字查找（ADL）

参数相关查找，也被称作 Koeing 查找（以美国计算机科学家 Andrew Koenig 的名字命名），是一种编译器技术，对于不合格的函数名（没有写前缀命名空间的函数），可以通过它调用时传递的参数类型进行名字查找。

假如你定义了一个 std::map<K, T>（在头文件 <map> 中声明）：

```
#include <map>
#include <string>
std::map<unsigned int, std::string> words;
```

使用 ADL 技术后，在使用 begin() 或 end() 函数检索 map 容器的迭代器时，可以不写出函数所在的命名空间。你可以简写为下面这种形式：

```
auto wordIterator = begin(words);
```

编译器不仅查看局部作用域，还查看包含参数类型的命名空间（这里，map<T> 的命名空间为 std）。因此，在上面的例子中，编译器在命名空间 std 中找到了适用 map 容器的begin() 函数。

在某些情形下，你必须显式地写出命名空间。例如，你想对一个简单的 C 风格的数组使用 std::begin() 或 std::end()。

可以看出，使用 auto 而不是一个具体的类型似乎很方便，开发人员不必记住各种类型的名称。他们只需要写 auto、const auto、auto&（引用）或 const auto&（常量引用）即可，剩下的工作交给编译器完成，因为它知道所赋的值的类型。自动类型推导也可以和constexpr 一起使用（参见 5.3.2 节"编译时计算"）。

不要害怕过多地使用 auto（包括 auto& 以及 const auto&）。代码仍然是静态类型的，并且变量的类型也仍然是明确定义的。例如，上面的例子中变量 strings 的类型是std::initializer_list<const char*>，numberOfStrings 的类型是 std::initializer_list<const char*>::size_type。

STD::INITIALIZER_LIST<T> [C++11]

在 C++11 标准发布前，如果我们要初始化一个 STL 容器，必须写成下面这种形式：

```
std::vector<int> integerSequence;
integerSequence.push_back(14);
integerSequence.push_back(33);
integerSequence.push_back(69);
// ...不断地添加...
```

使用 C++11 时，我们只需要这样写：

```
std::vector<int> integerSequence { 14, 33, 69, 104, 222, 534 };
```

这样写的原因是 std::vector<T> 重载了它的构造函数，能够接受初始化表达式列表作为参数。初始化列表的类型是 std::initializer_list<T>（定义于头文件 <initializer_list>）。

当使用 braced-init-list 时，即被大括号包含的以逗号分隔的值列表，std::initializer_list<T> 类型被自动构造。你也可以自己写一个构造函数接受初始化表达式列表的类，请看下面的例子：

```cpp
#include <string>
#include <vector>

using WordList = std::vector<std::string>;

class LexicalRepository {
public:
  explicit LexicalRepository(const std::initializer_list<const char*>& words) {
    wordList.insert(begin(wordList), begin(words), end(words));
  }
  // ...

private:
  WordList wordList;
};
int main() {
  LexicalRepository repo { "The", "big", "brown", "fox", "jumps", "over",
  "the", "lazy", "dog" };
  // ...
  return 0;
}
```

> **注意** 这个初始化列表不要和成员类的初始化列表混淆。

C++14 标准发布后，支持函数的返回值自动类型推导，当返回类型的名称难以记住或难以描述时，这一点尤其有用，比如将复杂的非标准数据类型作为返回类型。

```cpp
auto function() {
  std::vector<std::map<std::pair<int, double>, int>> returnValue;
  // ...fill 'returnValue' with data...
  return returnValue;
}
```

目前还没有介绍匿名函数（在第 7 章中将会详细介绍），而 C++11 及以后的标准中，允许将 lambda 表达式赋值给变量：

```cpp
auto square = [](int x) { return x * x; };
```

你可能会感到奇怪：第 4 章中提出富有表现力且良好的命名对于代码的可读性非常重要，这也是一个专业程序员的主要目标。现在却提倡使用 auto 关键字，使得阅读代码时难以快速识别变量类型。这不是矛盾了吗？

恰恰相反，绝大多数情况下，auto 关键字能提高代码的可读性。请看一下变量赋值的两种情况：

代码 5-15 下面两种写法你倾向于哪一种

```
// 第一种: 不使用auto
std::shared_ptr<controller::CreateMonthlyInvoicesController> createMonthlyInvoicesController =
  std::make_shared<controller::CreateMonthlyInvoicesController>();

// 第二种: 使用auto:
auto createMonthlyInvoicesController =
  std::make_shared<controller::CreateMonthlyInvoicesController>();
```

在我看来，使用 auto 时代码可读性更高。没有必要显式地重复类型，因为在初始化 createMonthlyInvoicesController 的时候，其类型已经很明显了。另外，重复显而易见的类型违反了 DRY 原则（见第 3 章）。思考一下上面的 lambda 表达式 square，它的类型是唯一的、未命名的非联合类类型，我们如何显式地定义呢？

所以，我建议这样做：

在不产生歧义的情况下，尽量使用 auto 关键字。

5.3.2 编译时计算

高性能计算（HPC，High Performance Computing）的爱好者、嵌入式软件的开发人员和喜欢使用静态、恒定的表来分隔数据和代码的程序员，都希望在编译时尽可能多地进行计算。这样做的原因很容易理解：任何能在编译阶段计算或明确的事情，都没有必要等到程序运行时完成。换言之，在编译时进行运算是提高程序运行效率最简单的手段。这种优势有时也伴随着一个缺点，编译代码所需的时间或多或少在增加。

C++11 的常量表达式说明符 constexpr（constant expression）使得在编译时计算出函数或变量的值变为可能。在 C++14 及以后的标准中，移除了对 constexpr 的一些限制。例如，过去 constexpr 类型的函数只能有一个 return 语句。这个限制从 C++14 标准中被废除。

一个最简单的例子是变量的值在编译时通过算术运算符计算出来，像这样：

```
constexpr int theAnswerToAllQuestions = 10 + 20 + 12;
```

theAnswerToAllQuestions 是一个常量，与用 const 声明一样，因此，程序运行时不能修改它的值：

```
int main() {
  // ...
```

```
    theAnswerToAllQuestions = 23; // 编译错误：不能修改的左值
    return 0;
}
```

同样的，还有 constexpr 函数：

```
constexpr int multiply(const int multiplier, const int multiplicand) {
    return multiplier * multiplicand;
}
```

这种函数在编译阶段即可调用，但是在程序运行时，它们也能像普通函数一样接受非常量参数。因此这种函数必须进行单元测试（见第 2 章）。

```
constexpr int theAnswerToAllQuestions = multiply(7, 6);
```

毫无疑问，constexpr 函数也能递归调用，下面的例子用来计算阶乘。

代码 5-16　编译时计算无符号数n的阶乘

```
01  #include <iostream>
02
03  constexpr unsigned long long factorial(const unsigned short n) {
04      return n > 1 ? n * factorial(n - 1) : 1;
05  }
06
07  int main() {
08      unsigned short number = 6;
09      auto result1 = factorial(number);
10      constexpr auto result2 = factorial(10);
11
12      std::cout << "result1: " << result1 << ", result2: " << result2 << std::endl;
13      return 0;
14  }
```

上面的例子已经在 C++11 下正常运行。factorial() 函数只包含一条语句，并且从一开始就允许递归。main() 函数中调用了两次 factorial() 函数。仔细看看这两种用法有什么区别。

在第 9 行的第一种调用方式中，函数的实参为变量 number，函数结果赋值给非静态变量 result1。在第 10 行的第二种调用方式中，使用数字常量 10 作为参数，结果赋值给 constexpr 变量，可以从反编译代码中看到两者的区别，图 5-3 为 Eclipse CDT 的反编译窗口中产生的对象代码的一部分。

第一种调用方式产生了五条机器指令。第四条指令（callq）是跳转到 factorial() 函数的内存地址 0x5555555549bd。也就是说，函数在运行时才被调用。相反，第二种调用方式只产生了一条机器指令。movq 指令从源操作数复制一个四字操作数到目的操作数。在程序运行时不会产生额外的函数调用。factorial(10) 的结果在编译时即计算完成，且在对象代码中为一个常量，16 进制下为 0x375f00，10 进制下为 3 628 800。

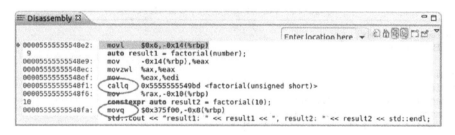

图 5-3　反编译的对象代码

之前已经提到过，C++11 中对 contexpr 类型函数的一些限制已经在 C++14 中废除。例如，在 contexpr 类型函数中的 return 语句可以不止一处，能够支持 if-else 条件分支、文字类型的局部变量或循环。它基本上支持所有 C++ 语句，除非一些需要在运行时才能进行的操作，比如在堆上分配内存或抛出异常。

5.3.3　模板变量

显然，在模板中也能使用 constexpr，请看下面的例子。

代码5-17　数字常量pi的模板变量

```
template <typename T>
constexpr T pi = T(3.1415926535897932384626433L);
```

这就是常说的模板变量，是一种很好的、灵活的替代宏定义变量的方法（见 4.4.5 节 "避免使用宏"）。模板实例化时，将根据它使用时的上下文决定数字常量 pi 的类型为 float、double 或 long double。

代码5-18　利用模板变量pi在编译阶段计算圆的周长

```
template <typename T>
constexpr T computeCircumference(const T radius) {
  return 2 * radius * pi<T>;
}

int main() {
  const long double radius { 10.0L };
  constexpr long double circumference = computeCircumference(radius);
  std::cout << circumference << std::endl;
  return 0;
}
```

另外，类也可以实现编译时计算。可以将类的构造函数和成员函数定义为 constexpr 类型。

代码5-19　Rectangle是一个Constexpr类

```cpp
#include <iostream>
#include <cmath>

class Rectangle {
public:
  constexpr Rectangle() = delete;
  constexpr Rectangle(const double width, const double height) :
    width { width }, height { height } { }
  constexpr double getWidth() const { return width; }
  constexpr double getHeight() const { return height; }
  constexpr double getArea() const { return width * height; }
  constexpr double getLengthOfDiagonal() const {
    return std::sqrt(std::pow(width, 2.0) + std::pow(height, 2.0));
  }

private:
  double width;
  double height;
};
int main() {
  constexpr Rectangle americanFootballPlayingField { 48.76, 110.0 };
  constexpr double area = americanFootballPlayingField.getArea();
  constexpr double diagonal = americanFootballPlayingField.getLengthOfDiagonal();

  std::cout << "The area of an American Football playing field is " <<
    area << "m^2 and the length of its diagonal is " << diagonal <<
    "m." << std::endl;
  return 0;
}
```

同样，constexpr 类在运行及编译时都能使用。然而，与常规的类相反，constexpr 类中不允许定义虚成员函数（编译时没有多态性），并且它的析构函数不能显式定义出来。

> **注意** 在某些 C++ 编译器中上面的代码不能编译成功。在目前的标准下，并没有指定 std::sqrt() 和 std::pow() 这些数学库（头文件 <cmath>）中的通用函数必须为 constexpr 类型。编译器可以自由选择是否支持，并没有做强制要求。

5.4　不允许未定义的行为

在 C++（以及一些其他编程语言）中，语言规范无法定义所有可能情况下的行为。在某些地方，规范中会说在某些情况下某个操作的行为是未定义的。在这种情况下，你无法预测会发生什么，因为程序的行为取决于编译器的实现、底层操作系统或特殊的优化开关。这是非常糟糕的！程序可能会崩溃，也可能产生不正确的结果。

下面是一个未定义行为、未正确使用智能指针的例子：

```cpp
const std::size_t NUMBER_OF_STRINGS { 100 };
std::shared_ptr<std::string> arrayOfStrings(new std::string[NUMBER_OF_STRINGS]>);
```

让我们假设 std::shared_ptr<T> 对象 (arrayOfString) 是最后一个指向这个字符串数组的对象，那么，超出作用域会发生什么呢？

答案是：std::shared_ptr<T> 的析构函数使引用计数变为 0，因此，由智能指针管理的资源（std::string 数组）通过调用析构函数被销毁。但是，这是错误的，因为在分配资源的时候使用的是 new[] 操作符，释放资源的时候应该相应地使用 delete[] 操作符而不是 delete 操作符来释放资源，而 std::shared_ptr<T> 默认的删除操作是 delete 而不是 delete[]。

使用 delete 操作符而不是 delete[] 操作符删除数组会导致未定义的行为，不确定会发生什么事情，可能会导致内存泄漏，也可能不会，这与编译器的内部实现有关系。

⚠️ **警告**　避免未定义的行为！未定义行为是一个严重的错误，并且最终会导致程序悄无声息地出错。

有几种方案可以让智能指针正确地删除字符串数组，例如，你可以提供一个自定义的，类似于函数的删除器对象（也称为"仿函数"，请参见第 7 章）：

```cpp
template< typename Type >
struct CustomArrayDeleter
{
  void operator()(Type const* pointer)
  {
    delete [] pointer;
  }
};
```

现在，你可以像下面这样使用自己的删除器：

```cpp
const std::size_t NUMBER_OF_STRINGS { 100 };
std::shared_ptr<std::string> arrayOfStrings(new std::string[NUMBER_OF_STRINGS], CustomArrayDeleter<std::string>());
```

在 C++11 中，在头文件 <memory> 中定义了数组类型的默认删除器：

```cpp
const std::size_t NUMBER_OF_STRINGS { 100 };
std::shared_ptr<std::string> arrayOfStrings(new std::string[NUMBER_OF_STRINGS],
  std::default_delete<std::string[]>());
```

当然，应该考虑需要满足的需求，使用 std::vector 并不总是实现"对象数组"的最佳解决方案。

5.5 Type-Rich 编程

不要相信名字，
而是相信类型，
因为类型不会说谎，
类型是你的好朋友。

——Mario Fusco (@mariofusco), April 13, 2016, on Twitter

1999 年 9 月 23 日，NASA 失去了它的太空探测器 Mars Climate Orbiter I，原计划历时 10 个月到达太阳系第四颗行星——火星。它在进入轨道时，在科罗拉多州的洛克希德马丁航天公司的推进团队和美国宇航局在帕萨迪纳（加州）的导航团队之间的重要数据传输失败，这一严重失误导致航天器过于接近火星大气层而迅速燃烧。

图 5-4　火星气候轨道探测器的还原图像（Author: NASA/JPL/Corby Waste; License:Public Domain）

导致数据传输失败的原因是，NASA 的任务领导小组使用的单位制为国际单位制（SI，the International System of Unit），而洛克希德马丁公司的导航软件使用的是英制单位（Imperial Measurement System，英制测量系统）。NASA 任务领导团队传递的数据的单位为磅力秒（lbf·s），而飞行器导航系统接收的数据的单位必须是牛顿秒（N·s）。由于这一失误，NASA 的经济损失高达 3.28 亿美元。200 名宇宙飞船工程师的毕生心血在几秒之内被摧毁。

这次事故并不仅仅是一个简单的软件故障的例子。两款软件对它们各自而言都是能够正常工作的，但其结果暴露出软件开发中一个经常被忽视的环节——沟通。可以看出，两个团队之间的沟通和协调问题是造成这种失败的根本原因。很显然，两个子系统没有进行联合系统测试，且两者间的接口设计不合理。

人不可避免得会犯错。这次事故的重点不在于类型不匹配，而在于 NASA 系统工程的失败以及开发过程中检测错误的检测和平衡机制的缺失。这才是我们失去航天器的根本原因。

——Dr. Edward Weiler, NASA Associate Administrator for Space Science [JPL99]

事实上，我并不清楚火星气候轨道探测器系统软件的具体细节。但通过事故检测报告，我了解到软件中一个方法返回的结果是英制单位的，而接收这些数据的部分期望的参数是公制单位的。

我想大多数人都知道下面这种 C++ 成员函数声明方式：

```cpp
class SpacecraftTrajectoryControl {
public:
  void applyMomentumToSpacecraftBody(const double impulseValue);
};
```

这里的 double 代表什么呢？成员函数 applyMomentumToSpacecraftBody 需要的实参的值是什么单位呢？是牛顿（N）、牛顿秒（N·s）、磅力秒（lbf·s）呢，还是其他单位呢？事实上，我们并不清楚。double 可以表示很多东西，当然，它是一个数据类型，但并不是一个语义类型。也许它在开发文档中已经注明，或者我们可以忽略变量长度给它一个含义更明确的名称，如 impulseValueInNewtonSeconds，这好过什么都不做。但是即使最好的文档或参数命名仍然不能防止客户类传递一个错误单位的数据到这个成员函数。

我们能做得更好一点吗？当然可以！

当我们想正确定义一个语义明确的接口时，可以采取这种方式：

```cpp
class SpacecraftTrajectoryControl {
public:
  void applyMomentumToSpacecraftBody(const Momentum& impulseValue);
};
```

在力学中，动量的单位是牛顿秒（N·s）。一牛顿秒的含义是一牛顿的力（在国际单位制可以表示为 $1\,kg\,m/s^2$）作用于一个物体（物理实体）上一秒钟。

要使用 Momentum 这样的类型，而不是没有明确单位的浮点类型 double，我们必须先引入该类型。首先，我们定义一个模板来表示基于 MKS 单位体系的物理量。缩写 MKS 分别表示米（长度）、kg（质量）、秒（时间）。这三种基础单位组合起来可以表示任何给定的物理单位。

代码5-20　表示MKS单位的类模板

```
template <int M, int K, int S>
struct MksUnit {
  enum { metre = M, kilogram = K, second = S};
};
```

除此之外，还需要一个表示值的类模板。

代码5-21　表示MKS单位的值的类模板

```
template <typename MksUnit>
class Value {
private:
  long double magnitude{ 0.0 };

public:
  explicit Value(const long double magnitude) : magnitude(magnitude) {}
  long double getMagnitude() const {
    return magnitude;
  }
};
```

接下来，我们可以使用这两个类模板来为具体的物理量定义类型别名。这里有一些例子：

```
using DimensionlessQuantity = Value<MksUnit<0, 0, 0>>;
using Length = Value<MksUnit<1, 0, 0>>;
using Area = Value<MksUnit<2, 0, 0>>;
using Volume = Value<MksUnit<3, 0, 0>>;
using Mass = Value<MksUnit<0, 1, 0>>;
using Time = Value<MksUnit<0, 0, 1>>;
using Speed = Value<MksUnit<1, 0, -1>>;
using Acceleration = Value<MksUnit<1, 0, -2>>;
using Frequency = Value<MksUnit<0, 0, -1>>;
using Force = Value<MksUnit<1, 1, -2>>;
using Pressure = Value<MksUnit<-1, 1, -2>>;
// ... 等等. ...
```

现在定义成员函数 applyMomentumToSpacecraftBody 所需要的参数的类型：

```
using Momentum = Value<MksUnit<1, 1, -1>>;
```

引入类型别名 Momentum 后，编译下面的代码时将会报错，因为没有合适的构造函数将 double 转换为 Value<MksUnit<1,1,-1>>：

```
SpacecraftTrajectoryControl control;
const double someValue = 13.75;
control.applyMomentumToSpacecraftBody(someValue); // 编译时报错！
```

即使下面的例子也将导致编译时报错，因为变量类型 Force 不能作为一个 Momentum 类型的参数，并且应该避免这种不同类型间的隐式转换：

```
SpacecraftTrajectoryControl control;
Force force { 13.75 };
control.applyMomentumToSpacecraftBody(force); // 编译时报错!
```

请看正确的写法:

```
SpacecraftTrajectoryControl control;
Momentum momentum { 13.75 };
control.applyMomentumToSpacecraftBody(momentum);
```

这些单位也可以用于常量的定义。出于这一目的,我们需要稍微修改模板类 Value。将关键字 constexpr(见本章 5.3.2 节"编译时计算")添加到初始化构造函数和成员函数 getMagnitude()中。这使我们不仅可以创建不需要在运行时初始化值的编译时常量,还可以在编译时使用物理值进行计算。

```cpp
template <typename MksUnit>
class Value {
public:
  constexpr explicit Value(const long double magnitude) noexcept : magnitude { magnitude } {}
  constexpr long double getMagnitude() const noexcept {
    return magnitude;
  }

private:
  long double magnitude { 0.0 };
};
```

因此,不同物理单位的常量可以采用以下形式定义:

```cpp
constexpr Acceleration gravitationalAccelerationOnEarth { 9.80665 };
constexpr Pressure standardPressureOnSeaLevel { 1013.25 };
constexpr Speed speedOfLight { 299792458.0 };
constexpr Frequency concertPitchA { 440.0 };
constexpr Mass neutronMass { 1.6749286e-27 };
```

另外,在实现必要的运算符后,不同单位间的计算也成为可能。例如,下面是两种不同 MKS 单位的值之间的加、减、乘、除运算:

```cpp
template <int M, int K, int S>
constexpr Value<MksUnit<M, K, S>> operator+
  (const Value<MksUnit<M, K, S>>& lhs, const Value<MksUnit<M, K, S>>& rhs) noexcept {
  return Value<MksUnit<M, K, S>>(lhs.getMagnitude() + rhs.getMagnitude());
}

template <int M, int K, int S>
constexpr Value<MksUnit<M, K, S>> operator-
  (const Value<MksUnit<M, K, S>>& lhs, const Value<MksUnit<M, K, S>>& rhs) noexcept {
  return Value<MksUnit<M, K, S>>(lhs.getMagnitude() - rhs.getMagnitude());
}
```

```cpp
template <int M1, int K1, int S1, int M2, int K2, int S2>
constexpr Value<MksUnit<M1 + M2, K1 + K2, S1 + S2>> operator*
  (const Value<MksUnit<M1, K1, S1>>& lhs, const Value<MksUnit<M2, K2, S2>>& rhs) noexcept {
  return Value<MksUnit<M1 + M2, K1 + K2, S1 + S2>>(lhs.getMagnitude() * rhs.getMagnitude());
}

template <int M1, int K1, int S1, int M2, int K2, int S2>
constexpr Value<MksUnit<M1 - M2, K1 - K2, S1 - S2>> operator/
  (const Value<MksUnit<M1, K1, S1>>& lhs, const Value<MksUnit<M2, K2, S2>>& rhs) noexcept {
  return Value<MksUnit<M1 - M2, K1 - K2, S1 - S2>>(lhs.getMagnitude() / rhs.getMagnitude());
}
```

现在，你可以像这样写：

```cpp
constexpr Momentum impulseValueForCourseCorrection = Force { 30.0 } * Time { 3.0 };
SpacecraftTrajectoryControl control;
control.applyMomentumToSpacecraftBody(impulseValueForCourseCorrection);
```

相对于将两个含义不明确的 double 类型的数据相乘，其结果赋值给另一个含义不明确的 double 类型的变量这是一个明显的提高。它让人更容易理解。由于它不能将相乘的结果赋值给 Momentum 以外的变量，因此也更加安全。

最大的好处是：**类型安全在编译期间即得到保障！** 在运行时没有开销，因为支持 C++ 或更高标准的编译器，可以执行所有必要的类型兼容性检查。

接下来让我们更进一步。如果像这样写，会不会让事情变得更简单、直观呢？

```cpp
constexpr Acceleration gravitationalAccelerationOnEarth = 9.80665_ms2;
```

在现代 C++ 中这是可行的，C++11 之后我们可以为文字提供自定义后缀来为它们定义特殊的函数，这就是所谓的文字操作符：

```cpp
constexpr Force operator"" _N(long double magnitude) {
  return Force(magnitude);
}

constexpr Acceleration operator"" _ms2(long double magnitude) {
  return Acceleration(magnitude);
}

constexpr Time operator"" _s(long double magnitude) {
  return Time(magnitude);
}

constexpr Momentum operator"" _Ns(long double magnitude) {
  return Momentum(magnitude);
}

// ...更多文本操作符...
```

用户自定义字面值

基本上，字面值是一个编译时常量，它的值在源文件中指定。C++11 之后，开发人员可以通过为字面值定义自定义后缀生成用户自定义的类型的对象。例如，如果一个常量使用字面值 U.S.-$ 145.67 进行初始化，那么可以写成下面的形式：

```
constexpr Money amount = 145.67_USD;
```

在这个例子中，"_USD"是用户自定义的后缀，代表钱币的类型。这样，一个用户自定义的字面值就可以使用了，文字操作符函数必须被定义成这种形式：

```
constexpr Money operator"" _USD (const long double amount) {
  return Money(amount);
}
```

一旦为物理单元自定义了字面值，我们就可以用下面的方式使用它们：

```
Force force = 30.0_N;
Time time = 3.0_s;
Momentum momentum = force * time;
```

这种表示方法不仅为物理学家和其他科学家所熟悉，它甚至更安全。type-rich 编程和用户定义的字面值受到保护，不能将表示秒值的字面值赋给类型为 Force 的变量。

```
Force force1 = 3.0; // Compile-time error!
Force force2 = 3.0_s; // Compile-time error!
Force force3 = 3.0_N; // Works!
```

当然，也可以将用户定义的字面值与自动类型推导或常量表达式一起使用：

```
auto force = 3.0_N;
constexpr auto acceleration = 100.0_ms2;
```

这很方便，也很优雅，不是吗？下面是我对公共接口设计的一些建议：

创建强类型的接口（APIs）

换句话说，你应该在很大程度上避免在公共接口中使用通用的、底层的内置类型，比如 int、double，或者最坏的 void*。这种非语义的类型在某些情况下是危险的，因为它们几乎可以表示任何东西。

 提示　已经有一些基于模板的库提供了物理量的类型，包括所有 SI units ⊖，Boost.Units 就是一个很好的例子（Boost 1.36.0 版本加入的；见 http://www.boost.org）。

⊖　国际标准单位的简称，等同于 standard international unit。——译者注

5.6 了解你使用的库

你听说过 Not invented here（NIH）综合征吗？它是一种组织反模式。NIH 综合征是许多组织的一个贬义词，它描述了对现有知识的忽视或原生的尝试和测试的解决方案。它是"重新造轮子"的一种形式，也就是说，重新实现一些（库或框架）已经在某些地方可用的高质量的东西。这种态度背后的原因通常是认为内部开发必须在几个方面要更好，它们通常被错误地认为是比现有和已建立的解决方案更便宜、更安全、更灵活和更可控的解决方案。

事实上，只有少数几家公司成功开发出了真正等同或甚至更好的替代方案，以替代市场上已经存在的解决方案。通常，与已经存在多年的现有的和成熟的解决方案相比，自行开发的库或框架的质量显然要差很多。

在过去的几十年中，基于 C++ 语言，出现了许多优秀的库和框架，这些解决方案经历了很长的一段时间，已经趋于成熟并成功应用于数万个项目。没有必要重新造轮子。合格的软件开发者应该知道这些库，不需要了解这些库及 API 的每个实现细节。但是，最好知道已经有针对某些应用领域的，经过试验和测试的解决方案，这些解决方案在软件开发项目中可能会是较好的选择。

5.6.1 熟练使用 <algorithm>

如果你想提高团队的代码质量，那么请用一个目标替换所有的编码指南：没有原始循环！

——Sean Parent, Principal software architect with Adobe, at CppCon 2013

处理集合中的元素是编程中常见的动作，无论我们处理的是度量数据的集合、电子邮件、字符串、数据库记录或其他元素，软件都需要对它们进行过滤、排序、删除、操作等。

在许多程序中，我们可以找到"原始循环"（例如，`for` 循环或 `while` 循环）访问容器或序列中的某些或所有元素，以便对其进行处理。一个简单的例子是将储存在 std::vector 的整数反转：

```cpp
#include <vector>

std::vector<int> integers { 2, 5, 8, 22, 45, 67, 99 };

// ...somewhere in the program:
std::size_t leftIndex = 0;
std::size_t rightIndex = integers.size() - 1;

while (leftIndex < rightIndex) {
  int buffer = integers[rightIndex];
  integers[rightIndex] = integers[leftIndex];
  integers[leftIndex] = buffer;
  ++leftIndex;
  --rightIndex;
}
```

　　基本上，这段代码可以正常工作。但它有几个缺点，很难立即知道这段代码在做什么（事实上，while 循环中的前三行可以被包含在 <utility> 头文件中的 std::swap 替代）。此外，以这种方式编写代码非常乏味且容易出错，想象一下，不论什么原因，我们违反了 std::vector 的边界并试图访问超出范围的元素，与成员函数 std::vector::at() 不同，std::vector::operator[] 不会导致 std::out_of_range 异常，而会导致未定义的行为。

　　C++ 标准库提供了 100 多种有用的算法，可以用于搜索、计数和操作容器或序列中的元素，这些算法包含在 <algorithm> 头文件中。

　　例如，为了反转任何标准库容器中的元素的顺序，如在 std::vector 中，我们可以简单地使用 std::reverse：

```
#include <algorithm>
#include <vector>

std::vector<int> integers = { 2, 5, 8, 22, 45, 67, 99 };
// ...somewhere in the program:
std::reverse(std::begin(integers), std::end(integers));
// The content of 'integers' is now: 99, 67, 45, 22, 8, 5, 2
```

　　与我们之前自己编写的方案完全不同，这段代码不仅更加紧凑，更不容易出错，同时更容易阅读。由于 std::reverse 是一个函数模板（与其他所有的算法一样），所以它普遍适用于所有标准库序列容器、关联容器、无序关联容器、std::string 以及基本数组（顺便说一下，现代 C++ 程序中不应该再使用这些数组了，请参见第 4 章的 4.4.3 节 "使用标准库的容器而不是 C 风格的数组"）。

代码5-22　使用std::reverse反转C风格的数组和字符串

```
#include <algorithm>
#include <string>

// Works, but primitive arrays should not be used in a modern C++ program
int integers[] = { 2, 5, 8, 22, 45, 67, 99 };
std::reverse(std::begin(integers), std::end(integers));

std::string text { "The big brown fox jumps over the lazy dog!" };
std::reverse(std::begin(text), std::end(text));
// Content of 'text' is now: "!god yzal eht revo spmuj xof nworb gib ehT"
```

　　当然，std::reverse 算法也可以用于容器或序列的子序列：

代码5-23　字符串子串的反转

```
std::string text { "The big brown fox jumps over the lazy dog!" };
std::reverse(std::begin(text) + 13, std::end(text) - 9);
// Content of 'text' is now: "The big brown eht revo spmuj xof lazy dog!"
```

C++17 中简单的并行算法

免费的午餐即将结束。

——Herb Sutter [Sutter05]

上面这段话是写给全世界的软件开发人员的，摘自 Herb Sutter 在 2005 年发表的一篇文章，Herb Sutter 当时是 ISO C++ 标准化委员会的一名成员。当时处理器的频率停止了逐年增长⊖，换句话说，串行处理速度已经达到了物理极限。相反，处理器的内核越来越多。这种多核处理器架构的发展导致了一个严重的后果：开发人员再也不能通过利用日益增长的 CPU 的频率（Herb 提到的 "免费午餐"）来提高程序的性能了，他们将被迫开发多线程程序，以更好地利用多核处理器。因此，软件开发人员和软件架构师需要在他们的软件架构和设计中考虑并行化。

在 C++ 11 出现以前，C++ 标准只支持单线程，必须使用第三方库（例如 Boost.Thread）或编译器扩展（例如 Open Multi-Processing, OpenMP）来并行化程序。从 C++ 11 开始，所谓的线程支持库就支持多线程和并行编程，这个标准库引入了线程、互斥、条件变量和 futures。

并行化一段代码需要良好的多线程知识，因此必须在软件设计时考虑。否则，竞态条件可能引起小错误，这种小错误非常难以调试。特别是对于标准库的算法，经常操作包含大量对象的容器，为了充分利用多核处理器，应当简化并行操作。

从 C++ 17 开始，部分标准库根据 C++ 并行扩展技术规范（ISO/IEC TS 19570:2015）进行了重新设计，也称为并行 TS（TS = 技术规范）。换句话说，在 C++ 17 中，这些扩展成为 ISO C++ 标准主线的一部分。他们的主要目标是将开发人员从复杂的处理多线程的任务中解放出来，例如 std::thread、std::mutex 等。

事实上，有 69 种算法被重载，现在有一个或多个版本可以使用，这些版本接受名为 ExecutionPolicy 的额外模板参数来并行化（参见扩展阅读）。例如，其中一些算法是 std::for_each、std::transform、std::copy_if 或 std::sort。此外，还添加了 7 种可以并行化的新算法，如 std::reduce、std::exclusive_scan 或 std::transform_reduce。这些新算法在函数式编程中特别有用，因此我将在后面的第 7 章中讨论它们。

执行策略 [C++17]

<algorithm> 头文件中的大多数算法模板已经被重载，现在也可以在并行版本中使用。例如，除了已经存在的函数 std::find 的模板之外，还定义了另外一个版本，该版本使用额外的模板参数来指定执行策略：

```
// Standard (single-threaded) version:
```

⊖ 参照 Intel 的创始人之一戈登·摩尔提出的 "摩尔定律"。——译者注

```
template< class InputIt, class T >
InputIt find( InputIt first, InputIt last, const T& value );
// Additional version with user-definable execution policy (since C++17):
template< class ExecutionPolicy, class ForwardIt, class T >
ForwardIt find(ExecutionPolicy&& policy, ForwardIt first, ForwardIt last, const T& value);
```

模板参数 ExecutionPolicy 的三个标准策略是：

❒ std::execution::seq——一种执行策略类型，它定义并行算法的执行可以是顺序的。因此，它和在没有执行策略的情况下使用算法模板函数的单线程的标准版本相同。

❒ std::execution::par——定义并行算法的执行可以并行化的执行策略类型。它允许在多个线程上执行算法。重要提示：并行算法不会自动保护数据的竞争或死锁！开发人员有责任确保在执行函数时不会发生数据竞争条件。

❒ std::execution::par_unseq——定义并行算法的执行可以向量化和并行化的执行策略类型。向量化利用了现代 CPU 的 SIMD（单指令、多数据）指令集。SIMD 意味着处理器可以同时对多个数据点执行相同的操作。

当然，对一个包含几个平行元素的向量排序是完全没有意义的。线程管理的开销将远远高于性能上的收益。因此，还可以在运行时动态选择执行策略，例如，根据向量的大小选择执行策略。**不幸的是，C++ 17 标准还没有接受动态执行策略，它现在计划用于即将发布的 C++ 20 标准。**

对所有可用算法的完整讨论超出了本书的范围。但是在这篇简短的介绍 <algorithm> 和 C++ 17 并行化的新可能性之后，让我们看几个用算法的例子。

容器的排序和输出

下面的示例代码，使用了 <algorithm> 头文件中的 std::sort 和 std::for_each 两个模板函数。std::sort 模板函数内部使用了快速排序算法，默认情况下，std::sort 使用小于（<）比较操作符。这意味着，如果你希望对自己的类的一个实例序列进行排序，则必须在该类型上实现小于（<）操作符，否则无法进行正确的排序。

代码5-24　对字符串vector进行排序，并把字符串元素输出到控制台上

```cpp
#include <algorithm>
#include <iostream>
#include <string>
#include <vector>

void printCommaSeparated(const std::string& text) {
  std::cout << text << ", ";
}

int main() {
  std::vector<std::string> names = { "Peter", "Harry", "Julia", "Marc", "Antonio", "Glenn" };
  std::sort(std::begin(names), std::end(names));
  std::for_each(std::begin(names), std::end(names), printCommaSeparated);
  return 0;
}
```

对比两个序列

下面的示例代码使用 `std::equal` 比较两个字符串序列。

代码5-25　比较两个字符串序列

```cpp
#include <algorithm>
#include <iostream>
#include <string>
#include <vector>

int main() {
  const std::vector<std::string> names1 { "Peter", "Harry", "Julia", "Marc", "Antonio",
    "Glenn" };
  const std::vector<std::string> names2 { "Peter", "Harry", "Julia", "John", "Antonio",
    "Glenn" };

  const bool isEqual = std::equal(std::begin(names1), std::end(names1), std::begin(names2),
  std::end(names2));

  if (isEqual) {
    std::cout << "The contents of both sequences are equal.\n";
  } else {
    std::cout << "The contents of both sequences differ.\n";
  }
  return 0;
}
```

默认情况下，`std::equal` 使用 == 操作符比较元素，但是你可以定义你自己喜欢的比较操作符，用自定义的比较操作符替代标准的比较操作符：

代码5-26　使用预定义的比较函数比较两个字符串序列

```cpp
#include <algorithm>
#include <iostream>
#include <string>
#include <vector>

bool compareFirstThreeCharactersOnly(const std::string& string1,
                                     const std::string& string2) {
  return (string1.compare(0, 3, string2, 0, 3) == 0);
}

int main() {
  const std::vector<std::string> names1 { "Peter", "Harry", "Julia", "Marc", "Antonio",
    "Glenn" };
  const std::vector<std::string> names2 { "Peter", "Harold", "Julia", "Maria", "Antonio",
    "Glenn" };
  const bool isEqual = std::equal(std::begin(names1), std::end(names1), std::begin(names2),
    std::end(names2), compareFirstThreeCharactersOnly);

  if (isEqual) {
    std::cout << "The first three characters of all strings in both sequences are equal.\n";
  } else {
    std::cout << "The first three characters of all strings in both sequences differ.\n";
  }
```

```
    }
    return 0;
}
```

如果不需要重用 compareFirstThreeCharactersOnly( ) 比较函数，那么在上面的代码中，可以使用 lambda 实现比较函数（我们将在第 7 章详细讨论 lambda 表达式），如下所示：

```
// 仅比较两个字符串序列相应元素的前3个字符是否相等:
const bool isEqual =
    std::equal(std::begin(names1), std::end(names1), std::begin(names2), std::end(names2),
    [](const auto& string1, const auto& string2) {
      return (string1.compare(0, 3, string2, 0, 3) == 0);
    });
```

使用 lambda 实现比较函数的方法，代码看起来更紧凑，但 lambda 表达式会影响代码的可读性。显示的 compareFirstThreeCharactersOnly( ) 函数有一个有意义的名称，通过函数名可以清楚地知道函数的意义（而不是如何比较；请参见第 4 章中的 4.3.4 节 "使用容易理解的名称"）。而从 lambda 表达式版本中，第一眼看到的并不是确切的比较对象。请始终记住，代码的可读性是我们的首要目标之一。另外，源代码注释是一种不好的风格，并且也不适合注释难以读懂的代码（请记住第 4 章关于 "注释" 的部分）。

5.6.2　熟练使用 Boost

我无法在此对著名的 Boost 库 (http://www.boost.org，遵循 Boost 软件许可协议发布，1.0 版本) 做一个全面的介绍。Boost 库（事实上是一些库的集合）太大、太强大了，对 Boost 库的详细讨论超出了本书的范围。当然，有许多关于 Boost 库的好的书和教程。

我认为了解 Boost 库及其内容是非常重要的，使用 Boost 库中的库可以解决工作中遇到的许多问题和 C++ 开发人员在日常工作中面临的挑战。

除此之外，Boost 库的一部分已经被 C++ 语言标准接受，并正式成为 C++ 语言的一部分。需要注意的是：这并不一定意味着它们完全兼容！例如，std::thread（C++11 中的线程）与 boost::thread 还是有一些区别的。如 Boost 库中线程的实现支持线程的取消操作，而 C++11 中的线程则不支持取消操作。另一方面，C++11 支持 std::async，但是 Boost 库不支持。

在我看来，了解 Boost 库是值得的，并且建议记住，什么样的问题可以使用 Boost 库来解决。

5.6.3　应该了解的一些库

除了 STL 标准库容器、<algorithm> 和 Boost 库，还有一些可以在编写代码过程中使用的库，下面是一些（当然是不完整的）库的列表，当你遇到问题时，还是值得一看的：

❏ **日期时间库**（<chrono>）：

从 C++11 开始，C++ 语言提供了一组类型来表示时钟、时间点和时间段。例如，可以用 std::chrono::duration 表示时间段，可以用 std::chrono::system_clock 表示系统的当前时间。只需要包含 <chrono> 头文件即可使用。

❏ **正则表达式库**（<regex>）：

从 C++11 开始，可以使用正则表达式在字符串中进行模式匹配。除此之外，还支持基于正则表达式替换字符串中的文本。只需要包含 <regex> 头文件即可使用正则库。

❏ **文件系统库**（<filesystem>）：

自 C++17 以来，文件系统库已经成为 C++ 标准的一部分。在这之前，它是一个技术规范 (ISO/IEC TS 18822:2015)。操作系统独立的库提供了对文件系统及其组件的各种工具。基于文件系统库，你可以创建目录、复制文件、遍历目录、检索文件的大小等。只需要包含 <filesystem> 头文件即可在 C++17 中使用文件系统库。

 提示 如果你目前仍然没有使用支持 C++17 的编译器，那么你可以将 Boost.Filesystem 作为替代 C++17 文件系统的另一种选择。

❏ **Range-v3**：

ISO C++ 标准化委员会成员 Eric Niebler 编写了 C++11/14/17 的系列库。Range-v3 是一个仅有头文件的库 ⊖。它简化了对 C++ 标准库或其他库（如 Boost）的容器的处理。在这个库的帮助下，你可以更加方便地编写迭代器相关的代码。例如，与其编写 std::sort(std::begin(container)、std::end(container))，不如编写 range::sort(container)。

Range-v3 在 GitHub 的 URL：https://github.com/ericniebler/range-v3。

相关文档的 URL：https://ericniebler.github.io/range-v3/。

❏ **并发数据结构**（libcds）：

由 Max khizhinsky 编写的一个 C++ 模板库，提供了无锁算法和并发数据结构的实现，主要用于高性能的并行计算。该库是基于 C++11 编写的，并遵循 BSD 许可。这个库的代码及相关文档的 URL：http://libcds.sourceforge.net。

5.7 恰当的异常和错误处理机制

或许你听过横切关注点（Cross-Cutting Concerns）。这个问题指的是难以用模块化的概念解决的问题，因此通常用软件架构和设计来解决。其中的一个横切关注点就是安全问题，如果你必须在你的软件系统中处理数据安全和访问权限问题（因为有高质量的要求），那么

⊖ 实现也放在了头文件中。——译者注

这将是一个贯穿该系统的敏感话题。你几乎要在每个组件的每个地方处理这个事情。

另一个横切关注点是事务处理，特别是软件应用中的数据库应用，你必须保证所谓的事务（一连串的单个操作），要么成功，要么作为一个完整的单元失败；不可能只完成部分。

还有一个例子，日志也是一个横切关注点。一般来说，日志也会出现在系统的每个角落。有时，domain-specific 和 productive 被日志语句打乱，这会降低代码的可读性和可理解性。

如果软件架构不考虑横切关注点，那么这个架构就是一个不完整的方案。举个例子，两个不同的日志框架可以用在同一个工程中，因为开发同一个系统的两个不同的开发团队可以选择不同的日志框架。

异常和错误处理是另外一个横切关注点。对错误和不可预测异常的特殊处理及响应，对于每个软件系统来说都是必要的。当然，系统范围内的错误处理策略应该是统一和一致的。因此，负责软件体系结构的人员必须进行设计，在项目早期制定错误处理策略非常重要。

那么，指导我们制定好的错误处理策略的原则是什么呢？什么时候抛出异常合理？如何处理抛出的异常？什么情况下异常不能使用？有什么其他办法吗？

下面的部分介绍了一些规则、指导方针和原则，帮助 C++ 程序员设计和实现一个好的错误处理策略。

5.7.1　防患于未然

处理错误和异常的基本策略通常是避免它们。原因很简单：问题没有发生，就没有必要去处理。

也许你现在会说："好吧，这是老生常谈。当然，避免错误和异常是比较好的做法，但是有的时候无法避免。"你是对的，乍一听很平庸。而且的确，特别是用第三方库访问数据的时候，或者调用其他系统的时候，一些问题难以预见。但是就你自己的代码而言，你可以按照你自己的想法去设计，尽可能地采取措施避免异常。

David Abrahams，美国的工程师，前 ISO C++ 标准化委员会成员，Boost C++ 标准库的创始人之一。1998 年，他发表论文 [Abrahams98]，提出了对所谓的异常安全的理解。论文的核心思想也被称为"Abrahams Guarantees"，对 C++ 标准库的设计以及标准库异常处理机制有深刻的影响。但是这些指导方针不仅与底层库的实现有关，在更高层次的抽象的应用代码上，软件开发者也应该考虑这些思想。

异常安全是接口设计的一部分。接口（API）不仅包括函数的签名，也就是函数的参数和返回值，它还应该包含函数可能抛出的异常部分。此外，还有三个方面必须考虑：

❑ **前置条件**：前置条件在函数或者类的方法调用之前必须总为真。如果违反了前置条件，函数调用的结果就难以保证：函数调用也许会成功，也许会失败，也许会造成负面影响，或者导致未定义行为。

❑ **不变式**：不变式指在函数调用的过程中必须是条件总为真。换句话说，条件在函数执行的开始和结束都为真。在面向对象中一种特殊的不变式是类不变式。如果违反了不变式，类的对象（示例）在方法调用后将会导致不正确或者不一致。

❑ **后置条件**：后置条件指函数执行结束后立即返回真。如果后置条件不成立，那么就说明在函数调用的过程中肯定出错了。

异常安全背后的思想是函数或者类中的方法在客户端调用的时候，提供了不变式、后置条件、抛异常或者不抛异常的保证。有四种异常安全级别，下面我将按异常安全级别由低到高的顺序依次讨论。

无异常安全

最低异常安全级别，从字面上就可以知道是无异常安全，即完全保证不了任何事情。任何发生的异常都会导致严重的后果。例如，代码的一部分（如对象）违反了不变式和后置条件，就可能导致崩溃。

我认为毫无疑问，你写的代码**永远不应该提供这个级别的异常安全**！你可以假设不会有"无异常安全"的事情。就这样，关于这个级别没有什么好说的。

基本异常安全

基本异常安全指的是任何代码都应该至少保证的异常安全级别。这个级别稍微花点功夫就可以达到。该级别的异常安全可以保证以下几个方面：

❑ 如果调用函数过程中发生了异常，保证无资源泄露！资源包括内存以及其他的资源。可以通过应用 RAII 模式来达到目标（见 RAII 和智能指针章节）。

❑ 如果调用函数过程中发生了异常，所有的不变式保持不变。

❑ 如果调用函数过程中发生了异常，不会有数据或者内存损坏，而且所有的对象都是良好和一致的状态。但是，不能保证调用函数后，数据的内容不变。

严格的规则是这样的：

设计你的代码，特别是你的类，保证它们至少能够达到基本异常安全。这也是默认的异常安全级别。

强异常安全

强异常安全除了基本异常安全保证的所有事情外，还要确保在异常情况下，数据内容完全恢复到与调用函数或方法之前一样。换句话说，在该异常安全级别下，我们有提交或者回滚的语义，就像数据库处理事务一样。

很容易理解，这个异常安全级别的实现需要花些功夫，而且运行时的开销可能比较大。需要额外工作的一个例子是"copy-and-swap"习惯用于保证拷贝赋值的强异常安全。

如果没有足够充分的理由，在你所有的代码中用强异常安全，就会违反 KISS 原则和 YAGNI 原则（见第 3 章）。因此，关于这一点的建议如下：

只有在绝对需要的情况下，才为代码提供强异常安全保证。

当然，如果有关于数据完整性和数据正确性的质量要求，那就必须满足强异常安全的要求，你必须提供通过强异常安全来保证的回滚机制。

保证不抛出异常

这是最高的异常安全级别，也被称为故障透明性。简单地说，该级别的意思是调用函数或者方法的时候，你不必担心异常问题。函数或者方法的调用总是成功的！它不会抛出任何异常，因为所有的事情在内部已经得到处理。永远也不会违反不变式和后置条件。

这是一个全面的、无忧无虑的异常安全级别，但是有的时候很难或者根本不可能达到，特别是 C++ 语言。比如，如果你在函数内使用任何一种动态内存分配，像 new 运算符，直接或者间接（例如，通过 std::make_shared<T>），在遇到异常的时候，这个函数绝对调用不成功。

在下列情况下，保证不抛出异常要么是绝对强制的，要么至少是明确建议的：

❑ **在任何情况下类的析构函数必须保证不抛出异常**！原因是在其他情况下，析构函数遇到异常后也会在栈展开的时候调用。如果在栈展开的时候遇到了其他异常，就会发生严重错误，因为整个程序会因此而崩溃。

　　因此，任何在析构函数分配资源以及试图关闭资源的操作，像打开文件操作，或者在堆上分配内存必须是不抛出异常的。

❑ **Move 操作**（move 构造器和 move 赋值运算符，见前面章节的 Move 语义）**应该保证不抛出异常**。如果 move 操作抛出异常，那么 move 操作有很大概率没有起作用。因此，应该不惜一切代价避免由 move 操作分配资源而产生的异常。此外，对于 C++ 标准库容器使用的类型，保证不抛出异常也很重要。如果容器中元素类型的 move 构造函数不提供保证不抛出异常（即 move 构造函数没有使用 noexcept 关键字声明，见下面的扩展阅读），那么容器将更倾向于拷贝操作而非 move 操作。

❑ **默认构造函数最好不抛出异常**。基本上，在构造函数中抛出异常是不可取的，但这是处理构造函数失败最好的方法。"半构造的对象"很可能违反不变式。而且一个对象处于"腐败"状态，违反了不变式是无用的，也是非常危险的。因此，避免在默认构造函数中抛出异常没有任何异议，所以，尽可能地避免在构造函数中抛出异常是个很好的设计策略。默认构造函数应该简单。如果默认构造函数抛出异常，很可能做太多复杂的工作。因此，当设计一个类的时候，你应该试图避免在默认构造函数中抛出异常。

❑ **在任何情况下，swap 函数必须保证不抛出异常**！一个成熟的 swap() 函数的实现，不应该使用会抛出异常的分配技术分配资源（比如内存）。如果 swap() 函数抛出异常将是致命的，因为程序会以不一致的状态退出。而且编写异常安全的 operator=() 的最佳方法是用不抛出异常的 swap() 函数来实现的。

NOEXCEPT 声明符和运算符 [C++11]

在 C++11 之前，在函数的声明中可以添加 throw 关键字，用于列出函数直接或者间接抛出的所有异常类型，异常与异常之间用逗号隔开，这种声明也被称为**动态异常声明**。throw(exceptionType,exceptionType, ...)这种用法在 C++11 中已经被废弃了，而且在 **C++17 中彻底删除了这种用法**！动态异常声明仍然可用，但是在 C++11 中被标记为废弃，因为 C++11 的 throw() 声明符没有异常参数列表。它的语义现在和 noexcpt(true) 声明符等价。

函数签名中的 noexcept 声明符表示函数不能抛出任何异常。用 noexcept(true) 同样有效，与 noexcept 的含义一样。相反，用 noexcept(false) 声明的函数签名可能会抛出异常。以下给出几个示例：

```
void nonThrowingFunction() noexcept;
void anotherNonThrowingFunction() noexcept(true);
void aPotentiallyThrowingFunction() noexcept(false);
```

用 noexcept 有两个好的理由：第一，函数或方法的异常抛出（或者不抛出）是函数接口的一部分。它是关于语义的，可以帮助开发人员阅读代码，用以了解可能发生什么和不可能发生什么。noexcept 告诉开发人员，他们可以安全地使用他们不抛出异常的函数。因此，noexcept 的存在与 const 有异曲同工之妙。

第二，可以被编译器优化。noexcept 允许编译器将以前需要的 throw(...) 删掉，以减少运行时的开销。也就是说，异常没有被列出来，目标代码就没有必要调用 std::unexpect() 函数。

对于模板实现者也有 noexcept 操作符，允许编译器编译时检查，如果表达式声明不抛出任何异常则返回 true：

```
constexpr auto isNotThrowing = noexcept(nonThrowingFunction());
```

注意 constexpr 函数（请参阅 5.3.2 节"编译时计算"）在运行时求值可能会抛出异常，所以在某些情况下也要使用 noexcept。

5.7.2 异常即异常——字面上的意思

在第 4 章"不要返回 0(NULL, nullptr)"小节中我们说函数返回值不应该返回 nullptr。在那个小节中的一个代码小示例，我们用一个小的函数通过名字查找消费者，如果这个消费者不存在当然会导致没有结果。现在有人可能会想到，我们可以为一个未找到的消费者抛出异常，下面是代码示例：

```
#include "Customer.h"
#include <string>
#include <exception>

class CustomerNotFoundException : public std::exception {
  virtual const char* what() const noexcept override {
    return "Customer not found!";
  }
};

// ...

Customer CustomerService::findCustomerByName(const std::string& name) const noexcept(false)
{
  // Code that searches the customer by name...
  // ...and if the customer could not be found:
  throw CustomerNotFoundException();
}
```

现在让我们看看这个函数的调用:

```
Customer customer;
try {
  customer = findCustomerByName("Non-existing name");
} catch (const CustomerNotFoundException& ex) {
  // ...
}
// ...
```

乍一看, 这似乎是一个可行的方案。如果函数必须避免返回 nullptr, 那么可以抛出 CustomerNotFound 异常。在调用的地方, 我们现在可以在 try-catch 结构的帮助下区分好的情况和坏的情况。

事实上, 这是一个非常糟糕的解决方案! 不能仅因为消费者的名字不存在就将找不到消费者作为异常情况来处理。找不到消费者很正常。上面那个例子是在滥用异常。异常不能控制正确的程序流程。**异常应该用在真正需要异常的情形!**

"真正需要异常"是什么意思? 它的意思是对于此你束手无策, 而且没有办法处理该异常。举个例子, 假设你遇到了 std::bad_alloc 异常, 意味着内存分配失败。现在程序该如何继续? 这个问题的根本原因是什么? 底层硬件系统缺乏内存吗? 是的, 我们确实遇到了严重的问题。有什么方法可以让这种严重异常恢复并恢复程序的执行? 程序如果只是简单地继续运行, 好像什么都没发生, 我们还要对此负责吗?

这些问题都不容易回答。也许这个问题的真正原因是野指针, 在遇到 std::bad_alloc 异常之前已经执行了数百万条指令。所有的这些都很少能够在异常的时候重现。

下面是我的建议:

仅在非常特殊的情况下抛出异常。不要滥用异常来控制正确的程序流程。

现在，你也许会问自己："返回 `nullptr` 或 NULL 不好，也不能考虑用异常，那么应该用什么呢？"在第 9 章的 9.2.11 节"特例模式"中，对于这些情况，我会适当地给出一个可行的解决方案。

5.7.3 如果不能恢复则尽快退出

如果你遇到异常导致不能恢复，通常的做法是写日志记录异常（如果可能），或者生成一个 crash dump 文件稍后分析，然后立即终止程序。一个快速终止的好例子是内存分配失败。如果系统缺乏内存，我们还能做什么呢？

这种针对一些关键异常和错误的严格处理策略背后的原则被称为" Dead Program Tell No Lies"，并在《Pragmatic Programmer》[Hunt99] 一书中有所描述。

没有什么比在一个严重错误之后当作没有发生过继续下去更糟糕，比如生成数以万计的错误订单；或者把电梯从地下室送到顶楼，然后再回来循环数百次。相反，在太多灾难性的后果发生之前退出程序是明智的决定。

5.7.4 用户自定义异常

在 C++ 中虽然可以抛出任意类型的异常，像 `int` 或者 `cosnt char*`，但是我不推荐。异常由其类型捕获，因此对于某些 (主要是特定领域的) 异常，创建自定义异常类是一个非常好的主意。正如我已经在第 4 章提到的那样，良好的命名对代码的可读性和可维护性很重要，所以异常类型也应该有一个很好的名字。此外，那些针对"正常"程序代码的更多原则对于异常类型也同样适用（在第 6 章我们将详细讨论这些原则）。

为了提供自己的异常类型，你可以简单地创建自定义异常类，只需要继承 `std::exception`（定义在头文件 `<stdexcept>`）：

```cpp
#include <stdexcept>

class MyCustomException : public std::exception {
  virtual const char* what() const noexcept override {
    return "Provide some details about what was going wrong here!";
  }
};
```

通过重写继承自 `std::exception` 的虚成员方法 `what()`，我们可以为调用者提供出错信息。此外，派生我们从 `std::exception` 继承的异常类可以使它被一个通用的 catch 子句捕获，像下面这样：

```cpp
#include <iostream>

// ...
try {
  doSomethingThatThrows();
```

```
} catch (const std::exception& ex) {
  std::cerr << ex.what() << std::endl;
}
```

基本上，异常类的设计应该简洁，但是如果你想提供更多关于异常原因的信息，你也可以编写更复杂的类，像下面这样：

代码5-27　除以0的自定义异常类

```
class DivisionByZeroException : public std::exception {
public:
  DivisionByZeroException() = delete;
  explicit DivisionByZeroException(const int dividend) {
    buildErrorMessage(dividend);
  }

  virtual const char* what() const noexcept override {
    return errorMessage.c_str();
  }

private:
  void buildErrorMessage(const int dividend) {
    errorMessage = "A division with dividend = ";
    errorMessage += std::to0_string(dividend);
    errorMessage += ", and divisor = 0, is not allowed (Division by Zero)!";
  }

  std::string errorMessage;
};
```

请注意，由于实现机制，只能保证 buildErrorMessage() 函数是强异常安全的，因为它使用了可能抛出异常的 std::string::operator+=()！因此，初始化的构造函数也不能保证不抛出异常。这也就是为什么异常类通常要设计得非常简洁。

下面是 DivisionByZeroException 类的一个小示例：

```
int divide(const int dividend, const int divisor) {
  if (divisor == 0) {
    throw DivisionByZeroException(dividend);
  }
  return dividend / divisor;
}
int main() {
  try {
    divide(10, 0);
  } catch (const DivisionByZeroException& ex) {
    std::cerr << ex.what() << std::endl;
    return 1;
  }
  return 0;
}
```

5.7.5 值类型抛出，常量引用类型捕获

有时我看到异常对象用 new 在堆上分配，然后以指针类型抛出，像这个例子：

```
try
{
  CFile f(_T("M_Cause_File.dat"), CFile::modeWrite);
  // If "M_Cause_File.dat" does not exist, the constructor of CFile throws an exception
  // this way: throw new CFileException()
}
catch(CFileException* e)
{
  if( e->m_cause == CFileException::fileNotFound)
    TRACE(_T("ERROR: File not found\n"));
  e->Delete();
}
```

也许你已经了解了 C++ 编程的风格：以这种方式抛出和捕获异常可以在旧的 MFC（Microsoft Foundation Classe）库中找到。千万不要忘记在 catch 子句末尾调用 Delete() 成员函数，这点非常重要，否则你就等着跟内存泄露说 "Hello" 吧。

通过 new 抛出异常，然后用指针类型捕获，这种方式在 C++ 中是可行的，但是这是一个不好的设计。**不要那么做！** 如果你忘记删掉那个异常对象，会导致内存泄露。永远以值类型抛出异常，然后以引用的类型捕获，这种例子你可以在前面的例子中找到。

5.7.6 注意 catch 的正确顺序

如果在 try 块之后提供多个 catch 子句，例如区分不同类型的异常，注意正确的顺序是非常重要的。catch 子句是按照它们出现的顺序依次执行的。这就意味着更具体的异常类型必须在前面。下面的例子中，异常类 DivisionByZeroException 和 CommunicationInterruptedException 类都继承自 std::exception。

代码5-28　更具体的异常类型必须先处理

```
try {
  doSomethingThatCanThrowSeveralExceptions();
} catch (const DivisionByZeroException& ex) {
  // ...
} catch (const CommunicationInterruptedException& ex) {
  // ...
} catch (const std::exception& ex) {
  // Handle all other exceptions here that are derived from std::exception
} catch (...) {
  // The rest...
}
```

原因很显然，我觉得：假设一般的 std::exception 异常的 catch 子句在前面，会发生什么？更具体的异常就永远没有机会执行，因为它们被一般的 catch 子句隐藏了。因此，开发者必须注意 catch 子句的正确顺序。

面向对象

面向对象（OO）的历史根源，可以追溯到 20 世纪 50 年代后期。挪威计算机科学家 Kristen Nygaard 和 Ole-Johan Dahl 在挪威国防研究机构（NDRE）的军事研究所建造了挪威第一座核反应堆。在开发模拟程序时，两位科学家指出，用于该任务的面向过程的编程语言，对于要解决的复杂问题并不适合。Dahl 和 Nygaard 认识到这些编程语言对于抽象、重现现实世界的结构、概念和过程等可能性的需要。

1960 年，Nygaard 搬到了于 1958 年在奥斯陆建立的挪威计算中心（NCC）。3 年后，Ole-Johan Dahl 也加入了 NCC。在私人的、独立的、非营利性的研究基础上，两位科学家头一次有了关于今天的面向对象的编程语言的想法和概念。Nygaard 和 Dahl 寻找的是适合所有领域，而不是专门针对某些应用领域的编程语言，例如，Fortran 一般只适用于数值计算和线性代数，而 COBOL 专为商业用途而设计。

他们的最终研究成果是编程语言 Simula-67，它是对编程语言 ALGOL 60 的扩展。新的编程语言引入了类、子类、对象、实例变量、虚方法，甚至是垃圾回收器，Simula-67 被认为是第一个面向对象的编程语言，并影响了接下来许多其他的编程语言，例如，由 Alan Kay 及其团队在 20 世纪 70 年代初期设计的完全面向对象的编程语言 Smalltalk。

20 世纪 70 年代后期，丹麦计算机科学家 Bjarne Stroustrup 在剑桥大学完成他的名为《Communication and Control in Distributed Computer Systems》的博士论文时使用了 Simula-67 并发现它非常有用，只是实际的运行速度太慢。因此，他开始寻找将 Simula-67 数据抽象的面向对象概念与低级编程语言的高效率相结合的方法。当时最有效率的编程语言是 C 语言，它是由美国计算机科学家 Dennis Ritchie 于 20 世纪 70 年代早期在贝尔实验室开发的。Stroustrup 于 1979 年加入贝尔实验室的计算机科学研究中心，并开始在 C 语言中添加面向对象的功能，如类、继承、强类型检查和许多其他功能，并将其命名为"C with

Classes"。1983 年，该语言的名称被改为 C++，这是由 Stroustrup 的助手 Rick Mascitti 创造的一个词，其灵感来自该语言的 ++ 运算符。

在接下来的几十年中，面向对象成为主流的编程范式。

6.1 面向对象思想

我们需要牢记一个非常重要的观点，仅因为市面上有很多支持面向对象的编程语言是绝对不能保证使用这些语言的开发人员就可以轻松实现面向对象的软件设计的。特别是那些长期使用面向过程语言的开发人员，他们往往难以过渡到面向对象的编程范式。面向对象不是一个简单的概念，它要求开发人员以全新的方式看待这个世界。

Alan Curtis Kay 博士于 20 世纪 70 年代早期与 Xerox PARC 的一些同事开发了面向对象的编程语言 Smalltalk。众所周知，他是"面向对象"一词的缔造者之一，通过自 2003 年以来与德国柏林自由大学（Freie Universität Berlin）的大学讲师 Dipl.-Ing.Stefan Ram 在邮件中进行的讨论，Kay 解释了他所理解的面向对象：

> 我认为对象就像生物细胞或网络上的个人电脑，只能通过消息通信（因此，消息传递是在最开始出现的——我们花了一些时间来了解如何在编程语言中高效地进行消息传递，并使消息传递变得有用）。对于我来说，OOP 意味着消息传递，进程状态的本地保存、保护和隐藏，以及后期绑定。
>
> ——Dr. Alan Curtis Kay, American computer scientist, July 23, 2003 [Ram03]

生物细胞可以定义为所有生物体的最小结构和功能单元，它们通常被称为"生命的基石"。Alan Kay 用与生物学家看待复杂生物有机体相同的方式看待软件。Alan Kay 持这种观点也不足为奇，因为他拥有数学和分子生物学学士学位。

在面向对象（OO）中我们称 Alan Kay 所谓的"细胞"为对象。对象可以被视为具有结构和行为的"事物"。生物细胞具有围绕并封装它的细胞膜，这也可以应用于面向对象中的对象，对象应该封装得很好，并可以通过定义良好的接口为使用者提供服务。

此外，Alan Kay 强调"消息传递"在面向对象方面扮演着重要角色。但是，他没有确切地说明他的意思，在对象上调用名为 foo() 的方法与向该对象发送名为 foo 的消息相同吗？或者 Alan Kay 设想有一条消息传递的基础设施，例如 CORBA（公共对象请求代理体系结构）和类似技术？Kay 博士也是一位数学家，所以他也可能是指一种杰出的名为 Actor 模型的消息传递数学模型，它在并发计算中非常流行。

无论是哪种情况，也不管 Alan Kay 在谈到消息传递时是怎么想的，我都认为这个观点很有意思，而且大体上适用于在抽象层面上解释面向对象程序的典型结构。但 Kay 先生的阐述绝对不足以回答以下几个重要的问题：

❑ 如何找到并生成"细胞"（对象）？

❒ 如何设计这些细胞的公共可用接口？

❒ 如何管理谁可以与谁互通消息（依赖关系）？

面向对象主要是一种思维方式，而不是所使用的编程语言本身的问题，它也可能被滥用和误用。

我见过许多用 C++ 语言或者像 Java 这样的纯 OO 语言编写的程序，其中使用了类，但这些类只是由程序组成的大型命名空间而已。或者可以说，显然，类似 Fortran 的程序几乎可以用任何编程语言编写。而另一方面，每个具有面向对象思想的开发人员都可以使用面向对象的设计去开发软件，即使在 ANSI-C、汇编或 shell 脚本等语言中他们也能如此。

6.2　抽象——解决复杂问题的关键因素

OO 背后的基本理念是，在软件设计中，从与我们相关的领域对事物和概念进行建模。因此，仅限于那些必须在软件系统中表示的事物，以满足利益相关者的需要，也称为需求。抽象是以适当的方式，对这些事物和概念进行建模的最重要的工具，我们不需要建模出整个现实世界，而是只需要现实世界中的一个摘录，并把它简化成与实现系统用例相关的一些细节。

例如，如果我们想在书店系统中表示顾客，那么很可能并且完全没有兴趣关心顾客有哪种血型。另一方面，对于来自医学领域的软件系统，一个人的血型就可能是重要的细节。

对我来说，面向对象是关于数据抽象、责任划分、模块化以及分治管理的。如果我不得不把它简单表述一下，我会说 OO 是关于**复杂性的处理**，让我用一个小例子来解释一下。

考虑一辆车，汽车是由几个部件组成的，例如车身、发动机、齿轮、车轮、座椅等。这些部件中的每一个本身也是由较小的部件组成的。以汽车发动机为例（我们假设它是内燃机，不是电动机），发动机由气缸、汽油点火泵、驱动轴、凸轮轴、活塞、发动机控制单元（ECU）、冷却液子系统等组成。冷却液子系统又由热交换器、冷却液泵、冷却液储存器、风扇、恒温器和加热器芯组成。理论上，汽车的分解可以持续到最小的螺丝钉，每个确定的子系统或部件都有它明确的责任。但是，只有所有部件都聚合在一起，并正确地组装，才能构建出能够提供满足驾驶员期望的汽车。

可以以相同的方式考虑复杂的软件系统。它们可以分层次地分解为粗粒度到细粒度的模块，这有助于应对系统的复杂性，提供更强大的灵活性，并提高可重用性、可维护性和可测试性。以下几点可以作为进行这种分解的指导原则：

❒ 信息隐藏（参见第 3 章中的同名节）。

❒ 高内聚（参见第 3 章中的同名节）。

❒ 低耦合（参见第 3 章中的同名节）。

❒ 单一责任原则（SRP，参见本章后面的同名节）。

6.3 类的设计原则

在面向对象语言中，一个广泛且众所周知的、能形成前面描述的那些模块的机制是类这一概念。类被视为封装了的软件模块，它们将结构特征（同义词：属性、数据成员、字段）和行为特征（同义词：成员函数、方法、操作）组合成一个有聚合力的单元。

在像 C++ 这样的面向对象的编程语言中，类是在函数之上的、更高的结构化概念。它们通常被描述为对象的蓝图（同义词：实例），这足以让我们进一步研究类的概念。在本章中，我给出了在 C++ 中设计和编写出良好的类的几个重要的线索。

6.3.1 让类尽可能小

在我的软件开发人员职业生涯中，我见过许多非常庞大的类，成千上万行的代码并不罕见。在仔细观察后，我注意到这些大类通常或多或少地只是被用作过程程序的命名空间而已，其开发人员通常并不了解面向对象。

我认为这些大类的问题是显而易见的。如果类包含几千行代码，则它们很难被理解，并且它们的可维护性和可测试性通常很差，更不用说可复用性了。一些研究表明，大类通常包含更多的缺陷。

上帝类反模式

在许多系统中，存在具有许多属性和数百个方法的异常大的类。这些类的名称通常以" ... Controller"" ... Manager"或"...Helpers"结尾。开发人员经常争辩说，系统中的某个地方必须是一个调动并协调所有内容的中心实例。这种思维方式的结果是形成了一个巨大的类，且聚合力很差（参见 3.6 节"高内聚原则"）。它们就像一个便利店，提供了丰富多彩的商品。

这样的类被叫作上帝类、上帝对象，或者有时也叫作 The Blob（The Blob 是 1958 年美国一部恐怖科幻影片的名字，讲述一个外来的变形虫吃掉一个村庄的公民的故事）。这是所谓的反模式，它的一个同义词就是被认为糟糕的设计。上帝类就像一个不可驯养的野兽、很难维护、难以理解、不能测试、容易出错，还有对其他类大量的依赖。在系统的生命周期中，这样的类会越来越大，这会使问题变得越来越糟。

已经被证明了的、关于函数大小的一个比较好的规则（请参见 4.3.2 节"让函数尽可能小"）似乎也为类的大小提供了一个很好的建议：**类应该尽可能小！**

如果小是类设计的目标，那么接下来的一个问题是：它要有多小才算小呢？

对于函数，我在第 4 章中给出了一个代码行数限制的数字，难道不能为那些被认为是好的或适当的类也规定一个行数吗？

在 ThoughtWorks® 文集 [ThoughtWorks08] 中，Jeff Bay 贡献了一篇名为《对象健美操：9 步实现当下更好的软件设计》的文章，文中建议单个类的行数不超过 50 行。

对于许多开发者来说，50 行的上限似乎是不可能的，他们有一种无法解释的抵抗情绪，特别是在创建某些类的时候。他们经常做如下争论："不超过 50 行？但是，这会导致大量的小类，这些小类只有几个成员和函数。"然后他们肯定会想出一个小到不能再小的类的例子。

我确信那些开发者完全错了。我很确定每个软件系统都可以分解成这么小的基本块。

是的，如果要把类变小，你可能会把它拆成很多小类。但这就是 OO！在面向对象的软件开发中，类是一种和函数或变量同样自然的语言元素。换句话说，不要害怕创建小类，小类更容易使用、理解和测试。

尽管如此，这会导致一个基本问题：代码行的上限定义是正确的吗？我认为代码行（Line of Code，LOC）的度量可以是一个有用的指标，太多的 LOC 是一种不好的暗示，不信你可以仔细查看那些超过 50 行的类。但不一定代码行很多就一定存在问题，一个更好的标准是类有多少项职责。

6.3.2　单一职责原则（SRP）

单一职责原则（Single Responsibility Principle，SRP）规定，每个软件单元，其中包括组件、类和函数，应该只有一个单一且明确定义的职责。

SRP 基于我在第 3 章中讨论的聚合的一般原则。如果一个类有定义良好的职责，通常它的内聚性也很强。

但究竟什么是职责呢？我们经常能在文献中找到解释，那就是只有一个理由来改变类。一个经常被提到的例子是，由于系统不同方面的新需求或需求变动而需要更改类时违背了该原则。

举个例子，上面说的方面可能指设备驱动程序和 UI。由于设备驱动程序的界面已经被更改，或者只是为了实现有关用户图形界面的新要求，我们必须更改同一个类，那么这个类显然就有了太多的职责。

另一方面则与系统的域有关。如果因为客户管理或发票的新需求，而必须更改同一个类，那么这个类有太多的责任。

遵循 SRP 的类通常很小并且具有很少的依赖性。它们清晰、易于理解，并且非常容易测试。

职责是一个比类的代码行数更好的标准。一个类可以有 100、200，甚至 500 行，如果这些类没有违反单一职责原则，那就完全没问题。尽管如此，高 LOC 还是可以作为一个指标，它是一个暗示："你应该注意这些类！也许一切都很好，但也许它们太大了，因为它们有很多职责。"

6.3.3　开闭原则（OCP）

所有的系统在其生命周期内都会发生变化。在开发预期比第一个版本持续时间更长的系统时，必须记住这一点。

——Ivar Jacobson, Swedish computer scientist, 1992

对于任何类型的软件单元，尤其是类设计，另一个重要指南是开闭原则（OCP）。它指出软件实体（模块、类、函数等）对扩展应该是开放的，但是对修改应该是封闭的。

软件系统将随着时间的推移而发展，这是一个简单的事实。必须满足不断增加的新需求，并且现有的需求一定会随着客户的需要或技术的进步而不断改变。这些扩展不仅应该以优雅的方式实现，而且应该以尽可能小的代价完成，它们最好是在不需要更改现有代码的基础上被实现。如果任何新的需求都会导致软件现有的且已经经过充分测试的部分发生一连串的变化和调整，那将是致命的。

在面向对象中，支持这一原则的一种方法就是继承。通过继承，可以在不修改类的情况下向类添加新功能。此外，还有许多面向对象的设计模式也支持 OCP，例如策略模式或装饰器模式（参见第 9 章）。

在第 3 章关于松耦合的部分中，我们已经讨论了一种非常好的支持 OCP 的设计（见图 3-6）。在那里，我们通过接口将开关和灯解耦，通过这一步骤，设计将被禁止修改，但是对于扩展而言是很容易的。我们可以轻松添加更多可开关的设备，而不需要触及 Switch、Lamp 和 Switchable 接口等类。你可以轻松想象，这种设计的另一个优点是现在很容易提供一个测试替身（例如，模拟对象）用于测试目的（请参阅 2.5.12 节 "测试替身"）。

6.3.4 里氏替换原则 (LSP)

基本上，里氏替换原则是这样说的，你不能通过给一条狗增加 4 条假腿来创造一只章鱼。

——Mario Fusco (@mariofusco), September 15, 2013, on Twitter

面向对象的继承和多态的概念乍一看似乎比较简单。继承是一种分类学概念，被用于构建类型的特化层次结构，即子类型是从更通用的类型派生的。多态性通常意味着单个接口可以访问不同类型的对象。

到目前为止还好，但有时你会遇到子类型并不真正想要适应类型层次结构的情况。让我们讨论一个非常常见的例子，它经常被用来说明这一问题。

正方形困境

假设我们正在开发一个具有基本形状类型的类库，用于在画布上作图，例如，Circle、Rectangle、Triangle 和 TextLabel。把它们可视化为 UML 类图，该库可能如图 6-1 所示。

抽象基类 Shape 具有对所有特定形状都相同的属性和操作。例如，对于所有形状，它们如何从画布上的一个位置移动到另一个位置都是相同的。但是，Shape 无法知道特定形状如何显示（同义词：绘制）或隐藏（同义词：删除）。因此，这些操作是抽象的，也就是说，它们不能（完全）在 Shape 中实现。

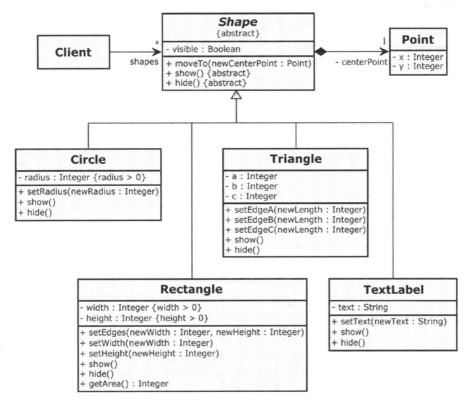

图 6-1　一个不同形状的类库

在 C++ 中，抽象类 Shape（以及 Shape 所需的类 Point）的实现可能如下所示：

代码6-1　下面是Point和Shape这两个类的部分实现

```cpp
class Point final {
public:
  Point() : x { 5 }, y { 5 } { }
  Point(const unsigned int initialX, const unsigned int initialY) :
    x { initialX }, y { initialY } { }
  void setCoordinates(const unsigned int newX, const unsigned int newY) {
    x = newX;
    y = newY;
  }
  // ...more member functions here...

private:
  unsigned int x;
  unsigned int y;
};

class Shape {
```

```cpp
public:
  Shape() : isVisible { false } { }
  virtual ~Shape() = default;
  void moveTo(const Point& newCenterPoint) {
    hide();
    centerPoint = newCenterPoint;
    show();
  }
  virtual void show() = 0;
  virtual void hide() = 0;
  // ...

private:
  Point centerPoint;
  bool isVisible;
};

void Shape::show() {
  isVisible = true;
}

void Shape::hide() {
  isVisible = false;
}
```

final 说明符 [C++11]

final 说明符自 C++11 起被支持使用，它有两种使用方法。

一方面，我们可以使用此关键字来避免在派生类中重写单个虚成员函数，如以下示例中所示：

```cpp
class AbstractBaseClass {
public:
  virtual void doSomething() = 0;
};

class Derived1 : public AbstractBaseClass {
public:
  virtual void doSomething() final {
    //...
  }
};

class Derived2 : public Derived1 {
public:
  virtual void doSomething() override { // Causes a compiler error!
    //...
  }
};
```

此外，还可以将完整的类标记为 final，比如我们的 Shape 库中的 Point 类。这可以确保开发人员不会将这样的类用作继承的基类。

```
class NotDerivable final {
  // ...
};
```

在 Shape 库的所有具体类中，我们可以看到一个 Rectangle 类，其重要部分见代码 6-2：

代码6-2　Rectangle类的重要部分

```
class Rectangle : public Shape {
public:
  Rectangle() : width { 2 }, height { 1 } { }
  Rectangle(const unsigned int initialWidth, const unsigned int initialHeight) :
    width { initialWidth }, height { initialHeight } { }

  virtual void show() override {
    Shape::show();
    // ...code to show a rectangle here...
  }
  virtual void hide() override {
    Shape::hide();
    // ...code to hide a rectangle here...
  }

  void setWidth(const unsigned int newWidth) {
    width = newWidth;
  }

  void setHeight(const unsigned int newHeight) {
    height = newHeight;
  }

  void setEdges(const unsigned int newWidth, const unsigned int newHeight) {
    width = newWidth;
    height = newHeight;
  }

  unsigned long long getArea() const {
    return static_cast<unsigned long long>(width) * height;
  }
  // ...

private:
  unsigned int width;
  unsigned int height;
};
```

客户端代码希望以类似的方式使用所有形状，无论对应于哪个特定实例（矩形、圆形等）。例如，所有形状都应该在画布上一次显示，这可以通过以下代码实现：

```
#include "Shapes.h" // Circle, Rectangle, etc.
#include <memory>
#include <vector>

using ShapePtr = std::shared_ptr<Shape>;
```

```cpp
using ShapeCollection = std::vector<ShapePtr>;

void showAllShapes(const ShapeCollection& shapes) {
  for (auto& shape : shapes) {
    shape->show();
  }
}

int main() {

  ShapeCollection shapes;
  shapes.push_back(std::make_shared<Circle>());
  shapes.push_back(std::make_shared<Rectangle>());
  shapes.push_back(std::make_shared<TextLabel>());
  // ...etc...

  showAllShapes(shapes);
  return 0;
}
```

现在，假设用户为我们的库制定了一个新的需求：**他们希望有一个正方形！**

可能每个人都会立即想起自己小时候学过的几何课程。那时候你的老师也许说过正方形是一种特殊的矩形，它有四条相等长度的边和四个相等的角（90 度角）。因此，第一个明显的解决方案似乎是从 Rectangle 派生一个新类 Square，如图 6-2 所示。

乍一看，这似乎是一个可行的解决方案。Square 继承了 Rectangle 的接口和实现，这样可以避免代码重复（参见 3.4 节中的 DRY 原则）。因为 Square 可以轻松地重用 Rectangle 中实现的行为。

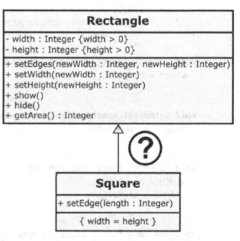

图 6-2　从类 Rectangle 派生一个 Square，这是一个好主意吗

正方形必须满足一个额外的简单要求，在上面的 UML 图中显示为 Square 类中的约束：{width = height}。此约束意味着 Square 类型的实例在所有情况下都确保其四条边始终具有相同的长度。

所以我们首先通过从 Rectangle 派生它来实现 Square：

```cpp
class Square : public Rectangle {
public:
  //...
};
```

但事实上，这不是一个好的解决方案！

请注意，Square 继承了 Rectangle 的所有操作。这意味着我们可以使用 Square 实例执行以下操作：

```
Square square;
square.setHeight(10);    // Err...changing only the height of a square?!
square.setEdges(10, 20); // Uh oh!
```

首先，对于 Square 的用户来说，它提供一个带有两个参数的 setter（记住第 3 章中的最少惊讶原则）会令人非常费解。他们认为：为什么有两个参数？哪个参数用于设置所有边的长度？我是否必须将两个参数都设置为相同的值？如果不这样做，会发生什么？

当我们执行以下操作时，情况会更加严重：

```
std::unique_ptr<Rectangle> rectangle = std::make_unique<Square>();
// ...and somewhere else in the code...
rectangle->setEdges(10, 20);
```

在这种情况下，客户端代码使用了有意义的 setter。矩形的两条边都可以独立设置，这并不奇怪，也正是我们期望的。但结果可能很奇怪，类型 Square 的实例事实上在这样的调用之后不再是正方形，因为它具有两条不同的边长，所以我们再一次违反了最少惊讶原则，更糟糕的是违反了 Square 的类不变式（{width = height}）。

然而，现在有人可以争辩说我们可以在类 Rectangle 中将 setEdges()、setWidth() 和 setHeight() 声明为 virtual，并在 Square 类中使用其他实现方式覆盖这些成员函数，而那些不允许被调用的函数则在使用时抛出异常。此外，我们在 Square 类中提供了一个新的成员函数 setEdge()，如下所示：

代码6-3　Square的一个非常糟糕的实现，试图"移除"不需要的继承功能

```
#include <stdexcept>
// ...

class IllegalOperationCall : public std::logic_error
{
public:
explicit IllegalOperationCall(const std::string& message) : logic_error(message) { }
virtual ~IllegalOperationCall() { }
};

class Square : public Rectangle {
public:
Square() : Rectangle { 5, 5 } { }
explicit Square(const unsigned int edgeLength) : Rectangle { edgeLength, edgeLength } { }

virtual void setEdges([[maybe_unused]] const unsigned int newWidth,
                      [[maybe_unused]] const unsigned int newHeight) override {
  throw IllegalOperationCall { ILLEGAL_OPERATION_MSG };
}

virtual void setWidth([[maybe_unused]] const unsigned int newWidth) override {
```

```cpp
        throw IllegalOperationCall { ILLEGAL_OPERATION_MSG };
    }
    virtual void setHeight([[maybe_unused]] const unsigned int newHeight) override {
        throw IllegalOperationCall { ILLEGAL_OPERATION_MSG };
    }

    void setEdge(const unsigned int length) {
        Rectangle::setEdges(length, length);
    }

private:
    static const constexpr char* const ILLEGAL_OPERATION_MSG { "Unsolicited call of a prohibited "
        "operation on an instance of class Square!" };
};
```

我认为这显然是一个非常糟糕的设计。它违反了面向对象的基本原则，派生类不得删除其基类的继承属性，它绝对不是我们解决问题的方案。首先，如果我们想要使用 Square 的实例作为 Rectangle，则新的 setter setEdge() 将不可见。此外，其他的 setter 如果使用它们就会抛出异常——这真的很糟！它破坏了面向对象。

那么，这里存在的根本问题是什么？为什么从矩形中明显合理地派生出一个类 Square 会产生这么多困难？

导致这一问题原因是：从 Rectangle 中派生 Square 违反了面向对象软件设计中的一个重要原则——**里氏替换原则**（Liskov Substitution Principle，LSP）！

Barbara Liskov 是美国计算机科学家，美国麻省理工学院（MIT）的学院教授。Jeannette Wing 担任卡内基梅隆大学计算机科学教授直到 2013 年。两人在 1994 年的论文中阐述了这一原理：

> 如果 S 类型是 T 类型的一个子类型，并假设 q(x) 是 T 类型对象 x 的一个可证的属性，那么同样的，q(y) 应该是 S 类型对象 y 的一个可证的属性。
>
> ——Barbara Liskov, Jeanette Wing [Liskov94]

这不一定是我们日常使用的定义方式。Robert C. Martin 在 1996 年的一篇文章中阐述了这一原则如下：

> 使用基类指针或基类引用的函数，必须在不知道派生类的情况下使用它。
>
> ——Robert C. Martin [Martin96]

事实上，这意味着：派生类型必须完全可替代其基类型。但在我们的示例中，这是不可能的。Square 类型的实例不能替换 Rectangle，其原因在于类内约束 {width = height}（所谓的类的不变式），它将由 Square 强制执行，但 Rectangle 无法满足该约束。

里氏替换原则分别为类层次结构制定了以下规则：

- ❏ 基类的前置条件（参见 5.7.1 节 "防患于未然"）不能在派生类中增强。[⊖]
- ❏ 基类的后置条件（参见 5.7.1 节 "防患于未然"）不能在派生类中被削弱，也就是说派生类方法的后置条件（即方法的返回值）要比父类更严格。
- ❏ 基类的所有不变量（包括数据成员和函数成员）都不能通过派生子类更改或违反。
- ❏ 历史约束（即 "历史规则"）：对象的（内部）状态只能通过公共接口（封装）中的方法调用来改变。由于派生类可能引入基类中不存在的新属性和方法，因此这些方法可能允许派生类的对象更改基类中那些不允许被改变的状态。所谓的历史约束就是禁止这一点。例如，如果基类被设计为不可变对象的蓝图（请参阅第 9 章 "不可变的类"），则派生类不应该在新引入的成员函数中改变不可变的成员。

上面的类图（图 6-2）中的泛化关系（Square 和 Rectangle 之间的箭头）的解释通常用 "...IS A ..." 翻译为：Square 是一个矩形。但这可能会产生误导，在数学中，可以说正方形是一种特殊的矩形，但在编程中却不是！

为了解决这个问题，使用者必须知道他正在使用哪种特定类型。一些开发人员现在可能会说："没问题，可以通过使用运行时类型信息（Run-Time Type Information，RTTI）来完成。"

运行时类型信息（RTTI）

运行时类型信息（有时也称为运行时类型标识）是一种 C++ 机制，指在运行时访问关于对象数据类型的信息。RTTI 背后的一般性概念被称为**类型反射**（type introspection），它也可用于其他编程语言，如 Java。

在 C++ 中，typeid 运算符（在头文件 <typeinfo> 中定义）和 dynamic_cast <T>（参见 4.4.4 节）都属于 RTTI。例如，要在运行时确定对象的类，可以这样写：

const std::type_info& typeInformationAboutObject = **typeid**(instance);

类型为 std::type_info（也在头文件 <typeinfo> 中定义）的 const 引用现在包含关于对象的类的信息，例如类的名称。从 C++11 开始，hash code 已经可以使用了（std::type_info::hash_code()），而引用相同类型的 std::type_info 对象的 hash code 也是相同的。

重要的一点是要知道 RTTI 只适用于那些产生多态的类，也就是说，它针对至少具有一个虚函数的类，不论这些虚函数是直接定义的还是通过继承而来的。此外，RTTI 可以在某些编译器上被打开或关闭。例如，使用 gcc（GNU 编译器集合）时，可以使用 -fno-rtti 选项禁用 RTTI。

⊖　也就是说派生类方法的前置条件（即方法的形参）要比父类方法的输入参数更宽松。——译者注

代码6-4　另一个例子：使用RTTI在运行时区分不同类型的形状

```
using ShapePtr = std::shared_ptr<Shape>;
using ShapeCollection = std::vector<ShapePtr>;
//...

void resizeAllShapes(const ShapeCollection& shapes) {
  try {
    for (const auto& shape : shapes) {
      const auto rawPointerToShape = shape.get();
      if (typeid(*rawPointerToShape) == typeid(Rectangle)) {
        Rectangle* rectangle = dynamic_cast<Rectangle*>(rawPointerToShape);
        rectangle->setEdges(10, 20);
        // Do more Rectangle-specific things here...
      } else if (typeid(*rawPointerToShape) == typeid(Square)) {
        Square* square = dynamic_cast<Square*>(rawPointerToShape);
        square->setEdge(10);
      } else {
        // ...
      }
    }
  } catch (const std::bad_typeid& ex) {
    // Attempted a typeid of NULL pointer!
  }
}
```

不要这样做！这不是也不应该是适当的解决方案，特别是对于整洁的、现代的 C++ 程序而言。在这个例子中，面向对象的许多好处（例如动态多态性）都会被消除。

> 🔔 **注意**　每当你被迫在程序中使用 RTTI 来区分不同的类型时，它就是一种"设计气味"（design smell），也就是说，它是不好的面向对象的软件设计！

此外，我们的代码将受到 `if-else` 结构的严重污染，可读性也将大大下降。好像这还不够，`try-catch` 结构也清楚地表明某些事情可能会出错。

那么我们该怎么做呢？

首先，我们应该仔细看看正方形究竟是什么。

从纯粹的数学观点来看，正方形可以被视为具有相等边长的矩形。到目前为止还好，但是这个定义不能直接转换为面向对象的类型层次结构。**正方形并不是矩形的子类型！**

相反，具有正方形的形状仅是矩形的特殊状态。如果一个矩形具有相同的边长，它只是矩形的一个状态，通常我们会针对这种特殊的矩形用我们的自然语言给它一个特殊的名称：**正方形！**

这意味着我们只需要在 `Rectangle` 类中添加一个检查器方法来查询它的状态，这样就可以避免定义一个显式的 `Square` 类。根据 KISS 原则（见第 3 章），这个解决方案可能完全足以满足新的要求。此外，我们可以为使用者提供方便的 setter 方法，以设置所有边长相等。

代码6-5　没有显式Square类的一个简单的解决方案

```cpp
class Rectangle : public Shape {
public:
  // ...
  void setEdgesToEqualLength(const unsigned int newLength) {
    setEdges(newLength, newLength);
  }

  bool isSquare() const {
    return width == height;
  }
  //...
};
```

使用组合而不是继承

但是，如果强制要求定义一个显式的 Square 类，我们能做什么？例如，因为有人要求一定要这么做。好吧，如果是这种情况，我们永远不应该从 Rectangle 继承，而应该从 Shape 类继承。如图 6-3 所示，为了不违反 DRY 原则，我们使用 Rectangle 类的实例作为 Square 的内部实现。

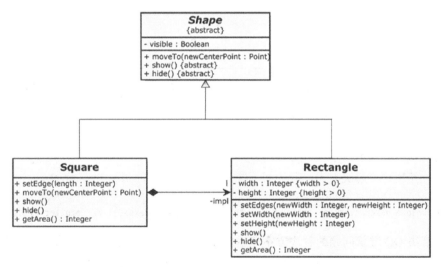

图 6-3　Square 使用并委托嵌入其内部的 Rectangle 实例来构建自己

在源代码中表示时，Square 类的实现如下所示：

代码6-6　Square将所有方法调用委托给嵌入的Rectangle实例

```cpp
class Square : public Shape {
public:
  Square() {
    impl.setEdges(5, 5);
  }
```

```cpp
    explicit Square(const unsigned int edgeLength) {
      impl.setEdges(edgeLength, edgeLength);
    }

    void setEdge
  (const unsigned int length) {
      impl.setEdges(length, length);
    }

    virtual void moveTo(const Point& newCenterPoint) override {
      impl.moveTo(newCenterPoint);
    }

    virtual void show() override {
      impl.show();
    }

    virtual void hide() override {
      impl.hide();
    }

    unsigned long longgetArea() const {
      return impl.getArea();
    }

private:
  Rectangle impl;
};
```

也许你已经注意到moveTo( )方法也被重写了。为此，还必须在 Shape 类中使 moveTo( ) 方法成为虚方法。我们必须覆盖它，从 Shape 继承的 moveTo( ) 方法操作基类 Shape 的 centerPoint，而不是操作 Rectangle 实例的 centerPoint。这是该解决方案的一个小缺点：从基类 Shape 继承的某些部分是闲置的。

显然，使用这个解决方案，我们将不能把 Square 的实例赋给 Rectangle：

```cpp
    std::unique_ptr<Rectangle> rectangle = std::make_unique<Square>(); // Compiler error!
```

这个解决 OO 继承问题的解决方案背后的原理被称为"优先组合而非继承"（FCoI），有时也称为"优先委托而非继承"。对于功能上的复用，面向对象编程中基本上有两个选择：继承（白盒复用）和组合或委托（黑盒复用）。有时候后者更好，因为它设计出一个黑盒子，也就是说，只能通过其定义良好的公共接口来使用它，而不是从这种类型派生出一个子类型。通过组合 / 委托复用而非继承复用，可以降低类与类之间的耦合度。

6.3.5 接口隔离原则（ISP）

我们已经知道，接口是实现类之间松耦合的一种方法。在上一节关于开闭原则的部分中，在接口代码中我们可以看到，它具有可扩展和可变化的点。接口就像契约：类可以通过此契约请求服务，这些服务由实现该契约的其他类提供。

但是，当这些契约变得过于广泛时⊖，即如果接口变得太宽或"肥胖"，会出现什么问题呢？我们通过一个例子可以很好地证明其后果。假设我们有以下接口。

代码6-7　Bird类的接口

```cpp
class Bird {
public:
  virtual ~Bird() = default;

  virtual void fly() = 0;
  virtual void eat() = 0;
  virtual void run() = 0;
  virtual void tweet() = 0;
};
```

这个接口由具体的 Bird 类的派生类实现，例如 Sparrow 类。

代码6-8　Sparrow类会覆盖并实现Bird类的所有纯虚成员函数

```cpp
class Sparrow : public Bird {
public:
  virtual void fly() override {
    //...
  }
  virtual void eat() override {
    //...
  }
  virtual void run() override {
    //...
  }
  virtual void tweet() override {
    //...
  }
};
```

目前为止很好，现在假设我们有另一个类 Bird:Penguin。

代码6-9　Penguin类

```cpp
class Penguin : public Bird {
public:
  virtual void fly() override {
    // ???
  }
  //...
};
```

虽然企鹅很显然是一只鸟，但它无法飞翔。虽然我们的接口相对较小，因为它只声明

⊖ 接口约束力不够或没有任何的约束力。——译者注

了四个简单的成员函数，但声明的这些函数显然不能适用于每个具体的鸟类。

接口隔离原则（Interface Segregation Principle，ISP）指出接口不应该包含那些与实现类无关的成员函数，或者这些类不能以有意义的方式实现。在上面的示例中，Penguin 类无法为 Bird::fly() 提供有意义的实现，但却被强制要求覆盖该成员函数。

接口隔离原则指出，我们应该将"宽接口"分离成更小且高度内聚的接口。生成的小接口也称为角色接口。

代码6-10　这三个角色接口是Bird接口的更好的替代品

```cpp
class Lifeform {
public:
  virtual void eat() = 0;
  virtual void move() = 0;
};

class Flyable {
public:
  virtual void fly() = 0;
};

class Audible {
public:
  virtual void makeSound() = 0;
};
```

现在，我们可以非常灵活地组合这些小的角色接口。这意味着那些要实现的类只需要为声明的成员函数提供有意义的功能，这些函数就能够以合理的方式实现。

代码6-11　Sparrow和Penguin这两个类分别实现了相关的接口

```cpp
class Sparrow : public Lifeform, public Flyable, public Audible {
  //...
};

class Penguin : public Lifeform, public Audible {
  //...
};
```

6.3.6 无环依赖原则

有时需要两个类互相"认识"。例如，假设我们正在开发一个网上商店，我们可以实现某些用例，代表该网店的客户的类必须知道其相关的账户。对于其他用例，账户必须可以访问其所有者，即客户。

在 UML 图中，这种相互关系如图 6-4 所示。

这被称为环依赖。这两个类直接或间接地相互依赖，在这种情况下，只有两个类。涉及多个软件单元时也可能发生环依赖。

图 6-4 类 Customer 和类 Account 之间的关联关系

让我们看一下图 6-4 中所示的环依赖是如何在 C++ 中实现的。

以下内容在 C++ 中肯定不起作用。

代码6-12 文件Customer.h的内容

```
#ifndef CUSTOMER_H_
#define CUSTOMER_H_

#include "Account.h"

class Customer {
// ...
private:
  Account customerAccount;
};

#endif
```

代码6-13 文件Account.h的内容

```
#ifndef ACCOUNT_H_
#define ACCOUNT_H_

#include "Customer.h"

class Account {
private:
  Customer owner;
};

#endif
```

我认为这里的问题是显而易见的。只要有人使用类 Account 或类 Customer，他就会在编译时触发连锁反应。例如，Account 拥有一个 Customer 实例，该 Customer 拥有一个拥有 Customer 实例的 Account 实例，依此类推……由于 C++ 编译器的严格处理顺序，上述实现将导致编译器错误。

例如，通过将引用或指针与前置声明结合使用，可以避免这些编译器错误。前置声明是标识符的声明（例如，类型，如类），而不定义该标识符的完整结构，这些类型有时也被称为不完整类型。因此，它们只能声明它们的指针或引用，但不能用于实例化成员变量，因为编译器对其大小一无所知。

代码6-14 修改后的具有Account前置声明的Customer

```cpp
#ifndef CUSTOMER_H_
#define CUSTOMER_H_

class Account;

class Customer {
public:
  // ...
  void setAccount(Account* account) {
    customerAccount = account;
  }
  // ...
private:
  Account* customerAccount;
};

#endif
```

代码6-15 修改后的具有Customer前置声明的Account

```cpp
ifndef ACCOUNT_H_
#define ACCOUNT_H_

class Customer;

class Account {
public:
  //...
  void setOwner(Customer* customer) {
    owner = customer;
  }
  //...
private:
  Customer* owner;
};

#endif
```

老实说，你觉得这个解决方案是不是有点不够好？如果是的话，这是有充分理由的！编译器的错误确实消失了，但这种"修复"会让人产生一种很不好的感觉。让我们来看看如何使用这两个类。

代码6-16 创建Customer和Account的实例，并相互设置对方

```cpp
#include "Account.h"
#include "Customer.h"
// ...
  Account* account = new Account { };
  Customer* customer = new Customer { };
  account->setOwner(customer);
  customer->setAccount(account);
// ...
```

我确信有一个严重的问题：例如，如果删除 Account 的实例，但 Customer 的实例仍然存在，会发生什么？ Customer 的实例将包含一个悬空指针，即指向无主之地的指针！使用或解引用此类指针可能会导致严重问题，例如未定义的行为或应用程序崩溃。

前置声明在某些情况下非常有用，但利用它们来处理环依赖是一个非常糟的做法。这是一个不好的解决方案，它隐含了一个基本的设计问题。

这一设计问题就是环依赖问题。这是最糟的设计，Customer 和 Account 这两个类不能分开，因此，它们不能彼此独立地使用，也不能彼此独立地测试。这使单元测试变得更加困难。

如果遇到如图 6-5 所示的情况，问题会变得更糟。

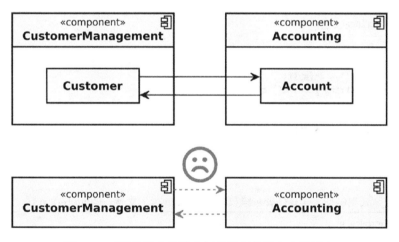

图 6-5　不同组件中的类之间的循环依赖产生的影响

我们的 Customer 类和 Account 类别分别位于不同的组件中，也许每个组件中都有更多的类，但这两个类具有环依赖。结果是这种环依赖也对架构层面产生了不好的影响，类级别的环依赖导致对组件级别的环依赖。CustomerManagement 和 Accounting 是紧密耦合的（请记住第 3 章中松耦合的部分），不能单独（重复）使用。当然，也不可能再进行独立的组件测试。架构层面的模块化实际上已经名不副实了。

无环依赖原则指出组件或类的依赖图应该没有环。环依赖是紧耦合的一种不良表现形式，应该不惜一切代价避免其出现。

别紧张！环依赖关系**总是**可以被打破，以下将分别说明如何避免以及如何打破它们。

6.3.7　依赖倒置原则（DIP）

在上一节中，我们讨论过环依赖是不好的，在任何情况下都应该避免。与许多其他不必要的依赖问题一样，接口这一概念（在 C++ 中，接口是使用抽象类进行模拟的）是我们处理环依赖问题的好帮手。

因此，我们的目标应该是打破环依赖，同时 Customer 类也可以访问 Account 类，反之亦然。

第一步是我们不再允许两个类中的其中一个直接访问另一个。相反，我们只允许通过接口进行访问。一般来说，从这两个类（Customer 或 Account）中的哪一个提取接口都没关系，我决定从 Customer 中提取名为 Owner 的接口。作为示例，Owner 接口仅声明一个纯虚成员函数，该函数必须由实现此接口的类覆盖。

代码6-17　实现Owner接口的一个示例（文件：Owner.h）

```cpp
#ifndef OWNER_H_
#define OWNER_H_

#include <memory>
#include <string>

class Owner {
public:
  virtual ~Owner() = default;
  virtual std::string getName() const = 0;
};

using OwnerPtr = std::shared_ptr<Owner>;

#endif
```

代码6-18　实现Owner接口的类Customer（文件：Customer.h）

```cpp
#ifndef CUSTOMER_H_
#define CUSTOMER_H_

#include "Owner.h"
#include "Account.h"

class Customer : public Owner {
public:
  void setAccount(AccountPtr account) {
    customerAccount = account;
  }

  virtual std::string getName() const override {
    // return the Customer's name here...
  }
  // ...

private:
  AccountPtr customerAccount;
  // ...
};

using CustomerPtr = std::shared_ptr<Customer>;

#endif
```

从上面显示的 Customer 类源代码中，我们可以很容易地看出，Customer 仍然知道其 Account。但是，现在看一下 Account 类更改后的实现，会发现它已经不再依赖 Customer 了：

代码6-19 Account类更改后的实现（文件：Account.h）

```cpp
#ifndef ACCOUNT_H_
#define ACCOUNT_H_

#include "Owner.h"

class Account {
public:
  void setOwner(OwnerPtr owner) {
    this->owner = owner;
  }
  //...

private:
  OwnerPtr owner;
};

using AccountPtr = std::shared_ptr<Account>;

#endif
```

以 UML 类图描述，类级别的更改设计如图 6-6 所示。

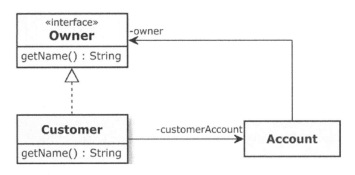

图 6-6 接口的引入消除了类级别的环依赖

非常好！通过第一步的重新设计，现在我们已经实现了在类级别上不再有环依赖。现在，`Account` 类已经对 `Customer` 类一无所知了。但是当我们站在组件级别时情况如何呢？如图 6-7 所示。

不幸的是，组件之间的环依赖尚未被打破。两个组件的关联关系还是从一个组件中的一个元素到另一个组件中的一个元素。然而，实现这一目标的步骤非常简单：我们只需要将 `Owner` 接口重新定位到另一个组件中，如图 6-8 所示。

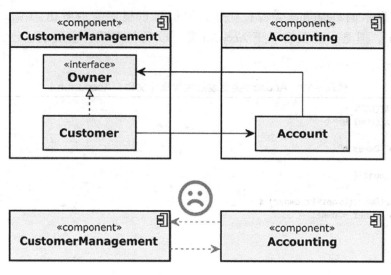

图 6-7　组件之间的环依赖仍然存在

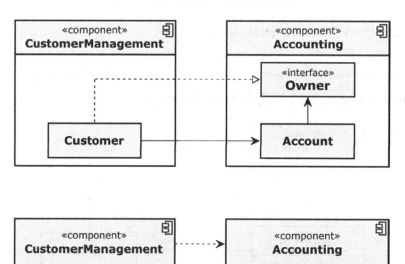

图 6-8　重定位接口并修复架构级别的循环依赖性问题

太好了！现在组件之间的环依赖关系已经消失了，Accounting 组件不再依赖于 CustomerManagement，因此模块化的质量得到了显著的提高。此外，现在可以独立测试 Accounting 组件。

实际上，两个组件之间的不良依赖关系并没有真正消除。相反，通过引入接口 Owner，在类级别上我们甚至多了一个依赖关系。**我们真正做的应该是颠倒这种依赖性。**

依赖倒置原则（Dependency Inversion Principle，DIP）是一种面向对象的设计原则，用于解耦软件模块。该原则指出，面向对象设计的基础不是具体软件模块的特殊属性。相反，它们的共同特性应该被合并在共享使用的抽象体（如接口）中。Robert C. Martin（即"鲍勃叔叔"）制定了如下原则：

　　A.高级模块不应该依赖于低级模块，两者都应该依赖于抽象。

　　B.抽象不应该依赖于细节，细节应该依赖于抽象。

——Robert C. Martin [Martin03]

> **注意**　此引文中的术语"高级模块"和"低级模块"可能会产生误导。它们不一定是指分层架构中的概念位置。在这种情况下，高级模块是需要来自其他模块提供外部服务的软件模块，而"其他模块"就是所谓的低级模块。高级模块是调用操作的模块，低级模块是其内部功能被高级模块调用执行的模块。在某些情况下，这两类模块也可以位于软件架构的不同级别（例如，层），或者是像我们的示例中那样位于不同组件中。

　　依赖倒置原则被认为是一种良好的面向对象设计的基础。它仅通过抽象（例如，接口）定义所提供和所需的外部服务，就可以促进可复用软件模块的开发。沿用上面讨论的案例，我们相应地重新设计 Customer 和 Account 之间的直接依赖关系，如图 6-9 所示。

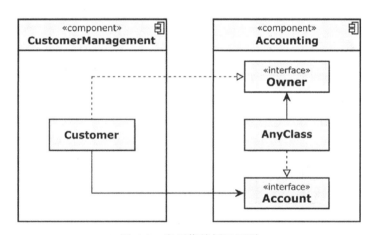

图 6-9　应用依赖倒置原则

　　两个组件中的类完全依赖于抽象。因此，对于 Accounting 组件的使用者来说，哪个类需要 Owner 接口或提供 Account 接口（请回忆第 3 章中的 3.5 节"信息隐藏原则"）已经不再重要——我通过引入一个名为 AnyClass 的类来暗示这种情况，它使用 Owner 实现 Account。

　　例如，如果现在必须更改或替换 Customer 类，假设我们想把 Accounting 放入测试夹具中做组件测试，而在 AnyClass 类中我们不需要更改任何内容。反之同样适用。

　　依赖倒置原则允许软件开发人员有目的地设计模块之间的依赖关系，即定义依赖关系指向的方向。如果你想反转组件之间的依赖关系，也就是说，你想让 Accounting 依赖于 CustomerManagement？没问题，只需将会话中的两个接口重新定位到 CustomerManagement，依赖关系就会转变。不好的依赖关系降低了代码的可维护性和可测试性，我们可以以一种优雅的方式重新设计和减少它们。

6.3.8 不要和陌生人说话（迪米特法则）

你还记得我在本章前面谈过的车吗？我将这辆车描述为几个部件的组合，例如车身、发动机、齿轮等。我已经解释过，这些部件由很多零件组成，而零件本身也可以由其他零件组成，等等，这导致了汽车自上而下的分解。当然，汽车还可以有一个司机。

把汽车分解可视化为 UML 类图，可能如图 6-10 所示。

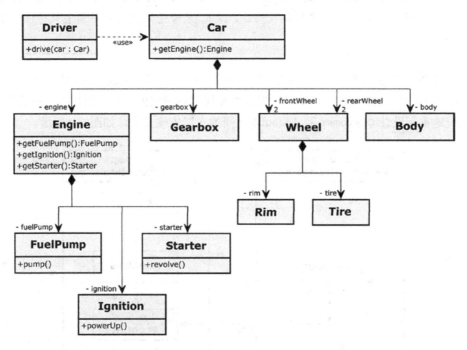

图 6-10　汽车的等级分解

根据第 5 章讨论的单一职责原则，图 6-10 中的一切都很好，因为每个类都有明确的职责。

现在让我们假设司机想开车。在类 Driver 中可以按以下方式实现：

代码6-20　摘自类Driver的实现

```cpp
class Driver {
public:
// ...
  void drive(Car& car) const {
```

```
    Engine& engine = car.getEngine();
    FuelPump& fuelPump = engine.getFuelPump();
    fuelPump.pump();
    Ignition& ignition = engine.getIgnition();
    ignition.powerUp();
    Starter& starter = engine.getStarter();
    starter.revolve();
  }
// ...
};
```

这里有什么问题？你是否会期望成为该车的驾驶员？你必须直接进入汽车的发动机，打开燃油泵、打开点火系统、让马达旋转起来。更进一步说，如果你只是想驾驶它，你对你的车包含的以上这些部件感兴趣吗？

我很确定你的回答是：**不**！

现在让我们看一下图 6-11，UML 类图中描述的相关部分指出了这个实现对设计有何影响。

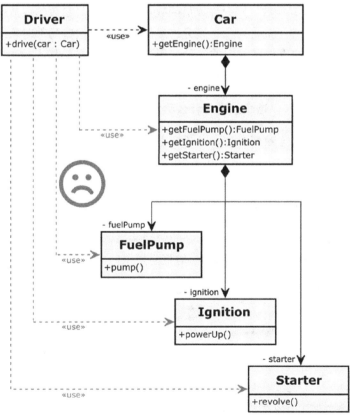

图 6-11　Driver 类的依赖关系

从图 6-11 中可以很容易地看出，类 Driver 有许多不好的依赖关系，Driver 不仅依赖于 Engine，它还有几个与 Engine 部分相关的依赖。我们很容易想象这会产生一些不利的后果。

例如，如果内燃机被电力系统取代，会发生什么？电力驱动没有燃油泵、点火系统和马达。因此，后果将是必须调整类 Driver 的实现。这违反了开闭原则（见前面部分）。此外，所有将汽车和发动机的内部暴露在环境中的公共 getter 都违反了信息隐藏原则（见第 3 章）。

本质上来说，上述软件设计违反了迪米特法则（Law of Demeter，LoD），也称为最少知识原则。迪米特法则可以被视为一种规则，就像"不要和陌生人说话"，或"只与你的邻居说话"，这个原则规定你应该做"内向型"的编程，你的目标是管理面向对象设计中的通信结构。

迪米特法则假定以下规则：

- ❑ 允许成员函数直接调用其所在类作用域内的其他成员函数。
- ❑ 允许成员函数直接调用其所在类作用域内的成员变量的成员函数。
- ❑ 如果成员函数具有参数，则允许成员函数直接调用这些参数的成员函数。
- ❑ 如果成员函数创建了局部对象，则允许成员函数调用这些局部对象的成员函数。

如果上述四种类型的成员函数中的一种调用返回了一个在结构上比该类的直接相邻元素更远的对象，则**应该禁止调用这些对象的成员函数。**

这个规则为什么称为迪米特法则

这一原则的名称可以追溯到 Demeter 项目中关于面向方面的软件开发，该项目开发制定并严格应用了这些规则。Demeter 项目是 20 世纪 80 年代后期的一个研究项目，主要侧重于通过自适应编程使软件更易于维护和更容易扩展。迪米特法则由 Ian M. Holland 和 Karl Lieberherr 在该项目中发现并提出。在希腊神话中，Demeter 是宙斯的姐姐，也是农业女神。

那么，现在在我们的例子中，解决不好的依赖关系的方案是什么？很简单，我们应该问自己：司机真正想要什么？答案很简单：他想要开车！

```cpp
class Driver {
public:
// ...
  void drive(Car& car) const {
    car.start();
  }
// ...
};
```

car 用 start 命令做了什么？同样很简单：它将该方法调用委托给了它的引擎。

```cpp
class Car {
public:
```

```
// ...
  void start() {
    engine.start();
  }
// ...
private:
  Engine engine;
};
```

最后但也很重要的一点是，引擎知道如何以正确的顺序调用适当的成员函数来执行 start 过程，这些部件是软件设计中的直接邻居。

```
class Engine {
public:
// ...
  void start() {
    fuelPump.pump();
    ignition.powerUp();
    starter.revolve();
  }
// ...
private:
  FuelPump fuelPump;
  Ignition ignition;
  Starter starter;
};
```

这些变化对面向对象设计的积极影响可以在图 6-12 所示的类图中清楚地看到。

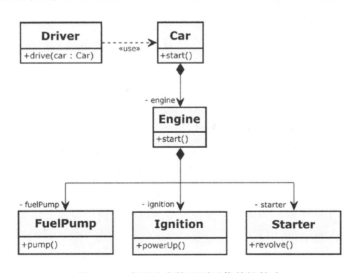

图 6-12 应用迪米特法则后依赖性较小

司机对汽车零件烦人的依赖性消失了。相反，无论汽车的内部结构如何，司机都可以启动汽车。类 Driver 不再知道有引擎、燃油泵等。所有那些展示汽车内部或引擎给其他类知道的公共 getter 函数都消失了。这也意味着对发动机及其零件的更改只会产生非常局部的影响，不会直接导致整个设计的级联变化。

在设计软件时，遵循迪米特法则可以显著减少依赖性。这降低了耦合程度，并遵循了信息隐藏原则和开闭原则。与许多其他原则和规则一样，有可能存在一些例外但合理的情况，而开发人员必须给出非常好的理由才能改变这一原则。

6.3.9　避免"贫血类"

我曾经在几个项目中看到一些如下所示的类：

代码6-21　没有功能的类，仅用作一堆数据的存储区

```cpp
class Customer {
public:
  void setId(const unsigned int id);
  unsigned int getId() const;
  void setForename(const std::string& forename);
  std::string getForename() const;
  void setSurname(const std::string& surname);
  std::string getSurname() const;
  //...more setters/getters here...

private:
  unsigned int id;
  std::string forename;
  std::string surname;
  // ...more attributes here...
};
```

此类代表某软件系统中的客户，它不包含任何逻辑。逻辑在其他位置，即使是代表客户专有功能的逻辑，即仅对客户的属性进行的操作。

写这个类的程序员把对象作为一堆数据的包装。这只是具有数据结构的面向过程编程，它与面向对象无关。所有这些 setter/getter 设计都特别傻，严重违反了信息隐藏原则——实际上我们可以在这里使用一个简单的 C 结构体（关键字：struct）。

这种类称为贫血类，应该不惜一切代价避免写这样的类。它们可能经常在软件设计中出现，这是 Martin Fowler 在 [Fowler03] 中提到的贫血领域模型。它与面向对象设计的基本思想完全相反，面向对象的思想要求将数据和操作数据的功能组合成有凝聚力的单元。

只要不违反迪米特法则，如果此逻辑在该类的属性上运行或仅与该类的直接邻居协作，你就应该将逻辑插入类中。

6.3.10　只说不问

只说不问（Tell, Don't Ask）这一原则与之前讨论过的迪米特法则有一些相似之处。这个原则是对所有那些公共 get 方法的"战争宣言"，因为这些 get 方法揭示了一些关于对象

内部状态的东西。该原则加强了类的封装，增强了信息隐藏（见第 3 章），但首要的作用还是增强了类的内聚性。

我们来看一个小例子。假设前一个例子中的成员函数 Engine::start() 实现如下：

代码6-22 Engine::start()成员函数的一种可能但不推荐的实现

```cpp
class Engine {
public:
// ...
  void start() {
    if (! fuelPump.isRunning()) {
      fuelPump.powerUp();
      if (fuelPump.getFuelPressure() < NORMAL_FUEL_PRESSURE) {
        fuelPump.setFuelPressure(NORMAL_FUEL_PRESSURE);
      }
    }
    if (! ignition.isPoweredUp()) {
      ignition.powerUp();
    }
    if (! starter.isRotating()) {
      starter.revolve();
    }
    if (engine.hasStarted()) {
      starter.openClutchToEngine();
      starter.stop();
    }
  }
// ...
private:
  FuelPump fuelPump;
  Ignition ignition;
  Starter starter;
  static const unsigned int NORMAL_FUEL_PRESSURE { 120 };
};
```

显而易见，类 Engine 的 start() 方法从其各个部分查询许多状态并相应地做出响应。此外，发动机检查燃油泵的燃油压力，如果燃油泵压力过低则进行调节。这也意味着发动机必须知道正常的燃油压力值。由于分支数量众多，因此圈复杂度很高。

只说不问原则提醒我们，如果对象能够自行决定，那么我们不应该要求对象提供关于其内部状态的信息，并在此对象之外决定该做什么。简单来说，这个原则告诉我们，在面向对象中，数据和操作这些数据的方法应该被组合成内聚的单元。

如果将这个原理应用于我们的示例，则 Engine::start() 方法只会告诉它的部分它们应该做什么：

代码6-23 将启动任务的各个阶段委托给发动机的相关负责部分

```cpp
class Engine {
public:
// ...
  void start() {
```

```
      fuelPump.pump();
      ignition.powerUp();
      starter.revolve();
    }
// ...
private:
  FuelPump fuelPump;
  Ignition ignition;
  Starter starter;
};
```

零件可以自己决定如何执行此命令，因为它们自己已经知道，例如，FuelPump 可以完成所有为增加燃油压力而必须做的事情：

代码6-24　来自FuelPump类的摘录

```
class FuelPump {
public:
// ...
  void pump() {
    if (! isRunning) {
      powerUp();
      setNormalFuelPressure();
    }
  }
// ...

private:
  void powerUp() {
    //...
  }

  void setNormalFuelPressure() {
    if (pressure != NORMAL_FUEL_PRESSURE) {
      pressure = NORMAL_FUEL_PRESSURE;
    }
  }

  bool isRunning;
  unsigned int pressure;
  static const unsigned int NORMAL_FUEL_PRESSURE { 120 };
};
```

当然，并非所有的 getter 本质上都是不好的。有时需要从对象获取信息，例如，如果要获取的信息应该显示在图形用户界面上。

6.3.11　避免类的静态成员

可以想象很多读者现在都在想：使用静态成员变量和静态成员函数有什么问题？

好吧，也许你还记得，我在前面关于让类尽可能小的部分中描述的上帝类的反模式。在那里，我已经描述了工具类通常更容易变成巨大的"上帝类"。此外，这些工具类通常也包含许多静态成员函数，甚至没有例外。对于这种情况一个能接受的理由是：为什么我要强制使用工具类创建它的实例？这些类为不同的目的提供了各式各样的功能，这其实是一种弱内聚的标志。我为这些类杂乱的东西创造了一个特殊的模式名称：**垃圾商店反模式**。根据在线百科全书维基百科描述，垃圾商店是一个类似于旧货店的零售商店，以便宜的价格提供各种各样的商品。

代码6-25　一些工具类中的摘录

```
class JunkShop {
public:
  // ...many public utility functions...
  static int oneOfManyUtilityFunctions(int param);
  // ...more public utility functions...
};
```

代码6-26　另一个使用了工具类的类

```
#include "JunkShop.h"

class Client {
  // ...
  void doSomething() {
    // ...
    y = JunkShop::oneOfManyUtilityFunctions(x);
    // ...
  }
};
```

　　第一个问题是你的代码与这些"垃圾商店"中的所有静态工具函数建立了硬连接。从上面的例子中可以很容易地看出，工具类中的静态函数在另一个软件模块的实现中被使用。因此，很难用其他东西替换这个函数调用，但在单元测试中（见第 2 章），这不是你想要的。

　　此外，静态成员函数偏向于面向过程编程的风格，在面向对象中使用静态函数的调用使面向对象显得有点荒谬。在静态成员变量的协助下，在所有类的实例中共享相同的状态本质上不是 OOP，因为它破坏了封装，对象不再完全控制其状态。

　　当然，C++ 不是纯粹的面向对象的编程语言（比如 Java 或 C＃），它基本上不禁止用 C++ 编写面向过程的代码。但是当你想这样做时，你要对自己诚实，并使用简单的独立程序、函数、全局变量和命名空间。

　　我的建议是避免使用静态成员变量和静态成员函数。

　　此规则的一个例外情况是类的私有常量成员，因为它们是只读的并且不表示对象的状态。另一个例外是工厂方法，即创建对象实例的静态成员函数，通常是类类型的实例，也被用作静态成员函数的命名空间。

Chapter 7 第 7 章

函数式编程

近几年来，有一种编程范式在渐渐兴起，它通常被视为面向对象的一种反机制。这就是函数式编程。

最早的函数式编程语言之一是 Lisp（大写的"LISP"是一种旧式的拼写，因为该语言的名称是"LISt Processing"的缩写），它是由美国计算机科学家和认知科学家 John McCarthy 于 1958 年在麻省理工学院（MIT）设计出来的。McCarthy 还创造了"人工智能"（AI）这个术语，他将 Lisp 作为 AI 应用程序的编程语言。Lisp 基于所谓的 Lambda 演算（λ 演算），这是一种由美国数学家 Alonzo Church 于 20 世纪 30 年代引入的形式化模型（见下文扩展阅读）。

事实上，Lisp 是一系列计算机编程语言的统称。在过去，Lisp 衍生出了很多种语言。例如，每一个曾经使用过著名的 Emacs 系列文本编辑器的人，如 GNU Emacs 或 X Emacs，他们都知道 Emacs Lisp 语言，它被用作可扩展和自动化的脚本语言。

值得注意的函数式编程语言是 Lisp 之后才发展起来的，它还包含其他语言：

- ❏ Scheme：具有静态绑定的 Lisp 语言，该语言于 20 世纪 70 年代在麻省理工学院人工智能实验室（AI Lab）诞生。
- ❏ Miranda：受商业支持的第一个纯粹和懒汉式的函数式语言。
- ❏ Haskell：一种通用的纯函数式编程语言，以美国逻辑学家和数学家 Haskell Brooks Curry 而命名。
- ❏ Erlang：由瑞典爱立信电信公司开发，主要致力于构建大规模可扩展和高可靠性的实时软件系统。
- ❏ F#（发音为 F sharp）：一种多范式编程语言，Microsoft .NET 框架的成员。F# 的主要范式是函数式编程，但它允许开发人员切换到 .NET 生态系统的命令式或面向对象的编程。

❑ Clojure：由 Rich Hickey 创建的 Lisp 编程语言的现代版。Clojure 是纯函数式的，可在 Java 虚拟机和公共语言运行时（CLR，Microsoft .NET 框架的运行时环境）上运行。

Lambda 演算

我们很难找到对 Lambda 演算简洁明了的介绍。许多关于这一主题的论文都写得非常学术化，需要具备很好的数学和逻辑知识才能理解。甚至在这里我不会尝试解释 Lambda 演算，因为这不是本书的主要焦点。但只要在网上随便搜一下，你就能找到无数的解释。

可以这么说：Lambda 演算可以被认为是最简单和最小的编程语言。它仅由两部分组成：**一个功能定义方案**和**一个单一转换规则**。这两个组成部分足以为函数式编程语言的形式化描述提供通用的模型，如 LISP、Haskell、Clojure 等。

截止到今天，函数式编程语言仍然没有像其他类型的编程语言（例如面向对象的编程语言）那样被广泛使用，但它们的传播范围有所增加，很明显的例子就是 JavaScript 和 Scala，它们都是多范式语言（即，它们不是纯粹的函数式），但它们由于自己的函数式编程能力而变得越来越流行，特别是在 Web 开发中。

这就足以让我们深入探讨这个主题，并探究这种编程风格到底是什么，以及现代 C++ 在这个方向上提供了什么。

7.1　什么是函数式编程

很难找到一个普遍接受的函数式编程（有时缩写为 FP）的定义。通常，人们会把函数式编程解读为一种编程风格，其中整个程序完全由纯函数构建。这便引出了一个问题：在这里，"纯函数"是什么意思？我们将在下一节中讨论这个问题。上面的说法基本上是正确的：函数式编程的基础就是数学意义上的函数。程序由一系列函数以及函数和函数链的求值构成。

就像面向对象（参见第 6 章）一样，函数式编程也是一种编程范式。这意味着它是思考软件构建的一种方式。然而，函数式编程范式的定义通常归因于它的属性。与其他编程范式，尤其是面向对象相比，这些属性被认为是有利的，具体如下所述：

❑ **通过避免（全局）共享可变的状态消除了副作用**。在纯函数式编程中，函数调用没有任何副作用。纯函数的这一重要属性将在下一小节中详细讨论。

❑ **不可变的数据和对象**。在纯函数式编程中，所有数据都是不可变的，也就是说，数据结构一旦创建，它就永远不会被改变。相反，如果我们将函数应用于数据结构，那么将创建一个新的数据结构，它要么是新数据结构，要么是旧数据结构的变体。

一个令人愉快的结果就是，不可变数据具有线程安全的巨大优势。

- ☐ **函数组合和高阶函数**。在函数式编程中，可以像对待数据一样对待函数。可以将函数存储在变量中，也可以将函数作为参数传递给其他函数，还可以将函数作为其他函数的返回结果。函数可以很容易地链接。换句话说，函数就是该语言的一等公民。
- ☐ **更好更容易的并行化**。并发性基本上很难保证。软件设计人员必须注意多线程环境中的许多事情，当只有一个线程时，他通常不必担心，在多线程并发的程序中寻找错误可能会非常痛苦。但是如果函数的调用永远不会有任何副作用，如果没有全局状态，并且如果我们只处理不可变数据结构，那么使一个软件并行就容易得多。相反，使用命令式语言（如面向对象的语言）及其经常可变的状态时，你需要锁和同步机制来保护数据不被多个线程同时访问和操作（参见第 9 章 "不可变的类" 一节中关于如何在 C++ 中创建不可变类对象）。
- ☐ **易于测试**。如果纯函数具有上面提到的所有属性，那么它也很容易被测试。在测试用例中没必要考虑全局可变状态或其他副作用。

以后我们将看到，在 C++ 中函数式编程无法自动完全确保以上所有积极的方面。例如，如果需要一个不可变的数据类型，我们必须按照第 9 章的说明进行设计。但现在让我们深入研究这个主题，先讨论一个核心问题：函数式编程中的函数是什么？

7.1.1　什么是函数

在软件开发中，我们可以找到很多名为函数的东西。例如，软件应用程序为其用户提供的一些功能通常也称为程序的函数。在 C++ 中，类的方法有时称为成员函数。计算机程序的子程序通常被认为是函数。毫无疑问，这些示例在分类之后都是函数，但它们不是我们在函数式编程中处理的函数。

当谈论函数式编程中的函数时，我们讨论的是**真正的数学函数**。这意味着我们将函数视为一组输入参数与一组输出参数之间的关系，其中每组输入参数仅与一组输出参数相关。描述为一个简单而通用的公式，函数就像图 7-1 所示的表达式。

$$y = f(x)$$

图 7-1　函数 f 将 x 映射到 y

这个简单的公式定义了任何函数的基本模式。它表示 y 的值取决于且仅取决于 x 的值。另外重要的一点是，对于相同的 x 值，y 的值也总是相同的！换句话说，函数 f 将 x 的任何可能的值映射为 y 的唯一一个值。在数学和计算机编程中，这也称为引用透明（referential transparency）。

引用透明

提到函数式编程，经常被提起的一个重要优点就是纯函数总是引用透明的。

"引用透明"这一术语起源于分析哲学，它是自 20 世纪初以来发展起来的某些哲学运动的总称。分析哲学基于一种传统，该传统最初主要基于理想语言（形式逻辑）或分析日常语言。"引用透明"一词归功于美国哲学家和逻辑学家 Willard Van orman Quine（1908—2000）。

如果函数是引用透明的，则意味着只要使用相同的输入调用函数，我们将始终得到相同的输出。用真正的函数式语言编写的函数，只用于计算表达式并返回其值，不执行任何其他操作。换句话说，理论上我们能够直接用函数调用的结果替换函数调用本身，而这种改变不会产生任何不良影响。这使我们能够将函数连接在一起，就好像它们是黑盒一样。

引用透明直接引出了纯函数的概念。

7.2.2　pure 函数和 impure 函数

以下是 C++ 中纯函数的一个简单示例：

代码7-1　C++中纯函数的一个简单示例

```cpp
double square(const double value) noexcept {
  return value * value;
};
```

可以很容易地看出，square() 的输出值仅取决于传递给函数的参数值，因此使用相同的参数值调用两次 square() 将产生相同的结果。我们没有任何副作用，因为该函数调用后不会留下任何可能影响 square() 后续调用的"垃圾"。这些函数完全独立于外部状态，没有任何副作用，并且对于相同的输入始终产生相同的输出（具体点说，它们是引用透明的），因此它们被称为**纯函数**。

相比之下，命令式编程范式（例如，过程化或面向对象编程）不能保证无副作用，如下例所示：

代码7-2　证明类的成员函数可能导致副作用的示例

```cpp
#include <iostream>

class Clazz {
public:
  int functionWithSideEffect(const int value) noexcept {
    return value * value + someKindOfMutualState++;
  }

private:
  int someKindOfMutualState { 0 };
};
int main() {
  Clazz instanceOfClazz { };
  std::cout << instanceOfClazz.functionWithSideEffect(3) << std::endl; // Output: "9"
  std::cout << instanceOfClazz.functionWithSideEffect(3) << std::endl; // Output: "10"
  std::cout << instanceOfClazz.functionWithSideEffect(3) << std::endl; // Output: "11"
  return 0;
}
```

在这种情况下，每次调用名为 `Clazz::functionWithSideEffect()` 的成员函数都会改变类 `Clazz` 实例的内部状态。因此，尽管函数参数的给定值始终相同，但该成员函数的每次调用都会返回不同的结果。在过程化编程中，你可以使用由操作过程的全局变量产生类似的效果。使用相同的参数调用可以产生不同输出的函数被称为 **impure 函数**。impure 函数的另一个明确指标是，在不使用其返回值的情况下调用它是有意义的。如果你能这样使用这个函数，那么该函数一定有一些副作用。

在单线程环境中，全局状态可能很少会导致一些问题。但是现在假设你有一个多线程环境，其中有多个线程正在运行，函数以不确定的顺序被调用。在这样的环境中，全局状态或对象的实例状态通常很容易出问题，并且可能导致不可预测的行为或细微的错误。

7.2 现代 C++ 中的函数式编程

信不信由你，函数式编程一直是 C++ 的一部分！即使是在 C++98，你也能够使用这种多范式语言以函数方式进行编程。我能很自信地说这归因于 C++ 最开始的模板元编程（Template Metaprogramming，TMP）（顺便说一下，TMP 是一个非常复杂的主题，对许多人来说它也是一个挑战，即使是对那些技术娴熟，经验丰富的开发者而言）。

7.2.1　C++ 模板函数编程

许多 C++ 开发人员所知道的是，模板元编程是一种技术，其中编译器使用所谓的模板生成 C++ 源代码，然后再将源代码转换为目标代码。许多程序员可能没有意识到的一个事实是模板元编程是函数式编程，而且它是图灵完备的。

图灵完备

图灵完备这一术语是以著名的英国计算机科学家、数学家、逻辑学家和密码学家阿兰图灵（1912—1954）命名的，它通常用于定义什么使一种语言成为"真正的"编程语言。编程语言的特点就是图灵完备，你能解决的任何可能的问题理论上都可以通过图灵机来解决。图灵机是由阿兰图灵发明的抽象理论机器，它是一个理想的计算模型。

在实践中，没有任何计算机系统是真正图灵完备的。原因是理想的图灵完备需要无限的内存和无限的递归，这是现在的计算机系统无法提供的。因此，一些系统通过用无限的内存进行模拟来近似图灵完备，但还是受到底层硬件的物理限制。

作为证明，我们将仅使用 TMP 计算两个整数的最大公约数（GCD）。所谓两个整数的 GCD（均不为零）是指它们能够同时整除的最大正整数。

代码7-3　使用模板元编程计算最大公约数

```
01  #include <iostream>
02
03  template< unsigned int x, unsigned int y >
04  struct GreatestCommonDivisor {
05    static const unsigned int result = GreatestCommonDivisor< y, x % y >::result;
06  };
07
08  template< unsigned int x >
09  struct GreatestCommonDivisor< x, 0 > {
10    static const unsigned int result = x;
11  };
12
13  int main() {
14    std::cout << "The GCD of 40 and 10 is: " << GreatestCommonDivisor<40u, 10u>::result <<
15      std::endl;
16    std::cout << "The GCD of 366 and 60 is: " << GreatestCommonDivisor<366u, 60u>::result <<
17      std::endl;
18    return 0;
19  }
```

以下是程序的输出：

```
The GCD of 40 and 10 is: 10
The GCD of 366 and 60 is: 6
```

编译时使用模板计算 GCD 的这种风格的显著之处在于它是真正的函数式编程。使用到的两个类模板完全没有状态。没有可变变量，这意味着变量一旦初始化，任何变量都不能改变它的值。在模板实例化期间使用了递归过程，该过程在第 9 ~ 11 行的特定类模板发挥作用的时候退出。并且，如上所述，我们在模板元编程中具有图灵完备性，这意味着可以使用该技术在编译时完成任何可能的计算。

模板元编程无疑是一个强大的工具，但它也有一些缺点。特别是如果使用大量的模板元编程，代码的可读性和可理解性会受到严重影响。TMP 的语法和习惯用法很难被理解，更不用说出错的时候那些通用且含糊不清的错误信息。并且，随着模板元编程的广泛使用，编译时间也会增加。因此，TMP 当然是设计和开发通用库的比较合适的方法（参见 C++ 标准库），但如果需要这种通用编程（例如，代码重复最小化），TMP 应该仅被用于那些现代化且精心设计的应用程序代码中。

顺便说一下，从 C++11 开始，编译时不再需要使用模板元编程进行计算。在常量表达式（constexpr，参见 5.3.2 节"编译时计算"）的帮助下，GCD 可以很容易地被实现为常见的递归函数，如下例所示：

代码7-4　使用递归的GCD函数，可以在编译时进行计算

```
constexpr unsigned int greatestCommonDivisor(const unsigned int x,
                                             const unsigned int y) noexcept {
  return y == 0 ? x : greatestCommonDivisor(y, x % y);
}
```

有必要说一下，上面例子用到的数学算法称为欧几里得算法，它是以古希腊数学家欧几里得的名字命名的。

在 C++17 中，数值算法 std::gcd() 已经成为 C++ 标准库的一部分（在头文件 <numeric> 中定义），因此我们不再需要自己实现它。

代码7-5　使用头文件<numeric>中的函数std::gcd

```
#include <iostream>
#include <numeric>

int main() {
  constexpr auto result = std::gcd(40, 10);
  std::cout << "The GCD of 40 and 10 is: " << result << std::endl;
  return 0;
}
```

7.2.2　仿函数

在 C++ 中一直可以定义和使用所谓的像函数一样的对象，它们也被称为仿函数（Functor，另一个同义词是 Functional）。从技术上讲，仿函数基本上只是一个定义了括号运算符的类，即定义了 operator() 的类。实例化这些类之后，它们就可以像函数一样使用。

根据 operator() 包含零个、一个或两个参数，Functor 分别被称为生成器（Generator），一元仿函数或二元仿函数。我们先来看一下生成器。

生成器

正如名称"生成器"所揭示的那样，这种类型的 Functor 用于生成某些东西。

代码7-6　生成器的一个例子，一个没有参数调用的仿函数

```
class IncreasingNumberGenerator {
public:
  int operator()() noexcept { return number++; }

private:
  int number { 0 };
};
```

工作原理非常简单：每次调用 IncreasingNumberGenerator::operator() 时，成员变量 number 的实际值都会返回调用者，然后该成员变量的值增加 1。以下用法示例在标准输出上打印了 number 值由 0 到 2 的变化：

```
int main() {
  IncreasingNumberGenerator numberGenerator { };
  std::cout << numberGenerator() << std::endl;
  std::cout << numberGenerator() << std::endl;
  std::cout << numberGenerator() << std::endl;
  return 0;
}
```

请记住 Sean Parent 的引用，我在第 5 章的算法部分中提到过：不要使用原始循环！我们要用一定数量的递增的值填充 std::vector<T>，不应该自己手动实现循环。相反，我们可以使用头文件 <algorithm> 中定义的 std::generate，这是一个函数模板，它将给定 Generator 对象生成的值分配给某个范围内的每个元素。因此，我们可以通过以下简单且可读性很好的代码，用 IncreasingNumberGenerator 填充具有递增数字序列的 vector：

代码7-7　用std::generate填充具有递增数字序列的vector

```
#include <algorithm>
#include <vector>

using Numbers = std::vector<int>;

int main() {
  const std::size_t AMOUNT_OF_NUMBERS { 100 };
  Numbers numbers(AMOUNT_OF_NUMBERS);
  std::generate(std::begin(numbers), std::end(numbers), IncreasingNumberGenerator());
  // ...now 'numbers' contain values from 0 to 99...
  return 0;
}
```

可以想象，这些仿函数不能满足纯函数的严格要求。生成器通常具有可变状态，也就是说，当调用 operator() 时，这些仿函数通常会产生一些副作用。在我们的例子中，可变状态由私有成员变量 IncreasingNumberGenerator::number 表示，它在每次调用括号运算符后递增。

 提示　头文件 <numeric> 已经包含了一个函数模板 std::iota()，它以编程语言 APL 的函数符号 ι（Iota）命名，它不是生成器仿函数，但它可以用来填充容器，并以一种优雅的方式递增序列的值。

Generator 类型的仿函数的另一个示例是以下随机数生成器仿函数模板。该仿函数基于所谓的 Mersenne Twister 算法（在头文件 <random> 中定义），它封装了伪随机数生成器（PRNG）的初始化和使用所必需的所有内容。

代码7-8　生成器仿函数类模板，封装了的伪随机数生成器

```
#include <random>

template <typename NUMTYPE>
class RandomNumberGenerator {
public:
  RandomNumberGenerator() {
    mersenneTwisterEngine.seed(randomDevice());
  }

  NUMTYPE operator()() {
```

```
        return distribution(mersenneTwisterEngine);
    }

private:
    std::random_device randomDevice;
    std::uniform_int_distribution<NUMTYPE> distribution;
    std::mt19937_64 mersenneTwisterEngine;
};
```

下面是仿函数 RandomNumberGenerator 的使用方式：

代码7-9　用100个随机数填充vector

```
#include "RandomGenerator.h"
#include <algorithm>
#include <functional>
#include <iostream>
#include <vector>

using Numbers = std::vector<short>;
const std::size_t AMOUNT_OF_NUMBERS { 100 };

Numbers createVectorFilledWithRandomNumbers() {
    RandomNumberGenerator<short> randomNumberGenerator { };
    Numbers randomNumbers(AMOUNT_OF_NUMBERS);
    std::generate(begin(randomNumbers), end(randomNumbers), std::ref(randomNumberGenerator));
    return randomNumbers;
}

void printNumbersOnStdOut(const Numbers& randomNumbers) {
    for (const auto& number : randomNumbers) {
        std::cout << number << std::endl;
    }
}

int main() {
    Numbers randomNumbers = createVectorFilledWithRandomNumbers();
    printNumbersOnStdOut(randomNumbers);
    return 0;
}
```

一元仿函数

接下来，让我们看一个一元仿函数的例子，它是一个仿函数，其括号运算符有一个
参数。

代码7-10　一个一元仿函数的例子

```
class ToSquare {
public:
    constexpr int operator()(const int value) const noexcept { return value * value; }
};
```

　　顾名思义，这个仿函数在括号运算符中对传递给它的值做平方运算。Operator()被声明为 const，这表明它的行为类似于纯函数，即调用它没有副作用。这并不是绝对的，因为一元仿函数也可以拥有私有成员变量，即一个可变状态。

　　使用 ToSquare 仿函数，现在我们可以扩展上面的示例并将其应用于具有升序整数序列的 vector。

代码7-11　vector中的所有100个数字做了平方运算

```cpp
#include <algorithm>
#include <vector>

using Numbers = std::vector<int>;

int main() {
  const std::size_t AMOUNT_OF_NUMBERS = 100;
  Numbers numbers(AMOUNT_OF_NUMBERS);
  std::generate(std::begin(numbers), std::end(numbers), IncreasingNumberGenerator());
  std::transform(std::begin(numbers), std::end(numbers), std::begin(numbers), ToSquare());
  // ...
  return 0;
}
```

　　使用到的算法 std::transform（在头文件 <algorithm> 中定义）将给定的函数或函数对象应用于一个范围（由前两个参数定义），并将结果储存在另一个范围（由第三个参数定义）中。 在我们的例子中，两个范围是相同的。

谓词

　　谓词是一种特殊的仿函数。如果一个只有一个参数的一元仿函数返回一个布尔值用于指示某些测试的结果为 true 或 false，则该仿函数被称为一元谓词，如下例所示：

代码7-12　谓词的一个例子

```cpp
class IsAnOddNumber {
public:
  constexpr bool operator()(const int value) const noexcept { return (value % 2) != 0; }
};
```

　　该谓词可以应用于我们的数字序列，并用 std::remove_if 算法删除所有奇数。但问题是该算法的名称具有误导性。实际上，它并没有删除任何东西。任何与谓词不匹配的元素（在我们的例子中都是偶数）都会被移动到容器的头部，要删除的元素被移动到末尾。之后 std::remove_if 返回一个迭代器，指向要删除的范围的开头位置。std::vector::erase() 成员函数可以根据该迭代器来真正删除 vector 中不需要的元素。顺便说一下，这种非常有效的技术被称为 Erase–remove 习惯用法。

代码7-13　用Erase-remove习惯用法删除vector中的所有奇数

```cpp
#include <algorithm>
#include <vector>

using Numbers = std::vector<int>;

int main() {
  const std::size_t AMOUNT_OF_NUMBERS = 100;
  Numbers numbers(AMOUNT_OF_NUMBERS);
  std::generate(std::begin(numbers), std::end(numbers), IncreasingNumberGenerator());
  std::transform(std::begin(numbers), std::end(numbers), std::begin(numbers), ToSquare());
  numbers.erase(std::remove_if(std::begin(numbers), std::end(numbers), IsAnOddNumber()),
    std::end(numbers));
  // ...
  return 0;
}
```

为了能够以更灵活和通用的方式使用仿函数，我们通常把它们实现为类模板。因此，我们可以将我们的一元仿函数 `IsAnOddNumber` 重构为类模板，以便它可以适用于所有整数类型，例如 `short`、`int`、`unsigned int` 等。从 C++11 开始，该语言提供了所谓的 Type Traits（定义在头文件 `<type_traits>` 中），我们可以确保模板仅适用于整数类型，如以下示例所示：

代码7-14　确保模板参数是一个完整的数据类型

```cpp
#include <type_traits>

template <typename INTTYPE>
class IsAnOddNumber {
public:
  static_assert(std::is_integral<INTTYPE>::value,
    "IsAnOddNumber requires an integer type for its template parameter INTTYPE!");
  constexpr bool operator()(const INTTYPE value) const noexcept { return (value % 2) != 0; }
};
```

从 C++11 开始，该语言提供了 `static_assert()`，这是在编译时执行检查的断言。在我们的例子中，`static_assert()` 在模板实例化期间检查模板参数 `INTTYPE` 是否是整数类型。在 `main()` 函数体内，我们使用谓词（erase-remove 构造）将其稍微调整一下：

```cpp
// ...
numbers.erase(std::remove_if(std::begin(numbers), std::end(numbers),
  IsAnOddNumber<Numbers::value_type>()), std::end(numbers));
// ...
```

如果现在我们在模板中无意地使用了非整数的数据类型，例如 `double`，我们将从编译器获得一个很明确的错误消息。

```
[...]
../src/Functors.h: In instantiation of 'class IsAnOddNumber<double>':
```

```
../src/Main.cpp:13:94:     required from here
../src/Functors.h:42:3: error: static assertion failed: IsAnOddNumber requires an integer
type for its template parameter INTTYPE!
[...]
```

TYPE TRAITS

模板是泛型编程的基础。来自 C++ 标准库的容器，以及迭代器和算法，都是使用 C++ 模板概念实现的异常灵活的泛型编程的杰出示例。但是，从技术角度来看，使用模板参数实例化模板，只是进行简单的文本查找和替换过程。例如，如果模板参数名为 T，模板实例化期间模板中出现的所有 T 都将被替换为模板参数传入的数据类型。

问题是：并非每种数据类型都适合每个模板的实例化。例如，如果你已将一个数学运算定义为 C++ 仿函数模板，以便它可用于不同数据类型（short、int、double 等）的数值计算，那么使用 std::string 实例化该模板绝对没有任何意义。

C++ 标准库头文件 <type_traits>（自 C++11 出现）提供了一个全面的类型检查的集合，通过这个集合我们可以检索在编译时作为模板参数传入的类型的信息。换句话说，在 type traits 的帮助下，你可以让编译器帮你验证你想传入模板实例内的那些参数类型。

例如，你可以通过使用 type trait std::is_nothrow_copy_constructible<T> 确保用于模板实例化的类型必须是可拷贝构造、不抛错且异常安全的（请参阅第 5 章中的"保证不抛异常"一节）。

```cpp
template <typename T>
class Clazz {
  static_assert(std::is_nothrow_copy_constructible<T>::value,
    "The given type for T must be copy-constructible and may not throw!");
  // ...
};
```

type traits 不仅可以与 static_assert() 一起使用，利用错误消息中止编译，它们还可以被称为 SFINAE（匹配失败不是错误）的习惯用法所使用，这将在第 9 章关于习惯用法的部分中详细讨论。

最后但也很重要，让我们来看看二元仿函数。

二元仿函数

如上所述，二元仿函数是一个类似函数的对象，它有两个参数。如果仿函数对其两个参数进行操作以执行某些计算（如加法）并返回该操作的结果，则我们将其称为二元运算符。如果这样的仿函数具有布尔类型的返回值用于某种测试，如以下示例所示，则称为二元谓词。

代码7-15　二元谓词的示例，用于比较它的两个参数

```cpp
class IsGreaterOrEqual {
public:
  bool operator()(const auto& value1, const auto& value2) const noexcept {
    return value1 >= value2;
  }
};
```

注意　在 C++11 以前，一个比较好的做法是，仿函数依据它们的参数数量分别来自模板 std::unary_function 和 std::binary_function（两者都在头文件 <functional> 中定义）。但这些模板在 C++11 中已标记为已弃用，并且在 C++17 中它们已经从标准库中被删除了。

7.2.3　绑定和函数包装

C++ 语言中，函数式编程方面的下一个发展规划是在 2005 年出版的 C++ 技术报告 1（TR 1）草案中做出的，该草案是标准 ISO/IEC TR 19768:2007 C++ 扩展库（Library Extension）的通称。TR1 指定了 C++ 标准库的一系列扩展，其中包括函数式编程的扩展。该技术报告是后来 C++11 标准的库的扩展提案，事实上，13 个提议库中有 12 个（略有修改）纳入了 2011 年出版的新语言标准。

在函数式编程方面，TR 1 引入了两个函数模板 std::bind 和 std::function，它们包含在库的头文件 <functional> 中。

函数模板 std::bind 是函数及其参数的一个绑定包装器。你可以将实际值"绑定"到函数（或函数指针或仿函数）的一个或所有参数上。换句话说，你可以用现有的函数或仿函数创建新的函数对象。让我们从一个简单的例子开始：

代码7-16　用std::bind包装二元仿函数multiply()

```cpp
#include <functional>
#include <iostream>

constexpr double multiply(const double multiplicand, const double multiplier) noexcept {
  return multiplicand * multiplier;
}
int main() {
  const auto result1 = multiply(10.0, 5.0);
  auto boundMultiplyFunctor = std::bind(multiply, 10.0, 5.0);
  const auto result2 = boundMultiplyFunctor();

  std::cout << "result1 = " << result1 << ", result2 = " << result2 << std::endl;
  return 0;
}
```

在此示例中，我们用 std::bind 将 multiply() 函数与两个浮点数字面值（10.0 和 5.0）包装在一起。字面值表示函数的两个参数 multiplicand 和 multiplier 绑定的实际值。最后，我们得到了一个新的函数对象，它储存在变量 boundMultiplyFunctor 中。然后我们就可以像调用定义了括号运算符的普通仿函数一样调用它。

也许你现在会问自己：很好，但我不明白。这么做的目的是什么？绑定功能模板的实际好处是什么？

std::bind 允许在编程中使用局部应用（或偏函数应用）。局部应用是一个过程，其中只有一部分函数参数绑定到值或变量，而另一部分尚未绑定。未绑定的参数由占位符 _1、_2、_3 等替换，这些占位符在命名空间 std::placeholders 中定义。

代码7-17　局部应用的一个例子

```cpp
#include <functional>
#include <iostream>

constexpr double multiply(const double multiplicand, const double multiplier) noexcept {
  return multiplicand * multiplier;
}

int main() {
  using namespace std::placeholders;

  auto multiplyWith10 = std::bind(multiply, _1, 10.0);
  std::cout << "result = " << multiplyWith10(5.0) << std::endl;
  return 0;
}
```

在上面的示例中，multiply() 函数的第二个参数绑定到浮点数字面值 10.0，而第一个参数绑定到占位符 _1。std::bind() 的返回值是一个函数对象，储存在变量 multiplyWith10 中。该变量现在可以像函数一样被调用，而我们只需要传递一个参数，即要乘以 10.0 的值。

局部函数应用是一种自适应技术，它允许我们在各种情况下使用函数或仿函数，我们需要使用它们的功能，但我们只能提供一些而非所有的参数。此外，在占位符的帮助下，函数参数的顺序可以适应客户端代码的期望。例如，multiplicand 的位置和参数列表中 multiplier 的位置可以通过以下方式映射到新的函数对象中互换。

```cpp
auto multiplyWithExchangedParameterPosition = std::bind(multiply, _2, _1);
```

在我们使用 multiply() 函数的情况下，这显然是无意义的（记住乘法的可交换属性），因为新函数对象将产生与原始 multiply() 函数完全相同的结果，但在其他情况下，参数的顺序可以提高函数的可用性。局部函数应用是一种用于接口适配的工具。

顺便说一下，特别是将函数作为返回参数，结合使用 auto 关键字进行自动类型推导（参见 5.3.1 节 "自动类型推导"）可以提供很有价值的帮助，因为如果我们检查 GCC 编译器从上面调用 std::bind() 后返回了什么，它是以下复杂类型的对象：

```
std::_Bind_helper<bool0,double (&)(double, double),const _Placeholder<int2> &,
const _Placeholder<int1> &>::type
```

这很可怕，不是吗？在源代码中明确地写出这样的类型不仅没有帮助，而且除此之外，代码的可读性也会受到很大影响。借助于关键字 auto，没有必要明确定义这些类型。但是在极少数情况下，你必须明确定义类型。比如使用类模板 std::function 的时候，这是一个通用的多态函数包装。该模板可以包装任意可调用对象（普通函数、仿函数、函数指针等），并管理用于存储该对象的内存。例如，要将乘法函数 multiply() 包装到 std::function 对象中，代码如下所示：

```
std::function<double(double, double)> multiplyFunc = multiply;
auto result = multiplyFunc(10.0, 5.0);
```

既然我们已经讨论了 std::bind、std::function 和局部应用技术，我可能会给你一个令人失望的消息：由于 C++11 和 lambda 表达式的引入，这些模板已经很少被用到了。

7.2.4 Lambda 表达式

随着 C++11 的出现，该语言扩展了一个新的值得注意的功能：lambda 表达式！关于 lambda 表达式，其他经常使用的术语还有 lambda 函数、函数字面量（function literal），或者只是 lambdas。有时它们也被称为闭包（Closure），实际上它是函数式编程的通用术语，顺便说一下，这种叫法也不完全正确。

闭包

在命令式编程语言中，我们习惯于当执行程序离开变量所在的作用域时，变量便不再可用。例如，如果函数已调用完成并返回结果给其调用者，该函数的所有局部变量将从调用到的堆栈中被删除，它们用到的内存也会被释放。

另一方面，在函数式编程中，我们可以构建一个闭包，它是一个具有持久的局部变量作用范围的函数对象。换句话说，闭包允许部分或全部局部变量的作用域与函数绑定，并且只要该函数存在，该作用域对象将一直存在。

在 C++ 中，在 lambda 表达式捕获列表的帮助下，我们可以创建此类闭包。闭包与 lambda 表达式不同，正如面向对象的对象（实例）与其类不同一样。

lambda 表达式的特殊之处在于它们通常是内联实现的，即在应用时实现的。这有时可以提高代码的可读性，编译器可以更有效地应用其优化策略。当然，lambda 函数也可以被视为数据，例如，储存在变量中，或作为函数参数传递给所谓的高阶函数（参见下一节关于该主题的部分）。

第 7 章 函数式编程 ❖ 179

lambda 表达式的基本结构如下所示：

[capture list](parameter list) -> return_type_declaration { lambda body }

由于本书并非介绍 C++ 语言的书籍，我不会在这里解释有关 lambda 表达式的所有基础知识。即使你第一次看到这样的东西，你也应该清楚其返回类型、参数列表和 lambda 体与普通函数几乎相同。乍一看似乎有两个不寻常的地方。例如，lambda 表达式没有像普通函数或函数对象那样的名称，这说明了为什么它也被称作匿名函数。另一个显著性是开头的方括号，它也称为 lambda 引入符（lambda introducer）。顾名思义，lambda 引入符标记了 lambda 表达式的开头。此外，引入符还可以包含捕获列表（capture list）。

这个捕获列表之所以重要是因为这里列出了来自外部作用域的所有变量，这些变量可以在 lambda 体内使用，不论它们是应该通过值（拷贝）还是通过引用来捕获的。换句话说，这些是 lambda 表达式的闭包。

定义 lambda 表达式的一个例子如下：

[](**const double** multiplicand, **const double** multiplier) { **return** multiplicand * multiplier; }

这是我们用 lambda 表达式重写的乘法函数。引入符有一个空白的捕获列表，这意味着表达式不使用周围的域。在这种情况下，lambda 表达式也没有指定返回值类型，因为编译器可以很容易地推导出它。

通过将 lambda 表达式赋值给变量，我们可以创建相应的运行时对象，即所谓的闭包。实际上这是正确的：编译器从 lambda 表达式生成一个未指定类型的仿函数类，该表达式在运行时实例化并指定给变量。捕获列表中捕获的内容转换为仿函数对象的构造函数参数和成员变量。lambda 参数列表中的参数转换为仿函数括号运算符（operator()）中的参数。

代码7-18 使用lambda表达式实现两个双精度数相乘

```cpp
#include <iostream>

int main() {
  auto multiply = [](const double multiplicand, const double multiplier) {
    return multiplicand * multiplier;
  };
  std::cout << multiply(10.0, 50.0) << std::endl;
  return 0;
}
```

但是，上面的代码可以写得更简短，因为 lambda 表达式可以通过在 lambda 体后面附加带有参数的括号而直接在其定义的地方被调用。

代码7-19 一次性定义及调用lambda表达式

```cpp
int main() {
  std::cout <<
```

```
    [](const double multiplicand, const double multiplier) {
      return multiplicand * multiplier;
    }(50.0, 10.0) << std::endl;
  return 0;
}
```

当然，前面的例子仅用于演示的目的，因为在这种情景中使用 lambda 表达式绝对没有意义。以下示例使用了两个 lambda 表达式，其中一个被算法 std::transform 调用，用于把 vector 中的元素用尖括号分别括起来，并将它们储存在另一个名为 result 的 vector 中。另一个被 std::for_each 调用，用于在标准输出上输出 result 的内容。

代码7-20　将vector中的每个元素都放入尖括号，结果存入另一个vector中

```
#include <algorithm>
#include <iostream>
#include <string>
#include <vector>

int main() {
  std::vector<std::string> quote { "That's", "one", "small", "step", "for", "a", "man,", "one",
    "giant", "leap", "for", "mankind." };
  std::vector<std::string> result;

  std::transform(begin(quote), end(quote), back_inserter(result),
    [](const std::string& word) { return "<" + word + ">"; });
  std::for_each(begin(result), end(result),
    [](const std::string& word) { std::cout << word << " "; });

  return 0;
}
```

程序输出的结果如下：

```
<That's> <one> <small> <step> <for> <a> <man,> <one> <giant> <leap> <for> <mankind.>
```

7.2.5　通用 Lambda 表达式（C++ 14）

随着 C++ 14 标准的发布，lambda 表达式经历了进一步的改进。从 C++ 14 开始，允许使用 auto（参见 5.3.1 节 "自动类型推导"）作为函数或 lambda 表达式的返回类型。换句话说，编译器被用于推断类型，这样 lambda 表达式被称为通用 lambda 表达式。

下面是一个例子：

代码7-21　在不同数据类型的值上使用通用lambda表达式

```
#include <complex>
#include <iostream>

int main() {
  auto square = [](const auto& value) noexcept { return value * value; };
```

```
const auto result1 = square(12.56);
const auto result2 = square(25u);
const auto result3 = square(-6);
const auto result4 = square(std::complex<double>(4.0, 2.5));

std::cout << "result1 is " << result1 << "\n";
std::cout << "result2 is " << result2 << "\n";
std::cout << "result3 is " << result3 << "\n";
std::cout << "result4 is " << result4 << std::endl;

return 0;
}
```

在编译函数时，参数类型和结果类型（在前面的示例中，double、unsigned int、int 和复数类型 std::complex<T>）可以根据具体参数（字面值）的类型自动推导出来。通用 lambda 表达式在与标准库算法的交互中非常有用，因为它们是普遍适用的。

7.3 高阶函数

函数式编程的核心概念就是所谓的高阶函数。它们是第一等函数的附属物。高阶函数是将一个或多个其他函数作为参数的函数，或者它们可以返回函数作为结果。在 C++ 中，任何可调用对象，例如 std::function 包装的实例、函数指针、从 lambda 表达式创建的闭包、手动编写的仿函数以及其他任何实现了 operator() 的东西都可以作为参数传递给高阶函数。

前面我们已经看到并使用了几个高阶函数，C++ 标准库中的许多算法（参见第 5 章中的算法部分）都是这种函数。根据其目的的不同，他们采用一元运算符、一元谓词或二元运算符将其应用于容器的范围及子范围元素。

当然，尽管头文件 <algorithm> 和头文件 <numeric> 出于不同的目的提供了许多功能强大的高阶函数，但是你还可以分别实现自己的高阶函数或高阶函数模板，如下例所示：

代码7-22 自定义高阶函数的一个例子

```
#include <functional>
#include <iostream>
#include <vector>

template<typename CONTAINERTYPE, typename UNARYFUNCTIONTYPE>
void myForEach(const CONTAINERTYPE& container, UNARYFUNCTIONTYPE unaryFunction) {
  for (const auto& element : container) {
    unaryFunction(element);
  }
}

template<typename CONTAINERTYPE, typename UNARYOPERATIONTYPE>
void myTransform(CONTAINERTYPE& container, UNARYOPERATIONTYPE unaryOperator) {
  for (auto& element : container) {
```

```
      element = unaryOperator(element);
    }
}

template<typename NUMBERTYPE>
class ToSquare {
public:
    NUMBERTYPE operator()(const NUMBERTYPE& number) const noexcept {
        return number * number;
    }
};

template<typename TYPE>
void printOnStdOut(const TYPE& thing) {
    std::cout << thing << ", ";
}

int main() {
    std::vector<int> numbers { 1, 2, 3, 4, 5, 6, 7, 8, 9, 10 };
    myTransform(numbers, ToSquare<int>());
    std::function<void(int)> printNumberOnStdOut = printOnStdOut<int>;
    myForEach(numbers, printNumberOnStdOut);
    return 0;
}
```

在这种情况下，两个自定义的高阶函数模板 myTransform() 和 myForEach() 仅适用于整个容器，因为与标准库算法不同，它们没有迭代器接口。但关键是，开发人员可以自定义 C++ 标准库中并不存在的高阶函数。

现在我们将更加详细地研究三个高阶函数，因为它们在函数式编程中起着重要作用。

Map、Filter 和 Reduce

每种严格的函数式编程语言都必须提供至少三个有用的高阶函数：Map、Filter 和 Reduce（同义词：fold）。即使有时根据编程语言的不同它们会有不同的名称，你可以在 Haskell、Erlang、Clojure、JavaScript、Scala 以及具有函数式编程功能的许多其他语言中找到这三个函数。因此，我们可以合理地声称，这三个高阶函数构成了一个非常常见的函数式编程设计模式。

同样，这些高阶函数也包含在 C++ 标准库中，你可能都不会因为我们已经使用过这些函数而感到惊讶。

接下来，让我们浏览一下这些函数。

Map

Map 可能是这三个函数中最容易理解的一个。借助这个高阶函数，我们可以将一个运算符函数应用于列表的每个元素。在 C++ 中，该函数由标准库算法 std::transform（在头文件 <algorithm> 中定义）提供，你已经在之前的一些代码示例中看到过该算法。

Filter

Filter 也很容易。顾名思义，这个高阶函数采用了谓词（参见本章前面的谓词部分）和列表，并从列表中删除了任何不满足谓词条件的元素。在 C++ 中，该函数由标准库算法 std::remove_if（在头文件 `<algorithm>` 中定义）提供，这个你也已经在之前的一些代码示例中看到过。

不过，这里有一个 filter std::remove_if 的另一个很好的例子。如果你患有一种名为 aibohphobia 的疾病，这是一种幽默的术语，表示对回文有恐惧心理，你应该从如下所示的单词列表中过滤掉回文：

代码7-23　从vector中删除所有回文

```cpp
#include <algorithm>
#include <iostream>
#include <string>
#include <vector>

class IsPalindrome {
public:
  bool operator()(const std::string& word) const {
    const auto middleOfWord = begin(word) + word.size() / 2;
    return std::equal(begin(word), middleOfWord, rbegin(word));
  }
};

int main() {
  std::vector<std::string> someWords { "dad", "hello", "radar", "vector", "deleveled", "foo",
    "bar", "racecar", "ROTOR", "", "C++", "aibohphobia" };
  someWords.erase(std::remove_if(begin(someWords), end(someWords), IsPalindrome()),
    end(someWords));
  std::for_each(begin(someWords), end(someWords), [](const auto& word) {
    std::cout << word << ",";
  });
  return 0;
}
```

程序输出结果如下：

```
hello,vector,foo,bar,C++,
```

Reduce (Fold)

Reduce（Fold、Collapse、Aggregate）是三个高阶函数中最强大的函数，乍一看可能有点难以理解。Reduce 或者 Fold 通过在一列值上应用二元运算符来获得单一的结果值。在 C++ 中，该函数由标准库算法 std::accumulate（在头文件 `<numeric>` 中定义）提供。有人说 std::accumulate 是标准库中最强大的算法。

从一个简单的例子开始，你可以通过这种方式轻松得到 vector 中所有整数的总和：

代码7-24　用std::accumulate计算vector中所有值的总和

```cpp
#include <numeric>
#include <iostream>
```

```
#include <vector>

int main() {
    std::vector<int> numbers { 12, 45, -102, 33, 78, -8, 100, 2017, -110 };

    const int sum = std::accumulate(begin(numbers), end(numbers), 0);
    std::cout << "The sum is: " << sum << std::endl;
    return 0;
}
```

这里使用的 std::accumulate 并不期望参数列表中有一个显式的二元运算符，它只计算所有值的总和。当然，你也可以通过 lambda 表达式提供自己的二元运算符，如下例所示：

代码7-25　用std::accumulate查找vector中的最大数字

```
int main() {
    std::vector<int> numbers { 12, 45, -102, 33, 78, -8, 100, 2017, -110 };

    const int maxValue = std::accumulate(begin(numbers), end(numbers), 0,
        [](const int value1, const int value2) {
        return value1 > value2 ? value1 : value2;
    });
    std::cout << "The highest number is: " << maxValue << std::endl;
    return 0;
}
```

左右侧 Fold

函数式编程中关于一列元素的 Fold 通常有两种方式：左侧 Fold 和右侧 Fold。

如果我们将第一个元素与递归组合其余元素的结果组合在一起，则称为右侧 Fold。相反，如果我们将递归组合除最后一个元素之外的所有元素的结果与最后一个元素相结合，则此操作称为左侧 Fold。

例如，如果我们要用 + 运算符对值列表取一个和，那么对于 Fold 操作，括号为：((A+B)+C)+D。相反，对于右侧 Fold，括号将设置为：A+(B+(C+D))。在简单关联的 + 操作的情况下，无论是左侧 Fold 还是右侧 Fold，结果没有任何区别。但是在非关联二元函数的情况下，元素组合的顺序可能会影响最终结果的值。

在 C++ 中，我们同样可以区分左侧 Fold 和右侧 Fold。如果我们使用 std::accumulate 和普通的迭代器，我们会得到一个左侧 Fold：

```
std::accumulate(begin, end, init_value, binary_operator)
```

相反，如果我们使用 std::accumulate 和反向迭代器，我们会得到一个右侧 Fold：

```
std::accumulate(rbegin, rend, init_value, binary_operator)
```

C++17 中的 fold 表达式

从 C++17 开始，该语言获得了一个有趣的新功能，称为 fold 表达式。C++17 中的 Fold 表达式被实现为可变参数模板（可变参数模板自 C++11 以来可用），即可以以类型安全的方式获取任意数量的参数的模板。这些任意数量的参数保存在所谓的参数包（parameter pack）中。

C++17 使得在二元运算符的帮助下直接减少参数包中的参数（即执行 Fold）成为可能。C++17 Fold 表达式的一般语法如下：

```
( ... operator parampack )                        // 左侧Fold
( parampack operator ... )                         // 右侧Fold
( initvalue operator ... operator parampack )      // 带有初始值的左侧Fold
( parampack operator ... operator initvalue )      // 带有初始值的右侧Fold
```

让我们看一个例子，一个带有初始值的左侧 Fold：

代码7-26　左侧Fold的示例

```cpp
#include <iostream>

template<typename... PACK>
int subtractFold(int minuend, PACK... subtrahends) {
  return (minuend - ... - subtrahends);
}

int main() {
  const int result = subtractFold(1000, 55, 12, 333, 1, 12);
  std::cout << "The result is: " << result << std::endl;
  return 0;
}
```

请注意，由于 − 操作符缺乏相关性，在这种情况下不能使用右侧 Fold。Fold 表达式支持 32 个运算符，包括 ==、&& 和 || 等逻辑运算符。

下面是另一个至少包含一个偶数的测试参数包示例：

代码7-27　检查参数包是否包含偶数值

```cpp
#include <iostream>

template <typename... TYPE>
bool containsEvenValue(const TYPE&... argument) {
  return ((argument % 2 == 0) || ...);
}

int main() {
  const bool result1 = containsEvenValue(10, 7, 11, 9, 33, 14);
  const bool result2 = containsEvenValue(17, 7, 11, 9, 33, 29);

  std::cout << std::boolalpha;
  std::cout << "result1 is " << result1 << "\n";
}
```

```
    std::cout << "result2 is " << result2 << std::endl;
    return 0;
}
```

程序输出结果如下：

```
result1 is true
result2 is false
```

7.4 整洁的函数式编程代码

毫无疑问的是，函数式编程在 C++ 之前也没有停滞不前，这其实很好。许多有用的概念已经融入相对较老的编程语言中了。

但是以函数式风格编写的代码不够整洁。函数式编程语言在过去几年中日益普遍，很可能会使你相信函数化的代码本身具有更好的可维护性、更好的可读性、更易于测试，并且要比面向对象的代码更不容易出错。但那并不是真的！相反，函数式代码可以做一些不平凡的事情，但它可能很难懂。

例如，让我们进行一个简单的 Fold 操作，它与前面的例子非常相似：

```
// Build the sum of all product prices
const Money sum = std::accumulate(begin(productPrices), end(productPrices), 0.0);
```

如果你在没有注释的情况下阅读此代码，这是否是在揭示代码意图？请记住我们在第 4 章中学到的关于注释的内容：每当你有编写代码注释的冲动时，首先考虑如何改进代码，使注释变得多余。

所以，我们真正想要阅读或编写的代码是这样的：

```
const Money totalPrice = buildSumOfAllPrices(productPrices);
```

因此，让我们先做一个基本的陈述：

无论你使用何种编程风格，良好的软件设计原则仍然适用！

你更喜欢函数式编程风格而不是面向对象？好吧，但我相信你会同意 KISS、DRY 和 YAGNI（见第 3 章）在函数式编程中也是非常好的原则！你认为在函数式编程中可以忽略单一责任原则（见第 6 章）吗？算了吧！如果一个函数不止做一件事，它将导致类似于面向对象的问题。而且我认为我不必提及良好和富有表现力的命名（参见 4.1 节"良好的命名"），它们对于函数式环境中代码的可理解性和可维护性也非常重要。一定要记住，开发人员把更多的时间花费在阅读代码上，而不是编写代码上。

因此，我们可以得出结论，面向对象的软件设计者和程序员使用的大多数设计原则也可以被喜欢函数式编程的程序员使用。

就我个人而言，我更喜欢两种编程风格的平衡组合。使用面向对象可以很好地解决许多设计上的挑战。多态是面向对象的一大好处，我可以利用依赖倒置原则（参见第 6 章中的同名节），它允许我反转源代码和运行时期依赖性。

相反，使用函数式编程风格可以更好地解决复杂的数学计算。如果必须满足较高的性能和效率要求，这将不可避免地要求某些任务之间的并行化，函数式编程可以发挥其至关重要的作用。

无论你喜欢以面向对象的方式编写软件，还是以函数式风格编写软件，还是以两者的适当结合编写软件，你都应该始终记住以下引用：

编写代码时，要总把维护你的代码的人当作是知道你住在哪里的暴力精神病患者。

——John F. Woods, 1991, in a post to the comp.lang.c++ newsgroup

第 8 章

测试驱动开发

> Mercury 项目采用非常短的（半天）、严格限制的迭代周期。开发团队对所有更改进行了技术审查，并且，有趣的是，应用了"极限编程中的测试优先于开发"的理念，在每次微小变动之前进行计划和编写单元测试。
>
> ——Craig Larman and Victor R. Basili, Iterative and Incremental Development:
> A Brief History. IEEE, 2003

在"单元测试"这一节中，我们已经学到了，简单和快速的测试可以很好地保证我们编码的正确性。到目前为止，这种说法都是对的。但是测试驱动开发（Test-Driven Development，TDD）有什么特殊性吗？为什么要在本书中单独加一章呢？

特别是最近几年，测试驱动开发的原则变得流行起来。TDD 已经成为软件工匠工具箱的重要组成部分。这或许有点惊讶，因为测试优先方法的基本思想并不新鲜。上面引言提到的水星计划，它是 1958 年到 1963 年在 NASA 指导下美国的第一个载人航天项目。虽然 50 年前作为测试优先进行实践的方法不是我们今天所知道的那种 TDD，但是我们可以说，这一基本思想在专业软件开发的早期已经相当成熟。

然而，这种做法似乎已经被遗忘了几十年。在数十亿行代码的无数项目中，测试都是被推迟到开发过程的最后。项目日程中重要测试的右移（其实就是推迟，因为在项目管理中工具的时间表中右移代表的就是推迟）有时会带来破坏性的后果，这是众所周知的：如果项目的时间越来越短，那么开发团队通常放弃的第一件事情就是重要的测试。

随着敏捷开发在软件开发实践中的日益流行，以及 2000 年初一种极限编程新方法的出现，测试驱动开发重新被采用。Ken Beck 在他著名的《测试驱动开发》[Beck02] 中写到：例如，像 TDD 这种测试经历了一次复兴，并成为软件工匠的工具箱不可或缺的一部分。

在本章中，我不仅会解释"测试"包含在测试驱动开发中，而且会解释它也不是关于质量保证。TDD 提供的好处远不止一个简单的验证代码的正确性。相反，我将解释 TDD 与普通旧单元测试（Plain Old Unit Testing，POUT）的区别。接着用 C++ 来实现例子，用于详细讨论 TDD 的工作流程。

8.1 普通的旧单元测试的缺点

毫无疑问，正如我们在第 2 章所说的，一套单元测试基本上要比没有测试的要好得多。但是在许多项目中，单元测试的编写与实现的代码是并行的，有时甚至在完成需要开发的模块之后才编写。图 8-1 的图标显示了这个过程。

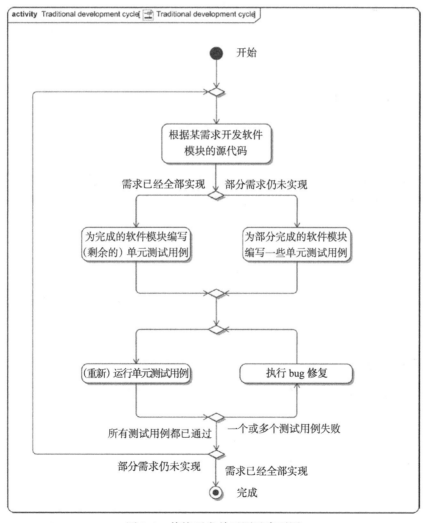

图 8-1 传统开发单元测试序列图

这种广泛使用的方法有时也被称为普通旧单元测试（POUT）。基本上，POUT 意味着软件是"代码优先"而不是测试优先。例如，用这种方法，单元测试的代码通常会在代码编写完成后编写。而且，许多开发人员认为这个顺序是唯一的逻辑顺序。他们认为为了测试某物，显然，需要测试的东西需要提前构造好。更有甚者，一些开发机构将这种开发方法称为"测试驱动开发"，这非常荒诞。

正如我说的，POUT 比没有单元测试要好。尽管如此，这种方法还是有一些缺点：

❑ 之后没有必要编写单元测试。一旦一个功能工作（或者看起来能工作），用单元测试改进代码的动机很少。这是没有乐趣的，而且对于很多开发者来说，继续做下一件事情的诱惑力更大。

❑ 结果代码很难测试。通常情况下，用单元测试改造现有代码并不容易，因为原始代码的可测试性不被重视。这会导致紧耦合的代码出现。

❑ 通过改进的单元测试达到较高的测试覆盖率并不容易。完成代码后编写单元测试可能会导致漏掉某些问题或者 bug。

8.2 测试驱动开发作为颠覆者

测试驱动开发彻底颠覆了传统开发，对于还没有处理过 TDD 的开发人员来说，这种方法代表着思考方法的转变。

相比于 POUT 而言被称之为所谓的测试优先方法，TDD 在相关的测试代码没有编写之前不允许编写产品代码。换句话说，TDD 意味着在编写相关的产品代码**之前**一定要先编写测试代码。严格按照步骤执行：当编写完成每个测试后，只编写足以让测试通过的产品代码，直到所有的模块需求开发结束。

乍一看，为还不存在的东西编写单元测试有点自相矛盾，或者说有点荒谬。这是怎么做到的呢？

别担心，这是有用的。在下一节中，我们将详细讨论 TDD 背后的过程来消除你们心中的疑惑。

8.2.1 TDD 的流程

在执行测试驱动开发时，将重复执行图 8-2 所示的步骤，直到所有已知需求都满足单元测试的要求为止。

值得注意的是，在标记为 START 的初始节点之后的第一个操作，就是开发人员应该考虑他应该做什么。我们可以看到一个所谓的输入引脚在上面接受"需求"的操作。这里的需求是什么意思呢？

首先，软件系统必须满足一些需求。这不仅适用于整个系统顶层的业务需求，也适用于抽象级别比较低的底层需求。也就是说，组件、类以及函数从业务类继承的需求。TDD

及其测试的第一种方法是通过单元测试确定需求——实际上，在编写产品代码之前。在测试第一种开发组件的方法中，即测试金字塔的最低级别（见图 2-1），当然，这里指的是最底层的需求。

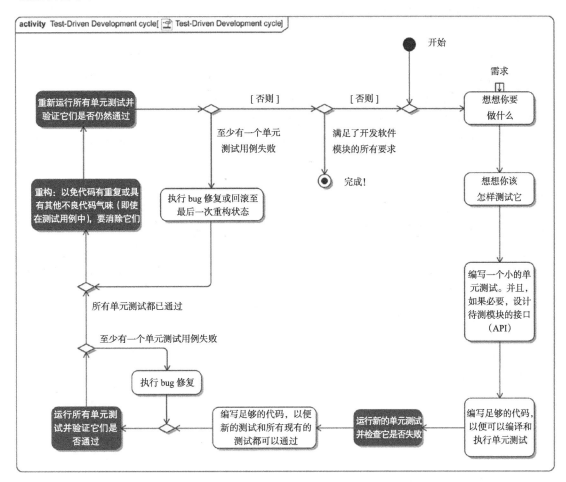

图 8-2　TDD 的工作流程活动图

其次，我们将编写一个测试，从而设计公共接口（API）。这可能让人惊讶，因为在这个周期的一次运行中我们仍然没有编写任何产品代码。那么，如果我们有一张空白的纸，在这里我们将设计什么样的接口呢？

简单的答案是：这张"空白的纸"正是我们现在想要填写的，但是要从不同寻常的角度来填写。现在我们站在未来外部客户的角度来看需要开发的组件。我们使用一个小测试来定义我们需要使用开发的组件。换句话说，这一步应该会带来良好的可测试性，从而软件组件也会很好用。

我们在测试中编写了一些代码之后，当然，我们还必须通过编译并提供测试所需的接口。

接下来的惊喜是：新编写的单元测试必须（最初）失败。为什么？

简单的回答是：我们必须确保测试完全失败。甚至单元测试本身的实现都是错的。举个例子，不管我们的产品代码如何修改，测试总是失败。所以我们要确保新编写的单元测试报错。

现在我们进入了这个小工作流的高潮，我们编写代码，不多写一行，只确保新的单元测试（当然，之前所有存在的单元测试）通过！在这点上遵守规则是非常重要的，不要编写超过需求的代码（记住第 3 章讲的 KISS 原则）。由开发人员决定在每种情况下什么是合适的。有时候简单的一行代码，或者一条语句就足够了，而别的情况可能需要调用标准库。如果是后面这种情况，是时候考虑如何集成和使用这个库了，特别是如何能够用测试替身替换它（请参阅第 2 章关于测试替身（模拟对象）的部分）。

如果我们现在运行单元测试，并且一切都做对了，测试就会通过。

现在，在这个过程中我们到达了一个非凡的时刻。**如果测试现在通过，这一步我们总是有 100% 的测试覆盖率**。总是！不仅仅是 100% 的技术测试覆盖率度量，例如功能覆盖、分支覆盖或者语句覆盖。更重要的是，我们有 100% 的关于测试已经实现的需求单元测试的覆盖率。是的，在这个节点上可能仍然有一些或者许多未实现的需求被开发。这没有关系，因为我们只需要按照 TDD 这个开发周期不断地重复执行，直到满足所有的需求。但是对于目前已经完成的需求子集，我们有 100% 的单元测试覆盖率。

这一事实给了我们巨大的力量！有了这个无漏洞的单元测试安全网，现在我们可以进行无所畏惧的重构。代码的坏味道（例如重复的代码）或者设计问题现在可以修复了。我们不必害怕破坏功能，因为定期执行的单元测试会立即给我们反馈。令人高兴的是：如果一个或多个测试在重构阶段失败，导致这一结果的代码更改会非常小。

重构完成后，现在我们可以继续通过 TDD 周期来实现尚未完成的需求。如果没有更多的需求，即准备就绪。

图 8-2 描述了带有许多细节的 TDD 周期。可以归纳为三个基本的主要步骤，如图 8-3 所示，TDD 周期通常被称为"红 – 绿 – 重构。"

图 8-3 TDD 核心工作流程

❑ **红**：我们编写的一个失败的测试用例。

❑ **绿**：我们编写产品代码，用于保证前面编写的测试用例通过。

❑ **重构**：删除重复代码以及其他代码的坏味道，重构代码包括产品代码和测试代码。

术语 RED 和 GREEN 指的是可用于各种 IDE 的典型单元测试框架集成，其中通过的测试显示为绿色，失败的测试显示为红色。

BOB 叔叔关于 TDD 的三大原则

在他的著作《代码整洁之道》[Martin 11]，Robert C. Martin 即 Uncle Bob 推荐的三条 TDD 规则：

- ❏ 除非为了使一个失败的单元测试通过，否则不允许编写任何产品代码。
- ❏ 在一个单元测试中只允许编写刚好能够导致失败的代码——编译错误也算失败。
- ❏ 只允许编写刚好能够使一个失败的单元测试通过的产品代码。

Martin 认为，严格遵守这三条规则会迫使开发人员在非常短的工作周期内完成工作。因此，开发人员永远处于一个忙碌的状态，而不是一个代码是正确的、一切工作正常的舒适环境。

理论已经讲的足够多了，现在我将通过一个小示例来解释使用 TDD 的一款软件的完整开发。

8.2.2　TDD 的一个小例子：Code Kata

目前我们常说的编码套路的基本思想由 Dave Thomas 最先提出，他是经典书籍《 The Pragmatic Programmer 》[Hunt99] 的两位作者之一。Dave 认为开发人员应该在小型的、与工作无关的代码库上反复练习，这样他们就可以像音乐家一样出色地完成自己的工作。他还认为开发人员需要不断学习并提升自己，为此他们需要通过反复的练习来实践自己的理论知识，在一次次的反馈中提高自身的能力。

代码套路指的是编程时的小练习，就是为了实现这一目的而产生的。套路这个词是从武术中继承而来的。在远东的武术运动中，人们利用套路反复练习基本动作，目的是使武术的整体过程变得更加完美。

这一过程被实践到软件开发中，为了提高他们的编程水平，开发人员需要在小练习的帮助下实践他们的技能。套路成为软件工艺运动的一个重要组成部分。它们可以锻炼开发人员所应该具备的多种能力，例如，了解 IDE 的快捷键，学习新的编程语言，关注某些设计原则，或者实践 TDD。在互联网上，有许多针对不同用途的套路的目录，例如 Dave Thomas 收集在 http://codekata.com 上的。

我们将一个重点算法的编码套路作为了解 TDD 的第一步，那就是著名的罗马数字编码套路。

测试驱动开发套路：将阿拉伯数字转换为罗马数字

罗马数字中包含字母。例如，V 代表数字 5。

你的任务是使用测试驱动开发方法编写代码，将阿拉伯数字 1 ~ 3999 转换为对应的罗

马数字。

罗马数字系统中，数字由拉丁字母组合而成。目前使用的罗马数字中，包含以下七个字符：

1 ⇒ I

5 ⇒ V

10 ⇒ X

50 ⇒ L

100 ⇒ C

500 ⇒ D

1000 ⇒ M

数字是通过将字符组合在一起并将其值相加而形成的。例如，阿拉伯数字 12 用 XII（10 + 1 + 1）表示，而 2017 用罗马数字 MMXVII 表示。

4、9、40、90、400 和 900 是例外。为了避免必须重复四个相等字符的情况，采用不同的写法。例如，数字 4 就不是 IIII，而是 IV。这就是所谓的减法符号，即前一个字符 I 代表的数字从 V 中减去 (5 − 1 = 4)。还有个例子是 CM，它代表的就是 900(1000–100)。

顺便说一下，罗马数字中没有 0，也没有负数的概念。

准备工作

在编写我们的第一个测试用例前，我们需要做一些准备工作并设置好测试环境。

我将 Goole Test（https://github.com/google/googletest）作为这个套路的测试框架，它是一款在新的 BSD 许可下发布的独立于平台的 C++ 单元测试框架。当然，其他的测试框架也能用于该编码套路的测试。

强烈建议使用版本控制系统，除了少数情况外，我们将在 TDD 周期的每次执行后提交到版本控制系统。这样的好处在于，我们能够回滚到旧的版本，并且能够收回可能是错误的决定。

此外，我们还必须考虑如何组织源代码文件。我对这个套路的建议是，首先从一个文件开始，这个文件包含未来所有的单元测试：ArabicToRomanNumeralsConverterTestCase.cpp。由于 TDD 逐步指导我们完成软件单元的形成过程，因此可以稍后决定是否需要其他文件。

对于基本的函数检查，我们编写一个主函数来初始化 Google Test 并运行所有测试，编写一个简单的单元测试（名为 PreparationsCompleted），它总是故意失败，如下面的代码示例所示。

代码8-1　ArabicToRomanNumeralsConverterTestCase.cpp的初始化部分

```cpp
#include <gtest/gtest.h>

int main(int argc, char** argv) {
```

```
  testing::InitGoogleTest(&argc, argv);
  return RUN_ALL_TESTS();
}

TEST(ArabicToRomanNumeralsConverterTestCase, PreparationsCompleted) {
  GTEST_FAIL();
}
```

编译和链接完成后，我们用生成的二进制文件来运行测试。这个测试小程序的输出如下所示：

代码8-2　测试执行后的输出

```
[==========] Running 1 test from 1 test case.
[----------] Global test environment set-up.
[----------] 1 test from ArabicToRomanNumeralsConverterTestCase
[ RUN      ] ArabicToRomanNumeralsConverterTestCase.PreparationsCompleted
../ ArabicToRomanNumeralsConverterTestCase.cpp:9: Failure
Failed
[  FAILED  ] ArabicToRomanNumeralsConverterTestCase.PreparationsCompleted (0 ms)
[----------] 1 test from ArabicToRomanNumeralsConverterTestCase (2 ms total)

[----------] Global test environment tear-down
[==========] 1 test from 1 test case ran. (16 ms total)
[  PASSED  ] 0 tests.
[  FAILED  ] 1 test, listed below:
[  FAILED  ] ArabicToRomanNumeralsConverterTestCase.PreparationsCompleted

 1 FAILED TEST
```

不出所料，测试失败了。stdout 的输出非常有助于想象哪里出了问题。它指定失败测试的名称、文件名、行号以及测试失败的原因。在上面的例子中，失败是由一个特殊的谷歌测试宏强制执行的。

如果现在我们将宏 GTEST_FAIL() 与测试内部的宏 GTEST_SUCCEED() 交换，重新编译后，测试即可通过：

代码8-3　正向用例执行后的输出

```
[==========] Running 1 test from 1 test case.
[----------] Global test environment set-up.
[----------] 1 test from ArabicToRomanNumeralsConverterTestCase
[ RUN      ] ArabicToRomanNumeralsConverterTestCase.PreparationsCompleted
[       OK ] ArabicToRomanNumeralsConverterTestCase.PreparationsCompleted (0 ms)
[----------] 1 test from ArabicToRomanNumeralsConverterTestCase (0 ms total)

[----------] Global test environment tear-down
[==========] 1 test from 1 test case ran. (4 ms total)
[  PASSED  ] 1 test.
```

当输出与上面一致时，我们的准备工作就完成了，下面可以开始我们的套路了。

第一个测试

第一步是决定我们想要实现的第一个小需求。然后我们将为它编写一个失败的测试。例如，我们决定将从一个阿拉伯数字转换为罗马数字开始：我们想将阿拉伯数字 1 转换为 I。

然后，我们将已经存在的虚拟测试转换为实际的单元测试，这样能证明满足这个小需求。因此，我们还必须考虑转换函数的接口应该是什么样的。

代码 8-4　第一个测试（略去源代码中不相关的部分）

```
TEST(ArabicToRomanNumeralsConverterTestCase, 1_isConvertedTo_I) {
  ASSERT_EQ("I", convertArabicNumberToRomanNumeral(1));
}
```

如你所见，我们将函数设计为：接收的参数为阿拉伯数字，返回的结果为字符串类型。

但是，这段代码在编译时将会报错，因为函数 convertArabicNumberToRomanNumeral() 还不存在。让我们记住 Bob 大叔提出的 TDD 的三条规则中的第二条："在一个单元测试中只允许编写刚好能够导致失败的代码——**编译错误也算失败**"。

这意味着我们需要暂停测试代码的编写，开始编写产品代码，消除编译错误。因此，现在我们要创建转换函数，甚至要将其写入测试用例所在的源代码文件中。当然，我们知道它不会一直在这个源文件中。

代码 8-5　编写能编译通过的转换函数

```
#include <gtest/gtest.h>
#include <string>

int main(int argc, char** argv) {
  testing::InitGoogleTest(&argc, argv);
  return RUN_ALL_TESTS();
}

std::string convertArabicNumberToRomanNumeral(const unsigned int arabicNumber) {
  return "";
}

TEST(ArabicToRomanNumeralsConverterTestCase, 1_isConvertedTo_I) {
  ASSERT_EQ("I", convertArabicNumberToRomanNumeral(1));
}
```

现在，再次编译代码就不会出现错误了。目前，函数只返回一个空字符串。

到这里，我们有了第一个可执行的测试用例，它一定会失败（红色），因为测试需要一个 I，但是函数返回一个空字符串：

代码8-6　执行故意失败的单元测试后的Google Test的输出（红色）

```
[==========] Running 1 test from 1 test case.
[----------] Global test environment set-up.
```

```
[----------] 1 test from ArabicToRomanNumeralsConverterTestCase
[ RUN      ] ArabicToRomanNumeralsConverterTestCase.1_isConvertedTo_I
../ArabicToRomanNumeralsConverterTestCase.cpp:14: Failure
Value of: convertArabicNumberToRomanNumeral(1)
  Actual: ""
Expected: "I"
[  FAILED  ] ArabicToRomanNumeralsConverterTestCase.1_isConvertedTo_I (0 ms)
[----------] 1 test from ArabicToRomanNumeralsConverterTestCase (0 ms total)

[----------] Global test environment tear-down
[==========] 1 test from 1 test case ran. (6 ms total)
[  PASSED  ] 0 tests.
[  FAILED  ] 1 test, listed below:
[  FAILED  ] ArabicToRomanNumeralsConverterTestCase.1_isConvertedTo_I

 1 FAILED TEST
```

很好，这正是我们所期望的。

 注意　由于使用的 Google Test 版本不同，测试框架的输出结果可能略有不同。

现在我们需要修改 convertArabicNumberToRomanNumeral() 函数的实现，以使测试通过。规则是：尽可能做最简单的工作。还有什么比从函数中直接返回 I 更简单的呢？

代码 8-7　修改后的函数 (代码中无关的部分已省略)

```cpp
std::string convertArabicNumberToRomanNumeral(const unsigned int arabicNumber) {
  return "I";
}
```

你可能会说："等一下！这不是把阿拉伯数字转换成罗马数字的算法。那是作弊！"

当然，算法还没有准备好。你必须改变思路。TDD 的规则表明，我们应该编写通过当前测试的最简单的代码。这是一个渐进的过程，我们才刚刚起步。

```
[==========] Running 1 test from 1 test case.
[----------] Global test environment set-up.
[----------] 1 test from ArabicToRomanNumeralsConverterTestCase
[ RUN      ] ArabicToRomanNumeralsConverterTestCase.1_isConvertedTo_I
[       OK ] ArabicToRomanNumeralsConverterTestCase.1_isConvertedTo_I (0 ms)
[----------] 1 test from ArabicToRomanNumeralsConverterTestCase (0 ms total)

[----------] Global test environment tear-down
[==========] 1 test from 1 test case ran. (1 ms total)
[  PASSED  ] 1 test.
```

完美！测试通过了 (绿色)，我们可以进入重构步骤。实际上，还没有必要重构某些内容，因此我们可以继续进行 TDD 模式的下一个周期。但首先，我们必须将更改提交到源代码存储库。

第二个测试

在第二个测试用例中我们输入一个 2，它应该被转换为 II。

```
TEST(ArabicToRomanNumeralsConverterTestCase, 2_isConvertedTo_II) {
  ASSERT_EQ("II", convertArabicNumberToRomanNumeral(2));
}
```

不出所料，这个测试将会失败（红色），因为函数 convertArabicNumberToRomanNumeral() 总是返回一个 I。在我们验证测试失败后，我们补充实现，以便测试能够通过。我们再做一次最简单的、可能行得通的事情。

代码8-8　添加一些代码使测试通过

```
std::string convertArabicNumberToRomanNumeral(const unsigned int arabicNumber) {
  if (arabicNumber == 2) {
    return "II";
  }
  return "I";
}
```

两个测试都通过了（绿色）。

现在我们应该重构吗？也许还不需要，但是你可能会怀疑我们很快就会需要重构。现在我们继续第三次测试。

第三次测试以及简化工作

显然，第三次测试将测试数字 3 的转换：

```
TEST(ArabicToRomanNumeralsConverterTestCase, 3_isConvertedTo_III) {
  ASSERT_EQ("III", convertArabicNumberToRomanNumeral(3));
}
```

当然，这个测试会失败（红色）。能通过这个测试，以及之前所有的测试（绿色）的代码如下所示：

```
std::string convertArabicNumberToRomanNumeral(const unsigned int arabicNumber) {
  if (arabicNumber == 3) {
    return "III";
  }
  if (arabicNumber == 2) {
    return "II";
  }
  return "I";
}
```

在第二次测试中我们已经可以感觉到代码的设计不是那么完美，这并不是没有根据的。现在可以看到代码中有很多重复的部分，这看起来并不美观。很明显，我们不能继续这条道路。无穷无尽的 if 语句不可能是最好的解决方案，因为我们最终会得到一个可怕的设计。

现在是重构的时候了，我们可以毫不畏惧地进行重构了，因为 100% 的单元测试覆盖率创造了一种安全感。

如果我们看一下函数 convertArabicNumberToRomanNumeral() 中的代码，就会发现一个规律。阿拉伯数字就像罗马数字 I 字符的计数器。换句话说，只要要转换的数字每次减 1 后不为 0，就会在罗马数字字符串中添加一个 I。

确实，这可以用一种优雅的方式实现，使用 while 循环和字符串的连接，如下所示：

代码8-9 重构后的转换函数

```cpp
std::string convertArabicNumberToRomanNumeral(unsigned int arabicNumber) {
  std::string romanNumeral;
  while (arabicNumber >= 1) {
    romanNumeral += "I";
    arabicNumber--;
  }
  return romanNumeral;
}
```

看起来不错。我们减少了重复的代码，找到了一个更紧凑的解决方案。我们还必须从参数 arabicNumber 中删除 const 声明，因为我们必须在函数中操作阿拉伯数字。现有的三个单元测试仍然通过。

我们可以继续下一个测试了。接下来你也可以从 5 开始，但是我决定测试 10 和 X 的转换。我希望数字 10 可以找出类似的规律，像 1、2 和 3 那样。当然，阿拉伯数字 5 稍后再做处理。

代码8-10 第四个测试用例

```cpp
TEST(ArabicToRomanNumeralsConverterTestCase, 10_isConvertedTo_X) {
  ASSERT_EQ("X", convertArabicNumberToRomanNumeral(10));
}
```

毫无疑问，这个测试用例将执行失败（红色）。下面是这个新的测试用例在 Google Test 的 stdout 上输出的内容：

```
[ RUN      ] ArabicToRomanNumeralsConverterTestCase.10_isConvertedTo_X
../ArabicToRomanNumeralsConverterTestCase.cpp:31: Failure
Value of: convertArabicNumberToRomanNumeral(10)
  Actual: "IIIIIIIIII"
Expected: "X"
[  FAILED  ] ArabicToRomanNumeralsConverterTestCase.10_isConvertedTo_X (0 ms)
```

这个测试失败了，因为 10 不是 IIIIIIIIII，而是 X。然而，观察 Google Test 的输出后，我们可以大胆猜测，也许阿拉伯数字 1、2 和 3 转换时的规律，也适用于 10、20、30？

快停止这种想法！这种想法本身是没错的，但是如果没有编写好单元测试，我们就不应该为未来创造这样的解决方案。如果我们将转换 20 和 30 的生产代码与 10 的代码一起实现，就违背了 TDD 的思想。所以，我们再做一遍最简单的事情。

代码8-11　现在，转换函数可以转换10了

```cpp
std::string convertArabicNumberToRomanNumeral(unsigned int arabicNumber) {
  if (arabicNumber == 10) {
    return "X";
  } else {
    std::string romanNumeral;
    while (arabicNumber >= 1) {
      romanNumeral += "I";
      arabicNumber--;
    }
    return romanNumeral;
  }
}
```

好了，这个测试和之前的所有测试都通过了（绿色）。我们可以逐步为阿拉伯数字 20 添加一个测试，然后为 30 添加一个测试。在我们为这两种情况执行了相应的 TDD 周期工作后，我们的 conversion 函数看起来应该是这个样子的：

代码8-12　代码重构前的第六个TDD周期产生的代码

```cpp
std::string convertArabicNumberToRomanNumeral(unsigned int arabicNumber) {
  if (arabicNumber == 10) {
    return "X";
  } else if (arabicNumber == 20) {
    return "XX";
  } else if (arabicNumber == 30) {
    return "XXX";
  } else {
    std::string romanNumeral;
    while (arabicNumber >= 1) {
      romanNumeral += "I";
      arabicNumber--;
    }
    return romanNumeral;
  }
}
```

现在代码重构已经刻不容缓了。代码已经变得相当复杂了，比如一些冗余和较高的循环复杂度。然而，我们的怀疑也得到了证实，对数字 10、20 和 30 的处理与对数字 1、2 和 3 的处理类似。接下来尝试简化代码：

代码8-13　重构后所有if-else语句都消失了

```cpp
std::string convertArabicNumberToRomanNumeral(unsigned int arabicNumber) {
  std::string romanNumeral;
  while (arabicNumber >= 10) {
    romanNumeral += "X";
    arabicNumber -= 10;
  }
  while (arabicNumber >= 1) {
```

```
    romanNumeral += "I";
    arabicNumber--;
  }
  return romanNumeral;
}
```

很好，所有的测试都立即通过了！看来我们在正确的轨道上。

然而，我们必须重视 TDD 周期中的重构步骤。在本节接下来的部分，你可以看出来，不论是在**测试代码**还是在生产代码中，重复的代码和其他不好的编码习惯都被消除了。

我们应该严格检视我们的测试代码。它们现在是这样的：

代码8-14　单元测试中包含大量的重复代码

```
TEST(ArabicToRomanNumeralsConverterTestCase, 1_isConvertedTo_I) {
  ASSERT_EQ("I", convertArabicNumberToRomanNumeral(1));
}

TEST(ArabicToRomanNumeralsConverterTestCase, 2_isConvertedTo_II) {
  ASSERT_EQ("II", convertArabicNumberToRomanNumeral(2));
}

TEST(ArabicToRomanNumeralsConverterTestCase, 3_isConvertedTo_III) {
  ASSERT_EQ("III", convertArabicNumberToRomanNumeral(3));
}

TEST(ArabicToRomanNumeralsConverterTestCase, 10_isConvertedTo_X) {
  ASSERT_EQ("X", convertArabicNumberToRomanNumeral(10));
}

TEST(ArabicToRomanNumeralsConverterTestCase, 20_isConvertedTo_XX) {
  ASSERT_EQ("XX", convertArabicNumberToRomanNumeral(20));
}

TEST(ArabicToRomanNumeralsConverterTestCase, 30_isConvertedTo_XXX) {
  ASSERT_EQ("XXX", convertArabicNumberToRomanNumeral(30));
}
```

请回忆第 2 章关于测试代码质量的内容：测试代码的质量必须与生产代码的质量一样高。换句话说，由于测试代码包含很多重复，因此它们也需要重构，并且应该设计得更加优雅。此外，我们还希望提高它们的可读性和可维护性。但我们能做什么呢？

看看上面的六个测试。测试中的验证语句基本是相同的，都是 "Assert that Arabic number <x> is converted to the Roman numeral <string>" 这样的形式。

解决方案是提供一个专用断言（也称为自定义断言或自定义匹配器），其含义与上面的句子相同：

```
assertThat(x).isConvertedToRomanNumeral("string");
```

使用自定义断言进行更复杂的测试

为了实现我们的自定义断言，我们先编写一个失败的单元测试，它和我们之前编写的略有不同：

```
TEST(ArabicToRomanNumeralsConverterTestCase, 33_isConvertedTo_XXXIII) {
  assertThat(33).isConvertedToRomanNumeral("XXXII");
}
```

数字 33 转换成功的可能性非常高。因此，我们通过指定一个故意错误的结果作为期望值（XXXII）来强制测试失败（红色）。但是这个新的测试用例执行失败还有另一个原因：编译器不能成功编译这个单元测试，因为还不存在名为 assertThat 的函数，也没有 isConvertedToRomanNumeral 函数。永远记住 Robert C. Martin 的 TDD 的第二条规则："在一个单元测试中只允许编写刚好能够导致失败的代码——**编译错误也算失败**"。

因此，我们必须首先通过编写自定义断言来使编译器完成它的任务。这将包括两部分内容：

❑ 一个 assertThat(<parameter>) 函数，返回一个定制断言类的实例。

❑ 自定义断言类，它包含真实的断言方法，验证被测试对象的一个或多个属性。

代码8-15 罗马数字转换的自定义断言

```cpp
class RomanNumeralAssert {
public:
  RomanNumeralAssert() = delete;
  explicit RomanNumeralAssert(const unsigned int arabicNumber) :
      arabicNumberToConvert(arabicNumber) { }
  void isConvertedToRomanNumeral(const std::string& expectedRomanNumeral) const {
    ASSERT_EQ(expectedRomanNumeral, convertArabicNumberToRomanNumeral(arabicNumberToConvert));
  }

private:
  const unsigned int arabicNumberToConvert;
};

RomanNumeralAssert assertThat(const unsigned int arabicNumber) {
  RomanNumeralAssert assert { arabicNumber };
  return assert;
}
```

> 🔍 注意　断言类中还可以用静态公有类方法替代非成员函数 assertThat。当你面临命名空间冲突时，这是很有必要的，例如，相同函数名的冲突。当然，在使用类方法时，命名空间名称必须提前：RomanNumeralAssert:: assertThat (33).isConvertedToRomanNumeral("XXXIII");

到这里，代码编译时就能通过了，但是在执行测试用例时将会失败。

代码8-16　Google Test stdout输出

```
[ RUN      ] ArabicToRomanNumeralsConverterTestCase.33_isConvertedTo_XXXIII
../ArabicToRomanNumeralsConverterTestCase.cpp:30: Failure
Value of: convertArabicNumberToRomanNumeral(arabicNumberToConvert)
  Actual: "XXXIII"
Expected: expectedRomanNumeral
Which is: "XXXII"
[  FAILED  ] ArabicToRomanNumeralsConverterTestCase.33_isConvertedTo_XXXIII (0 ms)
```

因此，我们需要修改测试用例并更正我们期望的罗马数字作为结果。

代码8-17　自定义断言器允许更紧凑的编写测试代码

```
TEST(ArabicToRomanNumeralsConverterTestCase, 33_isConvertedTo_XXXIII) {
  assertThat(33).isConvertedToRomanNumeral("XXXIII");
}
```

这样我们就把所有测试用例整合到一个断言中了。

代码8-18　所有的检查都被优雅地整合在一个函数中

```
TEST(ArabicToRomanNumeralsConverterTestCase, conversionOfArabicNumbersToRomanNumerals_Works)
{
  assertThat(1).isConvertedToRomanNumeral("I");
  assertThat(2).isConvertedToRomanNumeral("II");
  assertThat(3).isConvertedToRomanNumeral("III");
  assertThat(10).isConvertedToRomanNumeral("X");
  assertThat(20).isConvertedToRomanNumeral("XX");
  assertThat(30).isConvertedToRomanNumeral("XXX");
  assertThat(33).isConvertedToRomanNumeral("XXXIII");
}
```

现在来观察我们的测试代码：无冗余、干净且易于阅读。自定义断言含义相当清晰。现在添加测试用例非常容易，因为我们只需为每个新测试编写一行代码。

你可能会抱怨这种重构也有一个小缺点。现在测试方法的名称不如重构之前所有测试方法的名称那么具体（参见 2.5.2 节 "单元测试的命名"）。我们能容忍这个小缺点吗？我想可以。在这里我们做了一个妥协：这个小小的缺点被我们测试的可持续性和可扩展性的优点所弥补。

现在我们可以继续 TDD 周期，依次为以下三个测试实现生产代码：

```
assertThat(100).isConvertedToRomanNumeral("C");
assertThat(200).isConvertedToRomanNumeral("CC");
assertThat(300).isConvertedToRomanNumeral("CCC");
```

经历三次迭代之后，重构前的代码如下所示：

代码8-19　第九次TDD周期后，重构前的代码

```
std::string convertArabicNumberToRomanNumeral(unsigned int arabicNumber) {
  std::string romanNumeral;
```

```
if (arabicNumber == 100) {
  romanNumeral = "C";
} else if (arabicNumber == 200) {
  romanNumeral = "CC";
} else if (arabicNumber == 300) {
  romanNumeral = "CCC";
} else {
  while (arabicNumber >= 10) {
    romanNumeral += "X";
    arabicNumber -= 10;
  }
  while (arabicNumber >= 1) {
    romanNumeral += "I";
    arabicNumber--;
  }
}
return romanNumeral;
}
```

同样的模式出现了，1、2、3；10、20、30。我们也可以对数字 100 使用类似的循环：

代码8-20　新出现的模式，以及代码的哪些部分是可变的，
哪些部分是相同的，都可以清楚地识别出来

```
std::string convertArabicNumberToRomanNumeral(unsigned int arabicNumber) {
  std::string romanNumeral;
  while (arabicNumber >= 100) {
    romanNumeral += "C";
    arabicNumber -= 100;
  }
  while (arabicNumber >= 10) {
    romanNumeral += "X";
    arabicNumber -= 10;
  }
  while (arabicNumber >= 1) {
    romanNumeral += "I";
    arabicNumber--;
  }
  return romanNumeral;
}
```

再次精简代码

现在，我们应该再次对我们的代码进行批判性的研究。如果我们继续这样做，代码将包含许多重复部分，因为这三个 while 语句看起来非常相似。我们可以通过抽象这三个 while 循环中相同的代码部分来利用这些相似性。

重构的时间到了！在这三个 while 循环中唯一不同的代码部分是阿拉伯数字和相应的罗马数字。其思想是将这些可变部分从循环的其余部分中分离出去。

在第一步中，我们介绍了一个将阿拉伯数字映射到罗马数字的结构体。此外，我们还需要该结构体的数组（我们将使用 C++ 标准库中的 std::array）。最初，我们将只向数组

中添加一个元素，该元素将字母 C 映射到数字 100。

代码8-21　引入一个数组，用于保存阿拉伯数字和罗马数字之间的映射

```cpp
struct ArabicToRomanMapping {
  unsigned int arabicNumber;
  std::string romanNumeral;
};

const std::size_t numberOfMappings = 1;
using ArabicToRomanMappings = std::array<ArabicToRomanMapping, numberOfMappings>;

const ArabicToRomanMappings arabicToRomanMappings = {
  { 100, "C" }
};
```

在这些准备工作完成后，我们修改了转换函数中的第一个 while 循环，以验证基本思想是否有效。

代码8-22　用array代替循环中的部分代码

```cpp
std::string convertArabicNumberToRomanNumeral(unsigned int arabicNumber) {
  std::string romanNumeral;
  while (arabicNumber >= arabicToRomanMappings[0].arabicNumber) {
    romanNumeral += arabicToRomanMappings[0].romanNumeral;
    arabicNumber -= arabicToRomanMappings[0].arabicNumber;
  }
  while (arabicNumber >= 10) {
    romanNumeral += "X";
    arabicNumber -= 10;
  }
  while (arabicNumber >= 1) {
    romanNumeral += "I";
    arabicNumber--;
  }
  return romanNumeral;
}
```

所有测试用例都通过。因此，我们可以继续用映射"10 是 X"和"1 是 I"填充数组（不要忘记相应地调整数组的大小）。

代码8-23　再次出现了一种模式：可以通过循环消除明显的代码冗余

```cpp
const std::size_t numberOfMappings { 3 };
// ...
const ArabicToRomanMappings arabicToRomanMappings = { {
  { 100, "C" },
  {  10, "X" },
  {   1, "I" }
} };
std::string convertArabicNumberToRomanNumeral(unsigned int arabicNumber) {
  std::string romanNumeral;
  while (arabicNumber >= arabicToRomanMappings[0].arabicNumber) {
```

```
        romanNumeral += arabicToRomanMappings[0].romanNumeral;
        arabicNumber -= arabicToRomanMappings[0].arabicNumber;
    }
    while (arabicNumber >= arabicToRomanMappings[1].arabicNumber) {
        romanNumeral += arabicToRomanMappings[1].romanNumeral;
        arabicNumber -= arabicToRomanMappings[1].arabicNumber;
    }
    while (arabicNumber >= arabicToRomanMappings[2].arabicNumber) {
        romanNumeral += arabicToRomanMappings[2].romanNumeral;
        arabicNumber -= arabicToRomanMappings[2].arabicNumber;
    }
    return romanNumeral;
}
```

同样，所有测试都通过了。太好了！但是仍然有很多重复的代码，所以我们必须继续重构。好消息是现在我们可以看到，在这三个 while 循环中，唯一的区别就是数组索引。这意味着如果我们遍历数组，只需要执行一个 while 循环。

代码8-24　通过基于范围的for循环，不会破坏DRY原则

```
std::string convertArabicNumberToRomanNumeral(unsigned int arabicNumber) {
  std::string romanNumeral;
  for (const auto& mapping : arabicToRomanMappings) {
    while (arabicNumber >= mapping.arabicNumber) {
      romanNumeral += mapping.romanNumeral;
      arabicNumber -= mapping.arabicNumber;
    }
  }
  return romanNumeral;
}
```

所有测试都通过。太棒了！只要看一下这段紧凑且可读性很好的代码就可以了。现在可以通过将阿拉伯数字及罗马数字的映射关系添加到数组中来支持更多数字的转换。我们将尝试 1000，它必须转换成 M。下面是我们的下一个测试用例：

```
assertThat(1000).isConvertedToRomanNumeral("M");
```

测试如预期的那样失败了。通过向数组中添加"1000 是 M"的映射关系，新的测试及所有以前的测试都应该通过。

```
const ArabicToRomanMappings arabicToRomanMappings = { {
    { 1000, "M" },
    {  100, "C" },
    {   10, "X" },
    {    1, "I" }
} };
```

在这个小的更改之后，一个成功的测试运行证实了我们的假设：它能够通过测试！这太简单了。现在我们可以添加更多的测试用例，例如，2000 和 3000 的转换。即使是 3333

也应该立即生效：

```
assertThat(2000).isConvertedToRomanNumeral("MM");
assertThat(3000).isConvertedToRomanNumeral("MMM");
assertThat(3333).isConvertedToRomanNumeral("MMMCCCXXXIII");
```

太好了，我们的代码在这些不同情况下仍然能够正常工作。然而，有些阿拉伯数字的转换还没有实现。例如，5 必须转换为 V。

```
assertThat(5).isConvertedToRomanNumeral("V");
```

不出所料，这个测试失败了。有趣的问题是：怎样才能让测试用例通过呢？也许你会想到对这个案例进行特殊处理。但是，这真的是一种特殊情况吗？或者，我们还能用前面实现的转换方式对待这种转换吗？最简单的方法可能是在数组的正确索引处添加一个新元素吗？好吧，也许值得一试。

```
const ArabicToRomanMappings arabicToRomanMappings = { {
    { 1000, "M" },
    {  100, "C" },
    {   10, "X" },
    {    5, "V" },
    {    1, "I" }
} };
```

我们的假设是正确的：所有测试都通过了！甚至像 6 和 37 这样的阿拉伯数字现在也能正确地转换成罗马数字。我们通过为这些案例添加断言来验证这一点：

```
assertThat(6).isConvertedToRomanNumeral("VI");
//...
assertThat(37).isConvertedToRomanNumeral("XXXVII");
```

接近终点

毫无疑问，我们可以对"50 是 L"和"500 是 D"使用基本相同的方法。

接下来我们需要处理所谓的减法符号的实现，例如阿拉伯数字 4 必须转换成罗马数字 IV。我们如何优雅地实现这种特殊情况呢？

经过短暂的考虑，这些情况显然没有什么特别！字符串包含两个而不是一个字符，这种映射规则也是可以添加到数组中的。例如，我们可以在数组 arabicToRomanMappings 中添加一个新的"4 是 IV"条目。也许你会说，"这不是一种破坏吗？"不，我不这么认为。它是实用的和简单的，没有使事情变得更复杂。

我们先增加一个注定失败的测试用例：

```
assertThat(4).isConvertedToRomanNumeral("IV");
```

为了使新测试用例通过，我们为 4 添加了相应的映射规则（参见数组中的倒数第二项）：

```
const ArabicToRomanMappings arabicToRomanMappings = { {
    { 1000, "M"  },
    {  500, "D"  },
    {  100, "C"  },
    {   50, "L"  },
    {   10, "X"  },
    {    5, "V"  },
    {    4, "IV" },
    {    1, "I"  }
} };
```

在我们执行了所有测试并验证它们通过之后，可以确定我们的解决方案同样适用于 4！因此，我们可以对 "9 是 IX" "40 是 XL" "90 是 XC" 等重复这种模式。模式都是相同的，因此在这里我不展示生成的源代码（完整代码的最终结果如下所示），我认为这不难理解。

完成

有趣的是：我们什么时候知道我们完成了，我们要实现的软件功能已经完成了吗？我们可以跳出 TDD 周期了吗？我们真的需要通过单元测试来测试从 1 到 3999 的所有数字才能知道我们是否完成吗？

答案很简单：**如果我们的代码片段中所有需求都成功地实现了，并且我们找不到一个新的单元测试来生成新的生产代码，那么我们就完成了！**

这正是 TDD 套路的特性之一。我们仍然可以向测试方法添加更多的断言，每次都可以通过测试，而不需要更改生产代码。这就是 TDD 对我们"说话"的方式："嘿，你的工作完成了！"

结果就像下面所展示的：

代码8-25　这个版本已经上传到GitHub（URL见下面）了，提交消息为Done

```
#include <gtest/gtest.h>
#include <string>
#include <array>

int main(int argc, char** argv) {
  testing::InitGoogleTest(&argc, argv);
  return RUN_ALL_TESTS();
}

struct ArabicToRomanMapping {
  unsigned int arabicNumber;
  std::string romanNumeral;
};

const std::size_t numberOfMappings { 13 };
using ArabicToRomanMappings = std::array<ArabicToRomanMapping, numberOfMappings>;
const ArabicToRomanMappings arabicToRomanMappings = { {
    { 1000, "M"  },
    {  900, "CM" },
```

```
        {  500, "D"  },
        {  400, "CD" },
        {  100, "C"  },
        {   90, "XC" },
        {   50, "L"  },
        {   40, "XL" },
        {   10, "X"  },
        {    9, "IX" },
        {    5, "V"  },
        {    4, "IV" },
        {    1, "I"  }
} };

std::string convertArabicNumberToRomanNumeral(unsigned int arabicNumber) {
  std::string romanNumeral;
  for (const auto& mapping : arabicToRomanMappings) {
    while (arabicNumber >= mapping.arabicNumber) {
      romanNumeral += mapping.romanNumeral;
      arabicNumber -= mapping.arabicNumber;
    }
  }
  return romanNumeral;
}

// Test code starts here...

class RomanNumeralAssert {
public:
  RomanNumeralAssert() = delete;
  explicit RomanNumeralAssert(const unsigned int arabicNumber) :
      arabicNumberToConvert(arabicNumber) { }
  void isConvertedToRomanNumeral(const std::string& expectedRomanNumeral) const {
    ASSERT_EQ(expectedRomanNumeral, convertArabicNumberToRomanNumeral(arabicNumberToConvert));
  }

private:
  const unsigned int arabicNumberToConvert;
};

RomanNumeralAssert assertThat(const unsigned int arabicNumber) {
  return RomanNumeralAssert { arabicNumber };
}

TEST(ArabicToRomanNumeralsConverterTestCase, conversionOfArabicNumbersToRomanNumerals_Works)
{
  assertThat(1).isConvertedToRomanNumeral("I");
  assertThat(2).isConvertedToRomanNumeral("II");
  assertThat(3).isConvertedToRomanNumeral("III");
  assertThat(4).isConvertedToRomanNumeral("IV");
  assertThat(5).isConvertedToRomanNumeral("V");
  assertThat(6).isConvertedToRomanNumeral("VI");
  assertThat(9).isConvertedToRomanNumeral("IX");
  assertThat(10).isConvertedToRomanNumeral("X");
  assertThat(20).isConvertedToRomanNumeral("XX");
  assertThat(30).isConvertedToRomanNumeral("XXX");
  assertThat(33).isConvertedToRomanNumeral("XXXIII");
```

```
    assertThat(37).isConvertedToRomanNumeral("XXXVII");
    assertThat(50).isConvertedToRomanNumeral("L");
    assertThat(99).isConvertedToRomanNumeral("XCIX");
    assertThat(100).isConvertedToRomanNumeral("C");
    assertThat(200).isConvertedToRomanNumeral("CC");
    assertThat(300).isConvertedToRomanNumeral("CCC");
    assertThat(499).isConvertedToRomanNumeral("CDXCIX");
    assertThat(500).isConvertedToRomanNumeral("D");
    assertThat(1000).isConvertedToRomanNumeral("M");
    assertThat(2000).isConvertedToRomanNumeral("MM");
    assertThat(2017).isConvertedToRomanNumeral("MMXVII");
    assertThat(3000).isConvertedToRomanNumeral("MMM");
    assertThat(3333).isConvertedToRomanNumeral("MMMCCCXXXIII");
    assertThat(3999).isConvertedToRomanNumeral("MMMCMXCIX");
}
```

> 🎯提示　完整的罗马数字套路的源代码，包括它的历史版本，在 GitHub 的地址：https://
> github.com/clean-cpp/book-samples/。

　　等等！还有一个非常重要的步骤：我们必须将生产代码与测试代码分离。我们一直像工作台一样使用 ArabicToRomanNumeralsConverterTestCase.cpp 文件，现在是时候由软件管理员分离出生产代码了，现在生产代码必须移动到创建的新文件中。当然，单元测试的执行不受影响。

　　在最后的重构步骤中，可以做出一些设计决策。例如，它是保持独立的转换函数，还是应该将转换函数和数组包装成一个新类？我显然更喜欢后者（将代码嵌入类中），因为它是面向对象的设计，并且在封装的帮助下更容易隐藏实现细节。

　　无论如何提供生产代码并将其集成到其使用环境中（这取决于目的），我们的全覆盖的单元测试不太可能因此而出现问题。

8.3　TDD 的优势

　　测试驱动开发（TDD）主要是用于软件组件增量设计和开发的工具和技术。这就是为什么 TDD 也经常被称为测试驱动设计（Test-Driven Design）。这是一种方法，当然不是唯一的方法，它让你在编写产品代码之前考虑你的需求或设计。

　　TDD 的优势主要体现在以下几个方面：

❑ **如果遵循 TDD 的思想，在开发时就会逐步完成你的需求。**这种方法可以确保你始终只需要编写几行生产代码，就可以再次达到一切正常的舒适工作状态。也就是说，与修改前的代码相比，每次的增量只有几行代码。这是与传统的提前编写并修改大量生产代码的方法的主要区别，传统方法的缺点在于，软件无法确保数小时或数天内的编译和执行不报错。

- ❐ **TDD 建立了一个非常快速的反馈循环。** 开发人员必须始终知道他们的代码的执行结果是否正确。因此，建立一个快速的反馈机制，在几秒钟内就可以判断软件运行结果是否正常，这对于开发人员来说是非常重要的。复杂的系统和集成测试，特别是手工执行的，则无法做到这一点，并且花费的时间太长（请记住第 2 章中的测试金字塔）。

- ❐ **先编写单元测试有助于开发人员思考接下来应该做什么。** 换言之，TDD 确保代码不会过于随心所欲，想写到哪写到哪。这种好处是巨大的，因为以这种方式编写的代码经常容易出错、可读性低、有时甚至包含大量冗余。许多开发人员为了追求速度往往忽视了代码的质量。TDD 会降低开发人员的速度，但项目管理者们不需要担心进度问题。因为开发人员放慢速度是件好事，当测试覆盖率足够高时，开发过程中的质量和速度很快就会跟着显著提高。

- ❐ **在 TDD 的帮助下，无间隙的规范以可执行代码的形式出现。** 例如，使用办公套件的文本处理程序用自然语言编写的规范是不可执行的——它们是一成不变的。

- ❐ **开发人员能够更加自觉和负责任地处理依赖关系。** 如果需要另一个软件组件，甚至外部系统（如一个数据库），则可以通过抽象（接口）来定义这种依赖关系，并将其替换为用于测试的测试替身（模拟对象）。生成的软件模块（如类）更小，松耦合，且只包含通过测试所需的代码。

- ❐ **通常情况下，利用 TDD 开发的新产品代码将具有 100% 的单元测试覆盖率。** 如果遵守 TDD 的规范，那么每一行代码都能找到其对应的单元测试。

测试驱动开发可以成为一个良好的和可持续的软件设计的驱动者和推动者。与其他工具和方法一样，使用 TDD 不能保证良好的设计。它不是解决设计问题的灵丹妙药。设计决策仍然由开发人员而不是工具做出。不过，TDD 在避免糟糕的设计上仍然是有效果的。许多在日常工作中使用过 TDD 的开发人员可以感受得到，使用这种方法后要写出糟糕又混乱的代码是极其困难的。

毋庸置疑，开发人员完成所有需求的条件，所有单元测试就都是绿色的。这意味着软件单元上的所有需求都满足了，开发任务也就完成了！而且完成的质量相当高。

另外，TDD 工作流也驱动着所要开发的单元的设计，尤其是它的接口。在 TDD 和测试优先思想的影响下，测试用例引导 API 的设计和实现。任何尝试过为历史代码编写单元测试的人都知道这有多困难。这些系统通常是典型的"编码优先"。许多复杂的依赖关系和糟糕的 API 设计使这些系统中的测试工作变得复杂。如果一个软件的单元很难测试，它也很难使用或复用。换句话说，TDD 可以在开发初期对软件单元的可用性作出反馈，可用性表现在软件在计划的生产环境中集成和使用时的简单程度。

8.4 什么时候不应该使用 TDD

最后一个问题是：系统的每一部分代码是否都需要使用 TDD 来进行开发呢？

我的答案很明确：**没有这个必要**。

毫无疑问，测试驱动开发是一个很好的指导软件设计和实现的方法。从理论上讲，可以以这种方式开发软件系统的几乎所有部分，并且全部的代码都被测试到了。

但是，项目中的某些部分非常简单、粒度小，或者不那么复杂，使用这种方法不见得能带来太大的好处。由于复杂性和风险很低，并且你可以快速地编写代码，那么你当然可以不使用 TDD。比如没有函数的单纯的数据类（顺便说一下，这是出于某些原因的妥协；请参阅第 6 章中 6.3.9 节避免"贫血类"），或只是将两个模块结合后产生的代码。

此外，在 TDD 中，原型设计是一项非常困难的任务。当你进入一个新的领域，或者需要在一个没有领域经验的极具创新的环境中开发软件时，你并不确定要采取什么解决方案。在需求频繁变化和模糊的项目中，首先编写单元测试是一项非常具有挑战性的任务。这种情况下，最好快速写出第一个基本解决方案，并在随后的开发任务中通过改进单元测试来确保其质量。

TDD 面临的另一个挑战是获得一个好的架构。TDD 不能取代对软件系统的粗粒度结构（子系统、组件等）的必要抉择。如果你面临关于框架、库、技术或架构模式的基本决策，那么 TDD 不会有任何帮助。

除了上述几种情况外，我强烈推荐 TDD。当你开发软件单元（比如 C++ 中的类）时，这种方法可以节省大量的时间、减少麻烦，避免错误的开端。

对于任何几行代码不能实现的复杂的功能，坚持测试优先的软件工匠的开发速度甚至可以和那些不编写测试用例的开发人员一样快。

——Sandro Mancuso

 提示　如果你想更深入了解 C++ 中的测试驱动开发，我推荐一本很棒的书，Jeff langr 编写的《Modern C++ Programming with Test-Driven Development》[langr13]。Jeff 的书中有很多对 TDD 更深入的阐述，让你切身体会在 C++ 中进行 TDD 的挑战和回报。

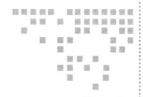

第 9 章 *Chapter 9*

设计模式和习惯用法

有经验的软件开发人员利用他们丰富的经验和知识，一旦为某类问题找到了一个好的解决方案，他们就会把这个解决方案加入他们的知识库中，并在以后遇到类似的问题时使用该解决方案解决此类问题。理想情况下，他们将他们的解决方案转换成一种被称之为"规范"的东西，并将其记录下来，为自己和他人所使用。

规范形式

在该上下文中的规范形式描述的是最简单、最重要的，并且具有一般性的形式。设计模式的规范形式的最基本的元素主要有：名称、上下文、问题、场景、解决方案、例子、缺点等。

这同样也适用于软件开发人员。有经验的开发人员，根据工作中反复遇到的问题，总结出解决问题的方案，并与其他人分享自己的经验，这背后的原则就是：**不要重新造轮子！**

1995 年，一本众所周知、好评如潮的书出版了，这本书共有四位作者，分别是 Erich Gamma、Richard Helm、Ralph Johnson 和 John Vlissides，这四个人也被称为"四人组"（Gang of Four，GoF）。这本书介绍了软件设计模式的原则，并提出了 23 种面向对象的设计模式，它的名字是《设计模式：可复用面向对象软件的基础》[Gamma95]。在软件领域，直到现在这本书仍然被认为是最重要的一本书。

一些人认为 Gamma 等人发明了这本书中所描述的所有的设计模式，但事实并不是这样的。设计模式不是被发明而是被发现的。作者研究了在灵活性、可维护性和可扩展性等方面做得很好的软件系统，他们发现了这些积极特征的原因，并用规范的形式加以描述。

这本书出版以后，人们认为在接下来的几年中会出现大量的设计模式的书，但事实并非如此。在接下来的几年中，也有一些与模式主题相关的其他书籍，比如，《面向模式的软件架构》（Pattern-Oriented Software Architecture，POSA）[Bush96]，《企业应用架构》[Fowler02]，但是它们的质量都没有预想中好。

9.1　设计原则与设计模式

在前面几章中，我们讨论了很多设计原则，那么这些设计原则与本章讨论的设计模式有什么关系呢？哪一个更重要呢？

假设有一天，面向对象会变得彻底不受欢迎，函数式编程（参见第 7 章）将成为主导的编程范式。像 KISS、DRY、YAGNI、单一职责、开闭原则、信息隐藏等这样的原则是否会变得无效，变得毫无价值呢？答案很显然是**否定**的。

原则作为决策基础的基本"真理"或"规律"。因此，在大多数情况下，原则是独立于某种编程范式或技术的。例如，KISS 原则（参见第 3 章）是一个非常普遍的原则，无论你使用的是面向对象的编程风格还是函数式的编程风格，或者使用的是 C++、C#、Java 或 Erlang 等不同的编程语言，尝试做一些尽可能简单的事情都是值得的。

相反，设计模式则是在特定的环境下，为解决具体问题而设计的解决方案。特别是在著名的《设计模式：可复用面向对象软件的基础》一书中，所描述的那些与面向对象紧密相关的解决方案。因此，原则更持久、更重要。如果你已经深入理解了原则，你就可以找到一个合适的设计模式来解决特定的问题。

> 决策和模式为人们提供了解决方案；原则帮助人们设计自己的原则。
>
> ——Eoin Woods in a keynote on the
> Joint Working IEEE/IFIP Conference on Software Architecture 2009 (WICSA2009)

9.2　常见的设计模式及应用场景

除了《设计模式：可复用面向对象软件的基础》一书中描述的 23 种设计模式外，还有很多设计模式。一些设计模式经常出现在开发项目中，而另一些设计模式则很少出现。下面的部分将讨论我认为最重要的一些设计模式，经常解决设计问题的开发人员，之前应该至少听说过这些设计模式。

顺便提一下，在前面的章节中我们已经使用了一些设计模式，有些章节用得比较频繁，只是我们没有提到或注意到它们。一个小提示：在《设计模式：可复用面向对象的软件基础》一书中可以找到一个设计模式，叫作迭代器！

在我们继续讨论别的设计模式之前，先提出一个小小的警告：

警告　不要夸大设计模式的作用！毫无疑问的是，设计模式很酷也很令人着迷，但过度使用它们，特别是如果没有好的理由证明是合理的使用设计模式，可能会带来灾难性的后果，也可能会遇到过度设计的痛苦。永远记住 KISS 和 YAGNI 原则（详见第3 章）。

现在，让我们来看一些设计模式。

9.2.1　依赖注入模式

依赖注入是敏捷架构的关键元素。

——Ward Cunningham, paraphrased from the "Agile and Traditional Development"
panel discussion at Pacific NW Software Quality Conference (PNSQC) 2004

事实上，我以《设计模式：可复用面向对象软件的基础》这本书中没有提到的一种设计模式开始这一节是有重要原因的，因为我相信，依赖注入（Dependency Injection，DI）是目前为止能够帮助软件开发人员显著改进软件设计的最重要的模式，这种模式可以被看作是游戏规则的改变者。

在深入研究依赖注入之前，我们首先考虑另一种不利于良好软件设计的设计模式：单例模式！

单例反模式

你应该听说过单例模式，乍一看，单例模式是一种简单且使用广泛的设计模式，不仅在 C++ 领域（很快就会看到这种简单所带来的欺骗性），甚至有些代码库中到处都是单例。例如，这种模式经常用于所谓的日志记录器（用于记录日志的对象）、数据库连接、中央用户管理或表示来自现实世界的东西（例如，硬件，如 USB 设备或打印机接口）。此外，工厂和一些工具类通常以单例的形式实现，后者本身就是不好的习惯，因为它们是低内聚的表现（详见第 3 章）。

《设计模式：可复用面向对象软件的基础》的作者经常被记者问道，什么时候修改他们的书并出版新的版本。通常他们的回答是他们找不到修改这本书的理由，因为这本书的内容在很大程度上仍然是有效的。在 InformIT 的采访时，记者希望能得到稍微详细一点的回答。下面是整个采访的一小段摘录，它揭示了 Gamma 关于单例的一个有趣的观点（LarryO'Brien 是采访者，Erich Gamma 是被采访者）：

Larry：你会如何重构"设计模式"？

Erich：我们在 2005 年做过这个练习。这是我们会议的一些记录，我们发现自那时起面向对象的设计原则和大多数模式都没有改变。当我们讨论应该放弃哪些模式时，我们发现我们仍然喜欢它们（不完全是我赞成放弃单例模式，它的使用几乎总带有一种设计的臭味）。

——Design Patterns 15 Years Later: An Interview with Erich Gamma,

Richard Helm, and Ralph Johnson, 2009 [InformIT09]

那么，为什么 Erich Gamma 说单例模式是一种不好的设计呢？单例模式有什么问题吗？为了回答这个问题，让我们先来看看通过单例可以实现哪些目标？这个设计模式可以满足哪些需求？下面是《设计模式：可复用面向对象软件的基础》中单例模式的使用宗旨：

确保一个类只有唯一的实例，并提供对该实例的全局访问。

——Erich Gamma et. al., Design Patterns [Gamma95]

这句话包含两方面的含义。一方面，这个模式的任务是控制和管理其整个生命周期的唯一实例。根据关注点分离的原则，对象生命周期的管理应该独立于其领域的业务逻辑之外。而在单例模式中，这两个关注点基本上没有分离。

另一方面，提供了对该实例的全局访问，以便于应用程序中的所有其他对象都可以使用该实例。在面向对象上下文中，关于"全局访问"的说法已经显得可疑了，应该引起注意。

让我们先来看看 C++ 中单例的一般实现风格，即所谓的 Meyers 单例，它是以《Effective C++》这本书的作者 Scott Meyers 的名字命名的：

代码9-1　以现代C++风格实现的Meyers的单例模式

```cpp
#ifndef SINGLETON_H_
#define SINGLETON_H_

class Singleton final {
public:
  static Singleton& getInstance() {
    static Singleton theInstance { };
    return theInstance;
  }

  int doSomething() {
    return 42;
  }

  // ...其他成员函数...

private:
  Singleton() = default;
  Singleton(const Singleton&) = delete;
  Singleton(Singleton&&) = delete;
  Singleton& operator=(const Singleton&) = delete;
  Singleton& operator=(Singleton&&) = delete;
  // ...
};

#endif
```

单例的这种实现风格的主要优点之一是，从 C++11 之后，在 getInstance() 中使用一个静态变量构造实例的过程，默认是线程安全的（见 [ISO11] § 6.7）。不过要小心的是，这并不意味着 Singleton 类中的其他成员函数都是线程安全的！后者必须由开发人员保证。

在源代码中，单例的使用通常如下：

代码9-2　使用Singleton的任意类的实现的摘要

```
001  #include "AnySingletonUser.h"
002  #include "Singleton.h"
003  #include <string>
004
...  // ...
024
025  void AnySingletonUser::aMemberFunction() {
...    // ...
040    std::string result = Singleton::getInstance().doThis();
...    // ...
050  }
051
...  // ...
089
090  void AnySingletonUser::anotherMemberFunction() {
...    //...
098    int result = Singleton::getInstance().doThat();
...    //...
104    double value = Singleton::getInstance().doSomethingMore();
...    //...
110  }
111  // ...
```

我认为，到现在为止，单例存在的主要问题已经很清楚了，由于单例的全局可见性和可访问性，其他类可以在任何地方使用单例。这就意味着在软件设计中，对单例对象的所有依赖都隐藏在了代码中。通过检查类的接口（即类的属性和方法）你无法看到这些依赖关系。

上面 AnySingletonUser 类的示例，仅代表了大型代码库中的数百个类，其中许多类在不同的地方都使用了单例。换句话说，**面向对象中单例的使用就像面向过程中全局变量的使用一样**。你可以在任何地方使用这个对象，但是在类的接口中却看不到这种依赖，只能在代码实现中看到具体的使用。

这对项目中的依赖情况有明显的负面影响，如图 9-1 所示。

🉐注意　也许你在查看图 9-1 时想知道，在 Singleton 类中有一个私有成员变量实例⊖，但是在 Meyers 推荐的实现中却无法找到这个私有成员的实例。UML 与编程语言无关，也就是说，作为一种多用途的建模语言，它与 C++、Java 或其他的面向对象的语言

⊖　UML 图中带减号（–）的成员是私有成员。此处指 instance 私有成员。——译者注

无关。实际上，在 Meyers 推荐的单例中也有一个保存唯一实例的静态变量[⊖]，但是在 UML 中，没有对应的符号来表示局部的静态变量，因为这是 C++ 特有的特性。因此，我选择将这个局部的静态变量表示为私有静态成员的方式，这使得该表示与《设计模式：可复用面向对象软件的基础》中提到的不再推荐的单例的实现相兼容。

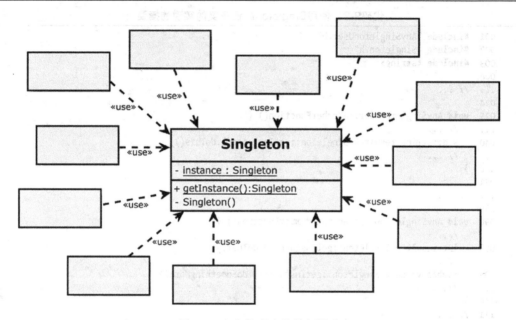

图 9-1 人人都喜欢的单例模式

我认为这很容易想象，所有的这些依赖关系在可重用性、可维护性和可测试性方面都有很大的缺点。所有使用 Singleton 的匿名客户端类都与它紧密耦合在一起（请记住第 3 章中讨论的松耦合的良好特性）。

因此，我们失去了利用多态替换实现的可能性。试想一下单元测试，如果在要测试的类的实现中，使用了无法替换的测试替身（又名 Mock Object；请参见 2.5.12 节"测试替身"），那么如何实现一个真正的单元测试呢？

请记住我们在第 2 章中讨论的好的单元测试的所有规则，特别是单元测试的独立性。像单例对象这样的全局对象有时候会持有可变化的状态，如果代码库中的许多或几乎所有的类都依赖于一个对象，这个对象的生命周期在程序终止时结束，并且该对象很有可能持有它们之间共享的状态，那么如何保证单元测试的独立性呢？

单例的另一个缺点是，如果由于新的或需求变化而不得不更改，那么这种更改可能会触发所有依赖类的一系列更改。图 9-1 中可见的所有指向单例的依赖关系是潜在的变化的路径。

⊖ 在代码 9-1 的 getInstance() 函数内部有一个静态的 singleton 局部变量。——译者注

最后，在分布式系统中，很难保证一个类拥有唯一实例，这是现在软件体系结构中一个常见的情况。想象一下微服务模式，一个复杂的软件系统是由许多小的、独立的和分布式的过程组成的。在这样的环境中，单例对象很难保证单实例化，并且由它们导致的紧密耦合也存在问题。

所以，也许你现在会说："好吧，我知道了单例不好，但是有什么办法可以替代它呢?"答案出乎意料的简单，当然还需要进一步的解释，那就是：**只创建一个实例，并且在需要的地方注入它**!

依赖注入

在上述对 Erich Gamma 等人的采访中，作者也对这些设计模式做了陈述。他们希望在他们的新书中包含这些设计模式，虽然他们只提及了一些设计模式，但这些设计模式可能会成为他们传奇性的作品，其中之一就是依赖注入。

从根本上讲，依赖注入（Dependency Injection，DI）是一种技术，在这种技术中，客户端对象需要的独立的服务对象是由外部提供的。客户端对象不需要关心它所需要的服务对象本身，或者主动请求服务对象，例如，从工厂（请参阅本章后面的工厂模式）或者服务定位器中请求。

依赖注入的含义可以表示如下：

将组件与其需要的服务分离，这样组件就不必知道这些服务的名称，也不必知道如何获取它们。

让我们来看一下前面提到过的日志记录器的例子，例如，一个服务类，它提供了写日志的功能。这样的日志记录器常常被实现为单例。因此，使用日志记录器的每个客户端都依赖于日志的全局对象，如图 9-2 所示。

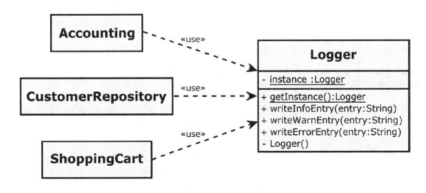

图 9-2　web 商店的三个领域类依赖于 Logger 的单例

这就是 Logger 单例类在源代码中的样子（只显示了相关部分的代码）：

代码9-3　使用单例模式实现的Logger类

```cpp
#include <string_view>

class Logger final {
public:
  static Logger& getInstance() {
    static Logger theLogger { };
    return theLogger;
  }

  void writeInfoEntry(std::string_view entry) {
    // ...
  }

  void writeWarnEntry(std::string_view entry) {
    // ...
  }

  void writeErrorEntry(std::string_view entry) {
    // ...
  }
};
```

---

std::string_view [C++17]

自 C++17 以来，C++ 语言标准中有一个可以使用的新类 std::string_view（定义在 <string_view> 头文件中），该类的对象是一个性能很高的字符串代理（顺便说一下，代理也是一种设计模式），构造起来很廉价（没有给原始字符串数据内存分配），因此复制起来也很廉价。

另一个不错的特性是 std::string_view 还可以作为 C 风格字符串（char *）、字符数组的适配器，甚至可以作为来自不同框架的 CString（MFC 中的字符串类）或 QString（QT 中的字符串类）的适配器：

```cpp
CString aString("I'm a string object of the MFC type CString");
std::string_view viewOnCString { (LPCTSTR)aString };
```

因此，在字符串数据已经被其他对象拥有的情况下，如果需要只读访问字符串（例如，在函数执行期间），那么它是表示字符串最理想的类。例如，在函数传递字符串常量参数时，不应该再广泛地使用 std::string 的常量引用，而应该用 std::string_view 替换 std::string 的常量引用。

现在，为了演示，我们选择使用Logger单例写日志的多个类中的Customer-Repository类：

代码9-4 CustomerRepository类的摘要

```cpp
#include "Customer.h"
#include "Identifier.h"
#include "Logger.h"

class CustomerRepository {
public:
  //...
  Customer findCustomerById(const Identifier& customerId) {
    Logger::getInstance().writeInfoEntry("Starting to search for a customer specified by a
      given unique identifier...");
    // ...
  }
  // ...
};
```

为了摆脱单例对象，并且能够在单元测试期间用一个测试替身替换 Logger 对象，首先我们必须使用依赖倒置原则 (DIP，详见第 6 章)，这意味着我们必须首先引入一个抽象类 (一个接口)，并使 CustomerRepository 和具体的 Logger 都依赖于该接口，如图 9-3 所示。

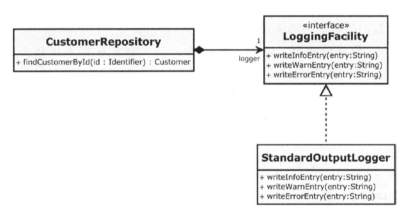

图 9-3 通过使用依赖倒置原则解耦

以下是源代码中新引入的接口 LoggingFacility 的样子：

代码9-5 LoggingFacility接口

```cpp
#include <memory>
#include <string_view>

class LoggingFacility {
public:
  virtual ~LoggingFacility() = default;
  virtual void writeInfoEntry(std::string_view entry) = 0;
  virtual void writeWarnEntry(std::string_view entry) = 0;
  virtual void writeErrorEntry(std::string_view entry) = 0;
};

using Logger = std::shared_ptr<LoggingFacility>;
```

StandardOutputLogger 类是实现了 LoggingFacility 接口的一个例子，这个类把日志写到标准输出上，正如它的名字一样：

代码9-6　StandardOutputLogger类是LoggingFacility接口的一个实现类

```cpp
#include "LoggingFacility.h"
#include <iostream>

class StandardOutputLogger : public LoggingFacility {
public:
  virtual void writeInfoEntry(std::string_view entry) override {
    std::cout << "[INFO] " << entry << std::endl;
  }

  virtual void writeWarnEntry(std::string_view entry) override {
    std::cout << "[WARNING] " << entry << std::endl;
  }
  virtual void writeErrorEntry(std::string_view entry) override {
    std::cout << "[ERROR] " << entry << std::endl;
  }
};
```

接下来，我们需要修改 CustomerRepository 类。首先，我们创建一个新的 Logger 类型的智能指针的成员变量，该指针实例通过一个初始化构造函数传递到这个类中。换句话说，我们允许在创建期间把实现 LoggingFacility 接口的类的实例注入 CustomerRepository 对象中。我们还删除了默认构造函数，因为我们不希望在没有 Logger 的情况下创建 CustomerRepository 实例。此外，我们删除了实现中对单例对象的直接依赖，并且用 Logger 的智能指针来写日志。

代码9-7　修改后的CustomerRepository类

```cpp
#include "Customer.h"
#include "Identifier.h"
#include "LoggingFacility.h"

class CustomerRepository {
public:
  CustomerRepository() = delete;
  explicit CustomerRepository(const Logger& loggingService) : logger { loggingService } { }
  //...

  Customer findCustomerById(const Identifier& customerId) {
    logger->writeInfoEntry("Starting to search for a customer specified by a given unique
    identifier...");
  // ...
  }
  // ...

private:
  // ...
  Logger logger;
};
```

作为重构的结果，现在我们已经实现了 `CustomerRepository` 类不再依赖于特定的日志记录器。相反，`CustomerRepository` 类只依赖于抽象（接口），这种抽象在类及其接口中是显式可见的，因为它由成员变量和构造函数的参数表示。这意味着现在 `CustomerRepository` 类接受从外部传入的用于日志记录的服务对象，如下所示：

代码9-8　把Logger对象注入CustomerRepository类的实例

```
Logger logger = std::make_shared<StandardOutputLogger>();
CustomerRepository customerRepository { logger };
```

这种设计变化有着积极的影响，能够促进松耦合。客户端对象 `CustomerRepository` 现在可以配置提供日志功能的各种服务对象，如下面的 UML 类图（图 9-4）所示。

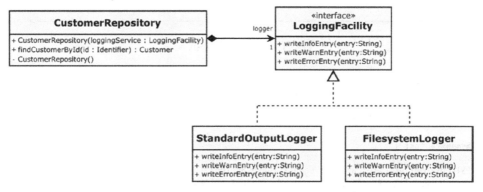

图 9-4　CustomerRepository 类可以通过其构造函数传入特定的日志实现类

此外，`CustomerRepository` 类的可测试性也得到了显著改进，不再对单例有隐藏的依赖。现在，可以很容易地用模拟对象（mock object）替换真正的日志服务 (详见第 2 章关于单元测试和测试替身）。例如，我们可以用 spy 方法装备模拟对象，以检查单元测试中哪些数据通过 `LoggingFacility` 接口离开了 `CustomerRepository` 对象。

代码9-9　一个测试替身（模拟对象），用于对依赖于LoggingFacility的类进行单元测试

```cpp
namespace test {

#include "../src/LoggingFacility.h"
#include <string>

class LoggingFacilityMock : public LoggingFacility {
public:
  virtual void writeInfoEntry(std::string_view entry) override {
    recentlyWrittenLogEntry = entry;
  }

  virtual void writeWarnEntry(std::string_view entry) override {
    recentlyWrittenLogEntry = entry;
```

```
  }

  virtual void writeErrorEntry(std::string_view entry) override {
    recentlyWrittenLogEntry = entry;
  }

  std::string_view getRecentlyWrittenLogEntry() const {
    return recentlyWrittenLogEntry;
  }

private:
  std::string recentlyWrittenLogEntry;
};

using MockLogger = std::shared_ptr<LoggingFacilityMock>;

}
```

在这个单元测试示例中，你可以看到模拟对象的活动：

代码9-10　使用模拟对象进行单元测试的例子

```
#include "../src/CustomerRepository.h"
#include "LoggingFacilityMock.h"
#include <gtest/gtest.h>

namespace test {

TEST(CustomerTestCase, WrittenLogEntryIsAsExpected) {
  MockLogger logger = std::make_shared<LoggingFacilityMock>();
  CustomerRepository customerRepositoryToTest { logger };
  Identifier customerId { 1234 };

  customerRepositoryToTest.findCustomerById(customerId);

  ASSERT_EQ("Starting to search for a customer specified by a given unique identifier...",
    logger->getRecentlyWrittenLogEntry());}

}
```

在上面的例子中，我用依赖注入模式代替恼人的单例模式，这只是其中一个示例。基本上，一个好的面向对象软件设计应该尽可能地保证所涉及的模块或组件是松耦合的，而依赖注入是实现这一目标的关键。通过一致地使用这种设计模式，软件设计将具有非常灵活的插件体系结构。对软件测试的一个积极影响是，这种技术会产生高度的可测试的对象。

从对象本身删除对象创建和关联的功能，并将对象创建和关联的功能集中在基础结构组件中，即所谓的汇编器（Assembler）或注入器（Injector）。这个组件（图9-5）通常在程序启动时操作，并处理整个软件系统的构建计划（如配置文件），也就是说，它按照正确的顺序实例化对象和服务，并将服务注入需要它们的对象中。

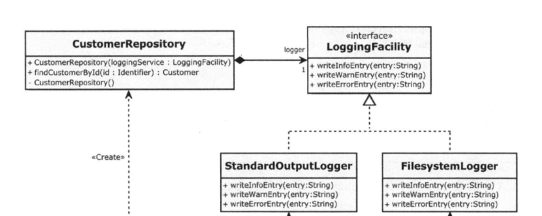

图 9-5　Assembler 类负责对象的创建和注入

请注意上图的依赖情况，创建依赖关系的方向（带有构造型 «Create» 的虚线箭头）将
Assembler 类引导到其他模块（类）。换句话说，在设计期间，没有类"知道"Assembler
类的存在（这并不是完全正确的，因为至少有一个软件系统中的其他元素知道这个
Assembler 组件的存在，因为组装过程通常在程序的开始由某组件执行）。

在 Assembler 组件的某个地方，可能会找到以下代码行：

代码9-11　Assembler程序的部分实现

```
// ...
Logger loggingServiceToInject = std::make_shared<StandardOutputLogger>();
auto customerRepository = std::make_shared<CustomerRepository>(loggingServiceToInject);
// ...
```

这种依赖注入被称为构造函数注入，因为被注入的服务对象作为参数，传递给客户端
对象的构造函数。构造函数注入的优点是客户端对象在构造过程中被完全初始化，然后就
可以立即使用了。

但是，如果在程序运行时将服务对象注入客户端对象，例如，如果在程序执行时偶尔
创建一个客户端对象，或者在运行时更换日志记录器（Logger），那么，我们应该怎么办
呢？客户端对象必须为注入的服务对象提供 setter，如下面的示例所示：

代码9-12　为Logger注入提供setter方法的Customer类

```
#include "Address.h"
#include "LoggingFacility.h"

class Customer {
public:
  Customer() = default;
```

```
void setLoggingService(const Logger& loggingService) {
  logger = loggingService;
}

//...

private:
  Address address;
  Logger logger;
};
```

这种依赖注入技术称为 setter 注入。当然，可以将构造函数注入和 setter 注入结合起来。

依赖注入是一种设计模式，它能够使软件松耦合，并且具有很好的可配置性，可以根据不同客户端或产品的配置文件创建不同的对象。它极大地提高了软件系统的可测试性，因为通过依赖注入技术可以很容易地注入模拟对象。因此，在设计软件系统时不要忽略这种模式。如果你想深入了解这种模式，我建议你阅读 Martin Fowler[Fowler04] 写的《Inversion of Control Containers and the Dependency Injection pattern》。

在实践中，一些即可用于商业解决方案也可用于开源解决方案的框架，经常使用依赖注入技术。

9.2.2 Adapter 模式

我确定 Adapter（同义词：Wrapper）是最常用的设计模式之一。原因在于，不兼容接口的适配肯定是软件开发中经常遇到的情况，例如，如果必须集成由另一个团队开发的模块，或者使用第三方库的情况。

下面是 Adapter 模式的任务说明：

把一个类的接口转换为客户端期望的另一个接口。Adapter 可以让因接口不兼容而无法一起工作的类一起工作。

——Erich Gamma et. al., Design Patterns [Gamma95]

现在让我们进一步改造上一节关于依赖注入的例子。假设我们希望使用 BoostLog v2（请参阅 http//www.boost.org）进行日志记录，但是，我们也希望能够使用其他的日志库替换 BoostLog v2。

解决方案很简单：我们只需要提供 LoggingFacility 接口的另一个实现，它将 BoostLog 的接口适配到我们要使用的接口，如图 9-6 所示。

我们用 BoostTrivialLogAdapter 类实现接口 LoggingFacility 的代码如下所示：

代码9-13　Boost.Log的Adapter只是LoggingFacility的另一个实现

```
#include "LoggingFacility.h"
#include <boost/log/trivial.hpp>
```

```cpp
class BoostTrivialLogAdapter : public LoggingFacility {
public:
  virtual void writeInfoEntry(std::string_view entry) override {
    BOOST_LOG_TRIVIAL(info) << entry;
  }

  virtual void writeWarnEntry(std::string_view entry) override {
    BOOST_LOG_TRIVIAL(warn) << entry;
  }

  virtual void writeErrorEntry(std::string_view entry) override {
    BOOST_LOG_TRIVIAL(error) << entry;
  }
};
```

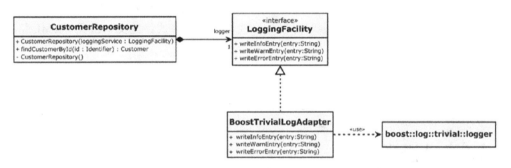

图 9-6　用 Adapter 模式解决 Boost 日志记录问题

优点是显而易见的，通过 Adapter 模式，整个软件系统中只有一个类依赖于第三方日志记录系统。这也意味着，我们的代码不会受到日志所有者特有语句的污染，例如 BOOST_LOG_TRIVIAL()。因为 Adapter 类只是 LoggingFacility 接口的另一个实现，所以我们也可以使用依赖注入（参见上一节）将实例（或者同一个实例）注入想要使用它的所有客户端对象中。

Adapter 可以为不兼容的接口提供广泛的适配和转换的可能性。它的适用范围来源于简单的适配，例如操作名称和数据类型的转换，直到支持整个不同的操作集合。在上面的例子中，我们把对带有一个字符串参数的成员函数的调用，转换成了对 stream 的插入操作符的调用。

如果要适配的接口很类似，那么接口适配当然更容易。但如果接口之间相差很大，Adapter 的代码实现可能会非常复杂。

9.2.3　Strategy 模式

第 6 章中描述的开放 – 封闭（OCP）原则作为可扩展的面向对象设计的指导方针，策略（Strategy）模式是这一重要原则的体现。以下是该模式的任务说明：

定义一组算法，然后封装每个算法，并使它们可以相互替换。策略模式允许算法独立

于使用它的客户端而变化。

——Erich Gamma et. al., Design Patterns [Gamma95]

在软件设计中，以不同的方式做同一件事情是一个常见的需求，想想列表的排序算法。不同的排序算法，有不同的时间复杂度和空间复杂度。例如：冒泡排序、快速排序、归并排序、插入排序和堆排序。

冒泡排序是复杂度最低的，也是消耗内存最少的，但是也是最慢的排序算法之一。相比之下，快速排序是一种快速高效的排序算法，通过递归很容易实现，不需要额外的内存，但在预先排好序的或倒序的列表上的效率非常低。借助于策略模式，使用时可以动态地选择不同的排序算法，例如，根据要排序列表的不同特性选择不同的排序算法。

让我们看另外一个例子，假设我们希望在任意一个业务 IT 系统中使用 Customer 类实例的文本表示。需求指出，文本表示可以被格式化成多种格式：纯文本格式、XML 格式和 JSON 格式。

首先，让我们为格式化策略引入一个抽象——抽象的 Formatter 类：

代码9-14　Formatter类包含了所有格式化类的公共的东西

```cpp
#include <memory>
#include <string>
#include <string_view>
#include <sstream>

class Formatter {
public:
  virtual ~Formatter() = default;

  Formatter& withCustomerId(std::string_view customerId) {
    this->customerId = customerId;
    return *this;
  }

  Formatter& withForename(std::string_view forename) {
    this->forename = forename;
    return *this;
  }

  Formatter& withSurname(std::string_view surname) {
    this->surname = surname;
    return *this;
  }

  Formatter& withStreet(std::string_view street) {
    this->street = street;
    return *this;
  }

  Formatter& withZipCode(std::string_view zipCode) {
    this->zipCode = zipCode;
    return *this;
```

```cpp
  }

  Formatter& withCity(std::string_view city) {
    this->city = city;
    return *this;
  }

  virtual std::string format() const = 0;

protected:
  std::string customerId { "000000" };
  std::string forename { "n/a" };
  std::string surname { "n/a" };
  std::string street { "n/a" };
  std::string zipCode { "n/a" };
  std::string city { "n/a" };n
};

using FormatterPtr = std::unique_ptr<Formatter>;
```

提供利益相关者请求的格式化样式的三个特定格式化程序如下：

代码9-15　三个特定格式化的程序，重写了Formatter类的format()纯虚函数

```cpp
#include "Formatter.h"

class PlainTextFormatter : public Formatter {
public:
  virtual std::string format() const override {
    std::stringstream formattedString { };
    formattedString << "[" << customerId << "]: "
      << forename << " " << surname << ", "
      << street << ", " << zipCode << " "
      << city << ".";
    return formattedString.str();
  }
};

class XmlFormatter : public Formatter {
public:
  virtual std::string format() const override {
    std::stringstream formattedString { };
    formattedString <<
      "<customer id=\"" << customerId << "\">\n" <<
      "  <forename>" << forename << "</forename>\n" <<
      "  <surname>" << surname << "</surname>\n" <<
      "  <street>" << street << "</street>\n" <<
      "  <zipcode>" << zipCode << "</zipcode>\n" <<
      "  <city>"  << city << "</city>\n" <<
      "</customer>\n";
    return formattedString.str();
  }
};

class JsonFormatter : public Formatter {
```

```cpp
public:
  virtual std::string format() const override {
    std::stringstream formattedString { };
    formattedString <<
      "{\n" <<
      " \"CustomerId : \"" << customerId << END_OF_PROPERTY <<
      " \"Forename: \"" << forename << END_OF_PROPERTY <<
      " \"Surname: \"" << surname << END_OF_PROPERTY <<
      " \"Street: \"" << street << END_OF_PROPERTY <<
      " \"ZIP code: \"" << zipCode << END_OF_PROPERTY <<
      " \"City: \"" << city << "\"\n" <<
      "}\n";
    return formattedString.str();
  }

private:
  static constexpr const char* const END_OF_PROPERTY { "\",\n" };
};
```

在这里可以清楚地看到，开放－封闭（OCP）原则得到了非常好的支持。当需要一个新的输出格式化时，只需要实现 Formatter 抽象类的一个特殊化即可，不需要修改现有的格式化程序。

代码9-16　这就是如何在getAsFormattedString()成员函数中使用传入的格式化对象

```cpp
#include "Address.h"
#include "CustomerId.h"
#include "Formatter.h"

class Customer {
public:
  // ...
  std::string getAsFormattedString(const FormatterPtr& formatter) const {
    return formatter->
    withCustomerId(customerId.toString()).
    withForename(forename).
    withSurname(surname).
    withStreet(address.getStreet()).
    withZipCode(address.getZipCodeAsString()).
    withCity(address.getCity()).
    format();
  }
  // ...

private:
  CustomerId customerId;
  std::string forename;
  std::string surname;
  Address address;
};
```

Customer::getAsFormattedString()成员函数有一个接受指向格式化对象的 unique_ptr 指针，这个参数可以用于控制该成员函数返回的字符串的格式。换句话说，Customer::

getAsFormattedString()成员函数支持格式化策略。

顺便说一下，也许你已经注意到了 Formatter 类的公共接口的特殊设计，有许多 with...()成员函数连接的接口，这里使用了另一种设计模式，称之为 Fluent 接口。在面向对象编程中，Fluent 接口是设计 API 的一种风格，其代码的可读性与普通的文章类似。在第 8 章测试驱动开发中，我们曾经看到过这样的接口，我们引入了一个自定义断言（请参见"使用自定义断言进行更复杂测试"一节）以编写更优雅、可读性更好的测试代码。在我们的例子中，关键在于每个 with...()成员函数都是自引用的，也就是说，调用 Formatter 类的成员函数的后面的上下文与前面的上下文是等效的，除非调用了最终的 format()函数⊖。

下面是我们的示例代码的类结构的可视化 UML 类型（图 9-7）。

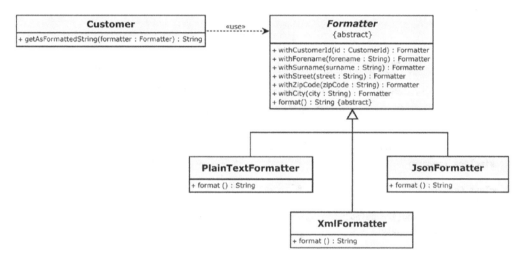

图 9-7　一个抽象的格式化策略和三个具体的格式化类

很容易看到，策略格式能够保证本例中的 Customer::getAsFormattedString()成员函数的调用者可以根据需要配置输出格式。你想支持另一种输出格式吗？没问题，示例代码遵循开放 – 封闭（OCP）原则，可以很容易地添加另一种具体的格式化策略类。当然，其他格式化策略类及 Customer 类完全不受此扩展的影响。

9.2.4　Command 模式

软件系统接收到指令后，通常需要执行各种各样的操作。例如，文本处理软件的用户通过用户界面发出各种指令，他们想打开一个文档，保存一个文档，打印一个文档，复制一段文本，粘贴一段复制的文本等。这种通用的模式在其他领域中也存在，例如，在金融

⊖　可以通过"."级连调用 Formatter 类的 with…() 成员函数，除非调用了最终的 format() 函数。——译者注

领域中，客户可以向证券交易商发出购买股票、出售股票等请求。在制造业这样的技术领域，命令被用来控制工业设备和机器。

在实现由命令控制的软件系统时，重要的是保证操作的请求者与实际执行操作的对象分离。这背后的指导原则是松耦合原则（见第 3 章）和关注点分离的原则。

餐馆就是一个很好的类比。在餐馆中，服务员接受顾客点的菜，但服务员不负责做饭，做饭是厨房的事情。事实上，对于顾客来说，食物的制作过程是透明的，也许是餐厅准备食物，也许是食物从其他地方运送过来。

在面向对象的软件开发中，有一种名为 Command（Action）的行为模式可以促进这种分离。其任务说明如下：

将请求封装为对象，从而允许你使用不同的请求、队列或日志的请求参数化客户端，或支持可撤销操作。

——Erich Gamma et. al., Design Patterns [Gamma95]

命令模式的一个很好的例子是 Client/Server 架构体系，其中 Client（即所谓的调用者）发送命令给 Server，Server（即所谓的接收者或被调用者）接收并执行命令。

让我们从一个抽象的 Command 类开始，它是一个简单的小接口，如下所示：

代码9-17　Command接口

```cpp
#include <memory>

class Command {
public:
  virtual ~Command() = default;
  virtual void execute() = 0;
};

using CommandPtr = std::shared_ptr<Command>;
```

我们为指向命令的智能指针引入了一个类型别名（CommandPtr）。

这个抽象的 Command 接口可以由各种具体的命令实现，让我们先看一个非常简单的命令——输出字符串 "Hello World!"

代码9-18　一个非常简单的具体的命令的实现

```cpp
#include <iostream>

class HelloWorldOutputCommand : public Command {
public:
  virtual void execute() override {
    std::cout << "Hello World!" << "\n";
  }
};
```

接下来，我们需要接受并执行命令的元素，在这个设计模式中，这个元素被称为
Receiver，在我们的例子中，扮演这个角色的是一个名为 Server 的类：

代码9-19　命令接收者

```
#include "Command.h"

class Server {
public:
  void acceptCommand(const CommandPtr& command) {
    command->execute();
  }
};
```

目前，该类只包含一个可以接受和执行命令的简单公共成员函数。

最后，我们需要所谓的 Invoker，即在 Client/Server 架构中的 Client 类：

代码9-20　给Server发送命令的Client类

```
class Client {
public:
  void run() {
    Server theServer { };
    CommandPtr helloWorldOutputCommand = std::make_shared<HelloWorldOutputCommand>();
    theServer.acceptCommand(helloWorldOutputCommand);
  }
};
```

在 main() 函数中有如下代码段：

代码9-21　main()函数

```
#include "Client.h"

int main() {
  Client client { };
  client.run();
  return 0;
}
```

如果现在编译和执行这个程序，在标准输出控制台就会输出"Hello Workd!"字符串。
乍一看，这似乎不是很令人兴奋，但我们通过 Command 模式实现的是，命令的初始化和发
送与命令的执行是分离的。

由于这种设计模式支持开放 – 封闭（OCP）原则（参见第 6 章），添加新的命令非常容
易，只需对现有的代码进行微小的修改即可实现。例如，如果想强制服务器等待一段时间，
我们可以添加以下代码：

代码9-22　强制服务器等待一段时间的具体的命令

```
#include "Command.h"
#include <chrono>
```

```
#include <thread>
class WaitCommand : public Command {
public:
  explicit WaitCommand(const unsigned int durationInMilliseconds) noexcept :
    durationInMilliseconds{durationInMilliseconds} { };

  virtual void execute() override {
    std::chrono::milliseconds dur(durationInMilliseconds);
    std::this_thread::sleep_for(dur);
  }

private:
  unsigned int durationInMilliseconds { 1000 };
};
```

现在，我们可以像下面这样使用这个新的 WaitCommand 类：

代码9-23　使用新的WaitCommand类

```
class Client {
public:
  void run() {
    Server theServer { };
    const unsigned int SERVER_DELAY_TIMESPAN { 3000 };

    CommandPtr waitCommand = std::make_shared<WaitCommand>(SERVER_DELAY_TIMESPAN);
    theServer.acceptCommand(waitCommand);

    CommandPtr helloWorldOutputCommand = std::make_shared<HelloWorldOutputCommand>();
    theServer.acceptCommand(helloWorldOutputCommand);
  }
};
```

为了对上述讨论的类结构有一个大致的了解，图 9-8 描述了对应的 UML 类图。

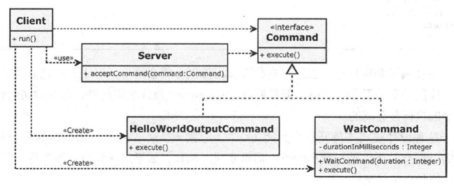

图 9-8　Server 类仅知道 Command 接口，不知道任何具体的命令类

正如在这个示例中所看到的，我们可以使用值参数化命令，由于纯虚 execute() 成员

函数的签名是由 Command 接口指定为无参数的，因此参数化是在初始化构造函数的帮助下完成的。此外，我们不需要 Server 类，因为它可以立即处理和执行新扩展的命令。

Command 模式提供了应用程序的多种可能性。例如，命令可以排队，也支持命令的异步执行：Invoker 发送命令然后立即执行其他的操作，发送的命令稍后由 Receiver 执行。

然而，缺少了一些东西！在上面引用的 Command 模式的任务声明中，你可以读到一些关于"……支持可撤销操作"的内容。好吧，下面的部分将专门讨论这个话题。

9.2.5　Command 处理器模式

在上一节的 Client/Server 体系结构的示例中，我作了一点弊。实际上，服务器不会像上面演示的那样执行命令，到达服务器的命令对象将被分布到负责执行命令的服务器的内部。例如，可以在另一种称为职责链的设计模式（本书中没有描述这种设计模式）的帮助下完成。

让我们考虑另一个稍微复杂一点的例子，假设我们有一个绘图程序，用户可以用该程序绘制许多不同的形状，例如，圆形和矩形。为此，可以调用用户界面相应的菜单进行操作。我敢肯定你已经猜到了：熟悉的软件开发人员通过 Command 设计模式执行这些绘图操作。然而，利益相关者指出用户也可以撤销绘图操作。

为了满足这个需求，首先我们需要有可撤销的命令。

代码9-24　UndoableCommand接口通过组合Command和Revertable实现

```cpp
#include <memory>

class Command {
public:
  virtual ~Command() = default;
  virtual void execute() = 0;
};

class Revertable {
public:
  virtual ~Revertable() = default;
  virtual void undo() = 0;
};

class UndoableCommand : public Command, public Revertable { };

using CommandPtr = std::shared_ptr<UndoableCommand>;
```

根据接口隔离原则（ISP，请参考第 6 章），我们添加了另一个支持撤销功能的 Revertable 接口。UndoableCommand 类同时继承现有的 Command 接口和新增加的 Revertable 接口。

有许多不同的撤销绘图的命令，将画圆作为具体的例子：

代码9-25　一个可以撤销的画圆的命令

```cpp
#include "Command.h"
#include "DrawingProcessor.h"
#include "Point.h"

class DrawCircleCommand : public UndoableCommand {
public:
  DrawCircleCommand(DrawingProcessor& receiver, const Point& centerPoint,
    const double radius) noexcept :
    receiver { receiver }, centerPoint { centerPoint }, radius { radius } { }
    virtual void execute() override {
      receiver.drawCircle(centerPoint, radius);
    }

    virtual void undo() override {
      receiver.eraseCircle(centerPoint, radius);
    }

  private:
    DrawingProcessor& receiver;
    const Point centerPoint;
    const double radius;
};
```

很容易想象得出来，绘制矩形和其他形状的命令和绘制圆形的命令看起来非常相似。命令的执行者是一个名为 DrawingProcessor 的类，这指执行绘图操作的元素，在构造命令对象时，会将该对象的引用与其他参数一起传递给构造函数（请参考初始化构造函数）。在这里，我们只展示了 DrawingProcessor 类的一小部分摘录，因为别的部分对理解 Command 处理器模式没有重要的作用：

代码9-26　DrawingProcessor类是处理绘图操作的元素

```cpp
class DrawingProcessor {
public:
  void drawCircle(const Point& centerPoint, const double radius) {
    // Instructions to draw a circle on the screen...
  };

  void eraseCircle(const Point& centerPoint, const double radius) {
    // Instructions to erase a circle from the screen...
  };

  // ...
};
```

现在我们来看看这个模式的核心部分 CommandProcessor：

代码9-27　CommandProcessor管理可撤销命令对象的一个堆栈

```cpp
#include <stack>

class CommandProcessor {
```

```cpp
public:
  void execute(const CommandPtr& command) {
    command->execute();
    commandHistory.push(command);
  }

  void undoLastCommand() {
    if (commandHistory.empty()) {
      return;
    }
    commandHistory.top()->undo();
    commandHistory.pop();
  }

private:
  std::stack<std::shared_ptr<Revertable>> commandHistory;
};
```

CommandProcessor 类（顺便说一下，上面的类不是线程安全的）包含了 std::stack<T>（定义在 <stack> 头文件中），它是一种支持 LIFO（后进先出）的抽象的数据类型。执行了 CommandProcessor::execute() 成员函数后，相应的命令对象会被存储到 commandHistory 堆栈中，当调用 CommandProcessor::undoLastCommand() 成员函数时，存储在堆栈上的最后一个命令就会被撤销，然后从堆栈顶部删除。

同样，现在可以将撤销操作建模为命令对象，在这种情况下，命令接收者就是 CommandProcessor 本身：

代码9-28　UndoCommand类为CommandProcessor提供撤销操作

```cpp
#include "Command.h"
#include "CommandProcessor.h"

class UndoCommand : public UndoableCommand {
public:
  explicit UndoCommand(CommandProcessor& receiver) noexcept :
      receiver { receiver } { }

  virtual void execute() override {
    receiver.undoLastCommand();
  }

  virtual void undo() override {
    // Intentionally left blank, because an undo should not be undone.
  }

private:
  CommandProcessor& receiver;
};
```

又到了展示 UML 类图的时候了（图 9-9）。

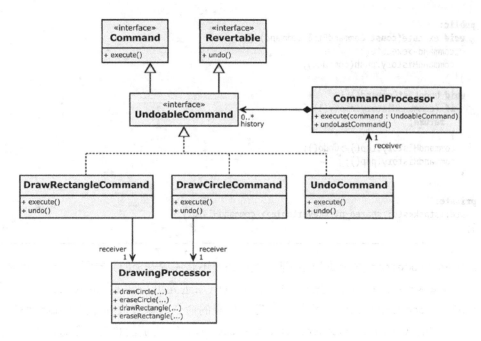

图 9-9 CommandProcessor（右侧的）执行接收到的命令并管理历史命令

在实际使用 Command 模式时，常常需要能够从几个简单的命令组合成一个更复杂的命令，或者记录和回放命令（脚本）。为了能够方便地实现这些需求，下面的设计模式比较合适。

9.2.6 Composite 模式

计算机科学中广泛使用的数据结构是树结构，到处都可以找到树结构，例如，数据媒体（比如硬盘）上的文件系统，它的分层组织就符合树的结构。集成开发环境（IDE）的项目浏览器通常也具有树结构。在编译器设计中，用到一种叫作抽象语法树（AST）的方法，顾名思义，它是指以树状结构表示源代码的抽象语法结构，抽象语法树通常是编译器在语法分析阶段的结果。

对树状数据结构的面向对象蓝图被称为组合模式。该模式的任务说明如下：

将对象组合成树结构来表示"部分—整体"的层次结构。组合允许客户端统一地处理单个对象和对象的组合。

——Erich Gamma et. al., Design Patterns [Gamma95]

我们在 Command 和 Command 处理器中的示例可以扩展为复合 Command，并且 Command 还可以记录和重放。所以我们在之前的设计中添加了一个新类，一个 CompositeCommand：

代码9-29　一个新的具体的UndoableCommand，用于管理command列表

```cpp
#include "Command.h"
#include <vector>

class CompositeCommand : public UndoableCommand {
public:
  void addCommand(CommandPtr& command) {
    commands.push_back(command);
  }

  virtual void execute() override {
    for (const auto& command : commands) {
      command->execute();
    }
  }

  virtual void undo() override {
    for (const auto& command : commands) {
      command->undo();
    }
  }

private:
  std::vector<CommandPtr> commands;
};
```

CompositeCommand 有一个成员函数 addCommand()，它允许你将命令添加到 Composite Command 的实例。由于 CompositeCommand 类也实现了 UndoableCommand 接口，因此可以将其实例视为普通的 command。换句话说，我们可以以其他的 CompositeCommand 来分层地组合出一个新的 CompositeCommand。通过 Composite 模式的递归结构，你可以生成 command 树。

以下 UML 类图（图 9-10）描述了扩展后的设计。

现在可以使用新添加的类 CompositeCommand 作为宏录制器，以便记录和重放 command 序列：

代码9-30　我们的新的CompositeCommand在行为上类似于一个宏记录器

```cpp
int main() {
  CommandProcessor commandProcessor { };
  DrawingProcessor drawingProcessor { };

  auto macroRecorder = std::make_shared<CompositeCommand>();

  Point circleCenterPoint { 20, 20 };
  CommandPtr drawCircleCommand = std::make_shared<DrawCircleCommand>(drawingProcessor,
  circleCenterPoint, 10);
  commandProcessor.execute(drawCircleCommand);
  macroRecorder->addCommand(drawCircleCommand);

  Point rectangleCenterPoint { 30, 10 };
```

```
CommandPtr drawRectangleCommand = std::make_shared<DrawRectangleCommand>(drawingProcessor,
rectangleCenterPoint, 5, 8);
commandProcessor.execute(drawRectangleCommand);
macroRecorder->addCommand(drawRectangleCommand);
commandProcessor.execute(macroRecorder);

CommandPtr undoCommand = std::make_shared<UndoCommand>(commandProcessor);
commandProcessor.execute(undoCommand);

return 0;
}
```

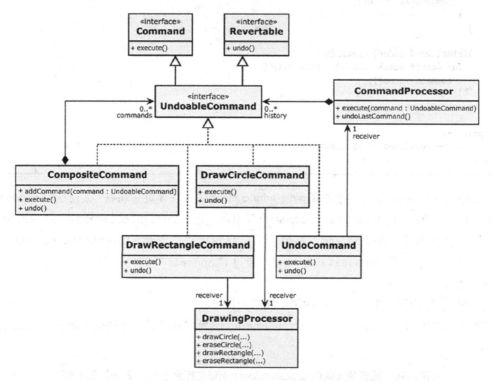

图 9-10 使用添加后的 CompositeCommand（左侧）

在 Composite 模式的帮助下，现在我们很容易把简单的 command 组装成复杂的 command 序列（前者被称为"叶子"）。由于 CompositeCommand 还实现了 UndoableCommand 接口，因此它们可以像简单的 command 一样被使用。这极大地简化了客户端的代码。

仔细观察我们会发现上面还有一个小缺点。你可能已经注意到只有在使用类 CompositeCommand 的 具 体 实 例（macroRecorder）时 才 能 访 问 成 员 函 数 Composite-Command::addCommand()（请参阅上面的源代码），而通过 UndoableCommand 接口无法使用该成员函数。换句话说，这里的组合类和叶子的地位并不平等（记住模式的意图）！

如果你看一下 [Gamma95] 中的通用 Composite 模式，你就会看到管理子元素的函数是在抽象中声明的。于是，在我们的例子中，这意味着我们必须在接口 UndoableCommand 中声明一个 addCommand()（顺便说一句，这将违反 ISP）。这一致命的后果是叶子元素必须覆盖 addCommand()，并且必须为这个成员函数提供有意义的实现。但这是不可能的！如果我们向 DrawCircleCommand 的实例添加一个 command，假使不违反最少惊讶原则（见第 3 章），会出现什么问题呢？

如果我们这样做，那将违反里氏替换原则（LSP，见第 6 章）。因此，对案例进行权衡并且区别对待组合类和叶子是较好的选择。

9.2.7　Observer 模式

一种众所周知的，用于构建软件系统体系结构的模式是"模型 – 视图 – 控制器"（Model-View-Controller，MVC）。借助于这种体系结构模式（在《Pattern-Oriented Software Architecture》[Busch96] 一书中有详细描述），通常应用程序的部分（用户接口）是结构化的。它背后的原理是关注点分离（Separation of Concerns，SoC）。除此之外，在模型中，持有要显示数据的模型与这些数据的显示（即所谓的视图）被分隔开了。

在 MVC 中，视图和模型之间的耦合应该尽可能松散。这种松耦合通常用 Observer 模式实现。Observer 是 Gamma95 中描述的行为模式，其意图如下：

定义对象之间一对多的依赖关系，以便在一个对象更改状态时，自动通知并更新其所有的依赖关系。

——Erich Gamma et. al., Design Patterns [Gamma95]

像往常一样，我们可以使用示例来更好地解释模式。考虑一个电子表格应用程序，它是许多办公软件套件的自然组成部分。在这样的应用程序中，数据可以显示在工作表、饼状图图形和许多其他表示形式中，即所谓的视图。我们可以创建关于数据的不同视图，也可以关闭它们。

首先，我们需要视图的一个名为 Observer 的抽象元素。

代码9-31　抽象的Observer

```cpp
#include <memory>

class Observer {
public:
  virtual ~Observer() = default;
  virtual int getId() = 0;
  virtual void update() = 0;
};

using ObserverPtr = std::shared_ptr<Observer>;
```

Observer 用于观察所谓的 Subject。为此，它们可以在 Subject 上注册，也可以注销。

代码9-32　可以在Subject中添加和删除Observer

```cpp
#include "Observer.h"
#include <algorithm>
#include <vector>

class IsEqualTo final {
public:
  explicit IsEqualTo(const ObserverPtr& observer) :
    observer { observer } { }
  bool operator()(const ObserverPtr& observerToCompare) {
    return observerToCompare->getId() == observer->getId();
  }

private:
  ObserverPtr observer;
};

class Subject {
public:
  void addObserver(ObserverPtr& observerToAdd) {
    auto iter = std::find_if(begin(observers), end(observers),
        IsEqualTo(observerToAdd));
    if (iter == end(observers)) {
      observers.push_back(observerToAdd);
    }
  }

  void removeObserver(ObserverPtr& observerToRemove) {
    observers.erase(std::remove_if(begin(observers), end(observers),
        IsEqualTo(observerToRemove)), end(observers));
  }
protected:
  void notifyAllObservers() const {
    for (const auto& observer : observers) {
      observer->update();
    }
  }

private:
  std::vector<ObserverPtr> observers;
};
```

除了类 Subject，我们还定义了一个名为 IsEqualTo 的仿函数（参见 7.2.2 节 "仿函数"），它被用于在添加和删除 Observer 时进行比较。仿函数会比较 Observer 的 ID。我们还可以想象它能用于比较 Observer 实例的内存地址。然后，几个相同类型的 Observer 可以被注册在同一个 Subject 中。

该模式的核心是 notifyAllObservers() 成员函数。因为它是被继承自 Subject 的具体的 Subject 子类调用的，所以它被设置为 protected 成员。该函数迭代所有已注册的 Observer 实例并调用其 update() 成员函数。

让我们来看一个具体的 Subject 类，SpreadsheetModel 类。

代码9-33　SpreadsheetModel是一个具体的Subject类

```
#include "Subject.h"
#include <iostream>
#include <string_view>

class SpreadsheetModel : public Subject {
public:
  void changeCellValue(std::string_view column, const int row, const double value) {
    std::cout << "Cell [" << column << ", " << row << "] = " << value << std::endl;
    // Change value of a spreadsheet cell, and then...
    notifyAllObservers();
  }
};
```

当然，这只是 SpreadsheetModel 的最小化实现。它只是用来解释模式的功能原理。这里你唯一能做的就是通过调用该类的一个成员函数来间接调用基类的 notify-AllObservers() 函数。

在示例中，我们用三个具体的视图 TableView、BarChartView 和 PieChartView 实现 Observer 接口的 update() 成员函数。

代码9-34　实现了抽象Observer接口的三个具体的视图

```
#include "Observer.h"
#include "SpreadsheetModel.h"

class TableView : public Observer {
public:
  explicit TableView(SpreadsheetModel& theModel) :
    model { theModel } { }
  virtual int getId() override {
    return 1;
  }
  virtual void update() override {
    std::cout << "Update of TableView." << std::endl;
  }

private:
  SpreadsheetModel& model;
};

class BarChartView : public Observer {
public:
  explicit BarChartView(SpreadsheetModel& theModel) :
    model { theModel } { }
  virtual int getId() override {
    return 2;
  }

  virtual void update() override {
    std::cout << "Update of BarChartView." << std::endl;
```

```
  }
private:
  SpreadsheetModel& model;
};

class PieChartView : public Observer {
public:
  explicit PieChartView(SpreadsheetModel& theModel) :
    model { theModel } { }
  virtual int getId() override {
    return 3;
  }

  virtual void update() override {
    std::cout << "Update of PieChartView." << std::endl;
  }

private:
  SpreadsheetModel& model;
};
```

我认为现在是时候再次以类图的形式概述一下。 图 9-11 描述了上面提到的结构化（类和依赖关系）。

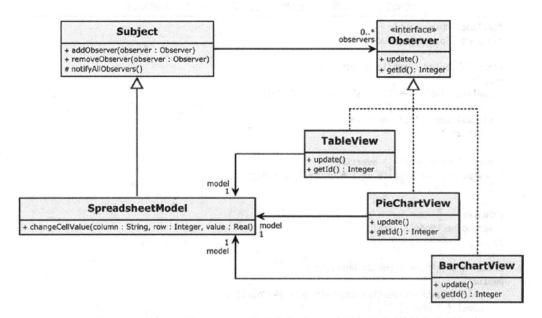

图 9-11 当 SpreadsheetModel 发生变化时，它会通知所有的 observer

在 main() 函数中，现在我们使用 SpreadsheetModel 和三个视图，如下所示：

代码9-35　SpreadsheetModel和三个视图一起使用

```cpp
#include "SpreadsheetModel.h"
#include "SpreadsheetViews.h"

int main() {
  SpreadsheetModel spreadsheetModel { };

  ObserverPtr observer1 = std::make_shared<TableView>(spreadsheetModel);
  spreadsheetModel.addObserver(observer1);

  ObserverPtr observer2 = std::make_shared<BarChartView>(spreadsheetModel);
  spreadsheetModel.addObserver(observer2);

  spreadsheetModel.changeCellValue("A", 1, 42);

  spreadsheetModel.removeObserver(observer1);

  spreadsheetModel.changeCellValue("B", 2, 23.1);

  ObserverPtr observer3 = std::make_shared<PieChartView>(spreadsheetModel);
  spreadsheetModel.addObserver(observer3);

  spreadsheetModel.changeCellValue("C", 3, 3.1415926);

  return 0;
}
```

编译并运行程序后，在标准输出上我们看到以下内容：

```
Cell [A, 1] = 42
Update of TableView.
Update of BarChartView.
Cell [B, 2] = 23.1
Update of BarChartView.
Cell [C, 3] = 3.14153
Update of BarChartView.
Update of PieChartView.
```

除了松耦合这一积极特征（具体的 Subject 对 Observer 一无所知），该模式还很好地支持了开闭原则。在无须调整或更改现有类的任何内容的前提下，我们可以非常轻松地添加新的具体的 Observer（在我们的示例中为新视图）。

9.2.8　Factory 模式

根据关注点分离（SoC）原则，对象的创建应该与对象在特定域内的任务分开。上面讨论的依赖注入模式就是以最直接的方式遵循了这一原则，因为整个对象的创建过程集中在基础元素中，并且对象不必关心这些。

但是，如果需要在运行时的某个时刻动态创建对象，我们该怎么办？这个任务可以由对象工厂来接管。

Factory 设计模式基本上相对简单，并且以很多不同的形式和种类出现在代码库中。除了遵循 SoC 原则外，它还严格遵循信息隐藏原则（参见第 3 章），因为实例的创建过程被隐藏在其用户之外。

正如前面说过的那样，Factory 模式可以有无数的形式和变体。我们只讨论一个简单的变体。

简单 Factory

Factory 模式的最简单的一种实现看起来像下面这样（我们使用上面的依赖注入 (DI) 部分用到的 Logging 示例）：

代码9-36　可能是最简单的最容易想到的一种对象Factory

```
#include "LoggingFacility.h"
#include "StandardOutputLogger.h"

class LoggerFactory {
public:
  static Logger create() {
    return std::make_shared<StandardOutputLogger>();
  }
};
```

这个非常简单的 Factory 模式的用法如下所示：

代码9-37　使用LoggerFactory创建Logger实例

```
#include "LoggerFactory.h"

int main() {
  Logger logger = LoggerFactory::create();
  // ...log something...
  return 0;
}
```

也许你现在会问，为这样一个微不足道的任务浪费一个额外的类是否值得。好吧，也许不值得。但如果 Factory 能够创建各种 logger，并决定它应该是哪种类型，那它就变得更有意义了。例如，我们可以通过读取和处理配置文件内容，或从 Windows 注册表数据库中读取某个密钥来完成这一操作。我们还可以想象，生成的对象的类型取决于一天中的某个时间点。总之，可能性是无限的。重要的是，这一过程应该对客户端类完全透明。所以，这里有一个更复杂的 LoggerFactory，它读取配置文件（如硬盘文件）内容并根据配置创建特定的 Logger：

代码9-38　一个更复杂的Factory模式，用于读取和处理配置文件

```
#include "LoggingFacility.h"
#include "StandardOutputLogger.h"
#include "FilesystemLogger.h"
```

```
#include <fstream>
#include <string>
#include <string_view>

class LoggerFactory {
private:
  enum class OutputTarget : int {
    STDOUT,
    FILE
  };

public:
  explicit LoggerFactory(std::string_view configurationFileName) :
    configurationFileName { configurationFileName } { }

  Logger create() const {
    const std::string configurationFileContent = readConfigurationFile();
    OutputTarget outputTarget = evaluateConfiguration(configurationFileContent);
    return createLogger(outputTarget);
  }

private:
  std::string readConfigurationFile() const {
    std::ifstream filestream(configurationFileName);
    return std::string(std::istreambuf_iterator<char>(filestream),
      std::istreambuf_iterator<char>());  }
  OutputTarget evaluateConfiguration(std::string_view configurationFileContent) const {
    // Evaluate the content of the configuration file...
    return OutputTarget::STDOUT;
  }

  Logger createLogger(OutputTarget outputTarget) const {
    switch (outputTarget) {
    case OutputTarget::FILE:
      return std::make_shared<FilesystemLogger>();
    case OutputTarget::STDOUT:
    default:
      return std::make_shared<StandardOutputLogger>();
    }
  }

  const std::string configurationFileName;
};
```

在图 9-12 中的 UML 类图中，关于依赖注入的结构部分（图 9-5）我们之前就已经知道了，但现在我们用简单的 **LoggerFactory** 替换 Assembler。

图 9-12 与图 9-5 有一个明显的差别：尽管 **CustomerRepository** 类与 Assembler 没有依赖关系，但 Customer 在使用 Factory 模式时"知道"factory 类的存在。这种依赖性并不是一个严重的问题，但它再次清楚地表明，使用依赖注入可以最大程度地实现松散耦合。

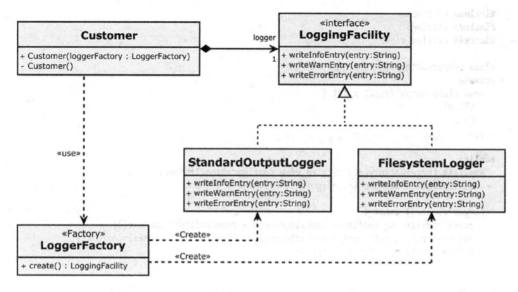

图 9-12 Customer 使用 LoggerFactory 获取具体的 Logger

9.2.9 Facade 模式

Facade 模式是一种结构型设计模式，它通常被用于架构级别，其模式意图如下：

为子系统中的一组接口提供统一的接口。Facade 定义了一个更高级的接口，使得子系统更容易使用。

——Erich Gamma et. al., Design Patterns [Gamma95]

根据关注点分离原则、单一职责原则（参见第 6 章）和信息隐藏（参见第 3 章）原则，构建大型软件系统通常会产生一些更大的组件或模块。通常这些组件或模块有时可称为"子系统"。即使是在分层体系结构中，我们也可以将各个层视为子系统。

为了增强软件的封装性，软件的组件或子系统的内部结构（请参阅第 3 章中的信息）对客户来说应该是隐藏的。应该尽量减少子系统之间的通信，以及它们之间的依赖关系。如果子系统的客户必须知道其内部结构及其各部分之间相互作用的详细信息，那么软件系统的设计问题将是致命的。

Facade 模式通过为客户端提供定义明确且简单的接口来规范对复杂子系统的访问。任何对子系统的访问都必须通过 Facade 完成。

下面的 UML 图（图 9-13）显示了一个名为 Billing 的子系统，用于处理账单。它的内部结构由几个相互关联的部分组成。子系统的客户端无法直接访问这些部件。它们必须使用 Facade 的 BillingService，它由子系统边界上的 UML 端口（构造型《facade》）表示。

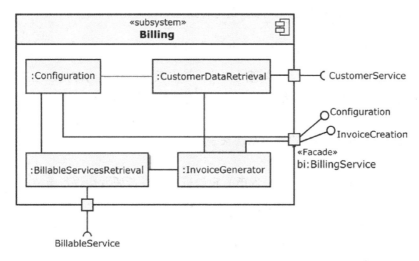

图 9-13　Billing 子系统提供 facade BillingService 作为客户端的访问点

在 C++ 及其他语言中，Facade 并不特别。它通常只是一个简单的类，在公共接口上接收请求，并将请求转发到子系统的内部结构中。有时 Facade 只是简单地转发一个调用子系统内部结构元素的请求，但偶尔它也会执行数据转换，并且它也是一个 Adapter（请参阅 Adapter 部分）。

在我们的示例中，Facade 类 BillingService 实现了两个接口，由 UML ball-notation 表示。根据接口隔离原则（ISP，参见第 6 章），Billing 子系统的配置（接口配置）与账单生成（接口 InvoiceCreation）分开了。因此，Facade 必须覆盖两个接口中声明的操作。

9.2.10　Money Class 模式

尽管高精度的数值有时候非常重要，你还是应该避免使用浮点数。float、double 或 long double 类型的浮点变量在简单的加法中都会出问题，正如下面这个小例子所示：

代码9-39　以这种方式加上10个浮点数时，结果可能不够准确

```cpp
#include <assert.h>
#include <iostream>

int main() {

  double sum = 0.0;
  double addend = 0.3;

  for (int i = 0; i < 10; i++) {
    sum = sum + addend;
  };

  assert(sum == 3.0);
  return 0;
}
```

如果你编译并运行这个小程序，那么我将看到控制台输出如下：

```
Assertion failed: sum == 3.0, file ..\main.cpp, line 13
```

我认为造成这种偏差的原因是众所周知的，浮点数在计算机内部是以二进制格式储存的。由于这个原因，我们不可能将 0.3（或其他）的值精确地储存在 float、double 或 long double 类型的变量中，因为没有二进制的有限长度的精确表示。在十进制中，我们也有类似的问题。我们不能仅使用十进制表示法来表示值 1/3（三分之一），而 0.33333333 又不完全准确。

这一问题有几种解决方案。对于货币，我们可以用合适的方法将货币值储存在具有所需精度的整数中。例如，12.45 美元将储存为 1245。如果要求不是很高，则整数可能是可行的解决方案。请注意，C++ 标准没有指定整数类型的大小（以字节为单位），因此，你必须小心那些非常大的数字，因为它可能发生整数溢出。如果有顾虑，你应该使用 64 位的整数，因为它可以容纳非常大的金额数目。

确定算术类型的范围

在头文件 <limits> 中，我们可以找到表示算术类型（整数或浮点）实际范围具体大小的类模板。例如，你能找到 int 的最大表示范围：

```cpp
#include <limits>
constexpr auto INT_LOWER_BOUND = std::numeric_limits<int>::min();
constexpr auto INT_UPPER_BOUND = std::numeric_limits<int>::max();
```

另一种流行的解决方法是提供一个特殊的类，即所谓的 Money 类：

提供一个类来表示确切的金额。Money 类处理不同的货币和它们之间的转换。

——Martin Fowler, Patterns of Enterprise Application Architecture [Fowler02]

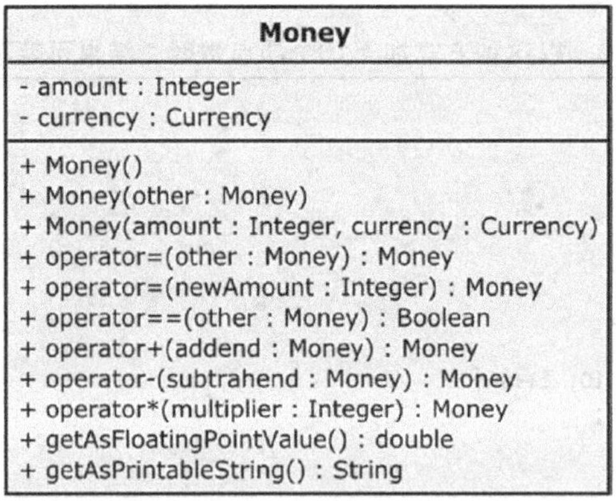

Money
- amount : Integer - currency : Currency
+ Money() + Money(other : Money) + Money(amount : Integer, currency : Currency) + operator=(other : Money) : Money + operator=(newAmount : Integer) : Money + operator==(other : Money) : Boolean + operator+(addend : Money) : Money + operator-(subtrahend : Money) : Money + operator*(multiplier : Integer) : Money + getAsFloatingPointValue() : double + getAsPrintableString() : String

图 9-14　Money 类

Money Class 模式基本上是一个封装金融金额及其货币的类，而处理金钱只是这类问题中的一个例子。还有许多其他必须被准确表示的属性或度量，例如，物理中的精确测量（时间、电压、电流、距离、质量、频率、物质量等）。

1991 年：爱国者导弹的时间误差

MIM-104 爱国者，是由美国雷神公司设计和制造的地对空导弹（SAM）系统。它的典型应用是对抗高空战术弹道导弹、巡航导弹和先进飞机。在第一次波斯湾战争期间（1990—1991），也被称为"沙漠风暴"军事行动，爱国者被用于击落入侵的伊拉克 SCUD 或 AL Hussein 短程弹道导弹。

1991 年 2 月 25 日，驻扎在沙特阿拉伯达兰市的军队未能成功拦截 SCUD。该导弹袭击了一个军营，造成了 28 人死亡，98 人受伤。

据一份调查报告 [gaoimTeC92] 显示，造成这一失败的原因是由于计算机系统启动后，时间单位使用不准确而导致的计算时间错误。如果爱国者导弹在发射后探测并击中目标，那么它们必须在空间上接近目标，即"射程范围"。为了预测目标下一步出现的位置（所谓的偏角），必须进行系统时间和目标飞行速度的计算。系统启动后经过的时间以 1/10 秒为单位，并以整数表示。目标的速度以英里/秒为单位测量，并以十进制值表示。要计算"射程范围"，系统计时器的值必须乘以 1/10 才能得到以秒为单位的时间，该计算是通过使用仅有 24 位长度的寄存器完成的。

问题是十进制的 1/10 值无法在 24 位寄存器中准确表示。在小数点后，该值被截断为 24 位。结果是时间从整数到实数的转换导致精度的微小损失，导致不太准确的时间计算。作为移动系统，如果系统仅运行几个小时，这种错误可能不会成为问题。但在这种情况下，系统已运行超过 100 小时，表示系统正常运行时间的数字非常大。这意味着将 1/10 转换为 24 位寄存器，保存这一微小的偏差可以导致近半秒的巨大误差！伊拉克 SCUD 导弹在这段时间内大约可以运行 800 米——这已经远远超出了爱国者导弹的"射程范围"。

虽然在许多商业 IT 系统中准确处理金额是一种非常常见的情况，但在大多数主流 C++ 基类库中你是找不到 Money 类的。但是不要重新造轮子！有很多不同的 C++ Money 类的实现方式，只要搜索一下你信得过的搜索引擎，你就能获得数千种方法。通常，一种实现并不能满足所有的要求。关键是你要了解问题所在。在选择（或设计）Money 类时，你可以考虑几个约束和要求。以下是你可能需要首先弄明白的几个问题：

- ❒ 要处理的全部值的范围（最小值，最大值）是多少？
- ❒ 哪些舍入规则是适用的？某些国家/地区有针对舍入的法律或惯例。
- ❒ 是否有准确性的法律要求？
- ❒ 必须考虑哪些标准（例如，ISO 4217 国际货币代码标准）？
- ❒ 如何将值显示给用户？

❑ 转换的频率如何？

从我的角度来看，需要对 Money 类进行 100％的单元测试覆盖（参见 2.3 节 "单元测试"）是绝对必要的，以检查该类在所有情况下是否都按预期工作。当然，与用整数表示纯数字相比，Money 类有一个小缺点：性能会差一些。这可能是某些系统中的问题。但我相信，在大多数情况下，它的优势是占据主导地位的（始终牢记过早优化是不好的）。

9.2.11　特例模式

在第 4 章 "不要传递或返回 0(NULL，nullptr)" 一节中，我们了解到从函数或方法返回 nullptr 是不好的，应该避免。在那一节，我们还讨论了在现代 C++ 程序中避免使用裸指针的各种策略。在第 5 章 "异常即异常——字面上的意思！" 一节中，我们了解到异常只应该用于真正的异常情况，而不应该用于控制正常程序流程。

现在，一个开放且有趣的问题是：如何在不使用 nullptr 或其他特殊值的情况下，处理那些并不是真正出现了异常（如内存分配失败）的特殊情况？

让我们再次使用我们的代码示例，我们之前已经多次看到过：按名称查找 Customer。

代码9-40　按名称查找客户的方法

```
Customer CustomerService::findCustomerByName(const std::string& name) {
  // Code that searches the customer by name...
   // ...but what shall we do, if a customer with the given name does not exist?!
}
```

好吧，一种可能的情况是始终返回列表而不是单个实例。如果返回的列表为空，则表示要查询的业务对象不存在：

代码9-41　nullptr的替代方法：如果查找客户失败，则返回空列表

```
#include "Customer.h"
#include <vector>

using CustomerList = std::vector<Customer>;

CustomerList CustomerService::findCustomerByName(const std::string& name) {
  // Code that searches the customer by name...
  // ...and if a customer with the given name does not exist:
  return CustomerList();
}
```

现在，可以在程序序列中查询返回的列表是否为空。但是什么情况会产生一个空列表？是否有错误导致列表为空？成员函数 std::vector <T>::empty() 并不能回答这个问题。列表为空是列表的一种状态，但该状态没有针对特定域的语义。

毫无疑问，这个解决方案比返回 nullptr 要好得多，但在某些情况下它可能还不够好。更人性化的设计是程序返回一个可以查询内部问题的返回值，以及可以用这一结果做些什

么。答案是特例模式!

为特定情况提供特殊行为的子类。

——Martin Fowler, Patterns of Enterprise Application Architecture [Fowler02]

特例模式背后的思想是利用多态的优势,并且提供表示特殊情况的类,而不是返回 nullptr 或其他一些特殊的值。这些特殊类具有与调用者期望的"普通"类相同的接口。图 9-15 中的类图展示了这一特殊化形式。

在 C++ 源代码中,Customer 类的实现和表示特殊情况的 NotFoundCustomer 类看起来像下面这样(只显示相关部分):

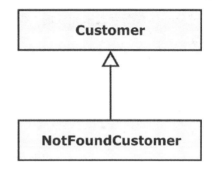

图 9-15 表示特殊情况的类派生自 Customer 类

代码9-42 来自Customer.h文件的摘录,其中包含Customer和NotFoundCustomer类

```cpp
#ifndef CUSTOMER_H_
#define CUSTOMER_H_

#include "Address.h"
#include "CustomerId.h"
#include <memory>
#include <string>

class Customer {
public:
  // ...more member functions here...
  virtual ~Customer() = default;

  virtual bool isPersistable() const noexcept {
    return (customerId.isValid() && ! forename.empty() && ! surname.empty() &&
      billingAddress->isValid() && shippingAddress->isValid());
  }
private:
  CustomerId customerId;
  std::string forename;
  std::string surname;
  std::shared_ptr<Address> billingAddress;
  std::shared_ptr<Address> shippingAddress;
};

class NotFoundCustomer final : public Customer {
public:
  virtual bool isPersistable() const noexcept override {
    return false;
  }
};

using CustomerPtr = std::unique_ptr<Customer>;

#endif /* CUSTOMER_H_ */
```

现在我们可以使用表示特殊情况的对象，就好像它们是 Customer 类的普通实例一样。即使在程序的不同部分之间传递对象时，空检查也是多余的，因为总有一个有效的对象。就好像 NotFoundCustomer 对象是 Customer 的一个实例，使用它可以完成许多事情，例如，在用户接口中使用。对象甚至可以指出它是否可持久化，对于 "真正的" Customer，这是通过分析其数据字段来完成的。但是，在 NotFoundCustomer 的情况下，该检查始终是否定结果。

与无意义的空检查相比，像下面这样的语句更有意义：

```cpp
if (customer.isPersistable()) {
    // ...write the customer to a database here...
}
```

---

std::optional<T> [C++17]

从 C++17 开始，还有另一个有趣的替代方法被用于可能缺少的结果或值：std::optional <T>(在头文件 <optional> 中定义)。此类模板的实例表示 "可选的包含值"，即可能存在也可能不存在的值。

通过引入类型别名，可以使用 std::optional <T> 将 Customer 类用作可选值，如下所示：

```cpp
#include "Customer.h"
#include <optional>
using OptionalCustomer = std::optional<Customer>;
```

现在我们的搜索函数 CustomerService::findCustomerByName() 可以按如下方式实现：

```cpp
class CustomerRepository {
public:
    OptionalCustomer findCustomerByName(const std::string& name) {
        if ( /* the search was successful */ ) {
            return Customer();
        } else {
            return {};
        }
    }
};
```

在函数被调用的地方，现在你有两种方法来处理返回值，如以下示例所示：

```cpp
int main() {
    CustomerRepository repository { };
    auto optionalCustomer = repository.findCustomerByName("John Doe");

    // Option 1: Catch an exception, if 'optionalCustomer' is empty
    try {
```

```
    auto customer = optionalCustomer.value();
} catch (std::bad_optional_access& ex) {
    std::cerr << ex.what() << std::endl;
}

// Option 2: Provide a substitute for a possibly missing object
auto customer = optionalCustomer.value_or(NotFoundCustomer());

return 0;
}
```

在 Option 2 中，例如，如果 optionalCustomer 为空，则可以提供标准（默认）客户。或者（如本例所示）特殊对象的实例。我建议在对象的缺少是非预期的情况时选择 Option 1，并且它是确定发生了严重错误的一个线索。对于其他情况，如果缺少对象是正常的，我推荐使用 Option 2。

9.3　什么是习惯用法

编程的习惯用法是在特定的编程语言或技术中解决问题的一种特殊的模式。也就是说，与一般的设计模式不同，习惯用法的适用性是有限的。通常，它们仅限于特定的编程语言或特定的技术，如框架。

如果必须在较低的抽象级别上解决编程问题，则通常在详细设计和实现阶段使用习惯用法。在 C 和 C++ 领域，有一个众所周知的习惯用法，即所谓的 Include Guard，有时也被称为 Macro Guard 或 Header Guard，它用于避免同一头文件的重复包含：

```
#ifndef FILENAME_H_
#define FILENAME_H_

// ...content of header file...

#endif
```

这个习惯用法的一个缺点是，必须确保文件名与 Include-Guard 宏的命名一致。因此，现在大多数 C 和 C++ 编译器都支持非标准的 #pragma once 预处理指令，把该指令放在头文件的顶部（通常放在第一行），编译器就会确定在预处理阶段只包含一次这个头文件。

顺便说一下，我们已经知道了一些习惯用法，在第 4 章中，我们讨论了资源申请即初始化（RAII）的习惯用法；在第 7 章中，我们学习了 Erase-Remove 的习惯用法。

一些有用的 C++ 习惯用法

这不是一个玩笑，你可以在互联网上找到近 100 个 C++ 的习惯用法（维基百科全书：更多的 C++ 习惯用法，URL: https://en.wikibooks.org/wiki/More_C++_Idioms）。问题是，并不是所有的这些习惯用法都有利于现代的、整洁的代码。它们有时非常复杂且难以理解（如

Algebraic Hierarchy), 即使熟练的 C++ 开发人员也是如此。此外, 随着 C++11 及后续标准的发布, 一些习惯用法已经过时了。因此, 我在这里只提一小部分仍然有效的习惯用法。

不可变的类

有时候, 为那些一旦创建就不能改变其状态的对象提供类是非常有利的, 也就是不变类 (实际上这意味着不可变对象, 因为类只能由开发人员修改)。例如, 不可变对象可以用作哈希数据结构中键值对中的键, 因为键值对中的键一旦被创建就不会再改变。另一个例子是在其他几种编程语言中的字符串, 如 C# 或 Java 中的字符串, 也是不可改变的。

不可变类和不可变对象的好处如下:

❏ 不可变对象默认是线程安全的。所以多个线程或进程以不确定顺序访问这些对象时, 不会遇到任何同步问题。因此, 不变性使得设计和实现并行软件更加容易, 因为对象之间没有任何冲突。

❏ 不变性使编写、使用和理解代码变得更加容易, 因为类的不变性, 一组必须始终为真的约束, 在对象创建的时候就建立起来了, 并确保在对象的整个生命周期都不会改变。

要在 C++ 中创建不可变的类, 必须采取以下措施:

❏ 类的成员变量必须是不可变的, 也就是说, 它们必须是 const (参见第 4 章的正确地使用 const 部分)。这意味着它们只能使用构造函数的初始化列表, 在构造函数中初始化一次。

❏ 操作方法不改变调用者的状态, 而是返回改变状态后的类的新实例, 原始对象没有发生改变。为了强调这一点, 不应该有 setter 方法, 因为以 set...() 开头的成员函数具有误导性, 不可变对象没有任何设置的方法。

❏ 这个类应该被标记为 final。这不是一个严格的规则, 但是, 如果一个新类可以从一个不可改变的类继承, 那么有可能会改变基类的不可变性。

下面是一个 C++ 中不可变类的例子:

代码9-43 Employee是一个不可改变的类

```cpp
#include "Identifier.h"
#include "Money.h"
#include <string>
#include <string_view>

class Employee final {
public:
  Employee(std::string_view forename,
    std::string_view surname,
    const Identifier& staffNumber,
    const Money& salary) noexcept :
    forename { forename },
    surname { surname },
    staffNumber { staffNumber },
    salary { salary } { }
```

```
Identifier getStaffNumber() const noexcept {
  return staffNumber;
}

Money getSalary() const noexcept {
  return salary;
}

Employee changeSalary(const Money& newSalary) const noexcept {
  return Employee(forename, surname, staffNumber, newSalary);
}

private:
  const std::string forename;
  const std::string surname;
  const Identifier  staffNumber;
  const Money       salary;
};
```

匹配失败不是错误

实际上，匹配失败不是错误（Substitution Failure is not an Error，SFINAE）不是真正的习惯用法，而是 C++ 编译器的一个特性。它已经成为 C++98 标准的一部分，在 C++11 中它又增加了几个新特性，但它经常被以非常惯用的方式使用，特别是在模板库中，例如 C++ 标准库或 Boost，所以它仍被称为习惯用法。

我们在 14.8.2 节[⊖]关于模板参数推导中可以找到 C++ 标准中的定义文本段落。在那里我们可以在 §8 中读到以下声明：

> 如果替换导致无效的类型或表达式，则类型推导失败。如果用替换的参数来编写无效的类型或表达式，则其格式是不正确的。只有函数类型及其模板参数类型的上下文中的无效类型和表达式才会导致推导失败。

——Standard for Programming Language C++ [ISO11]

在 C++ 模板实例化错误的情况下（例如，使用错误的模板参数），错误消息可能非常冗长且含糊不清。SFINAE 是一种编程技术，可确保模板参数的匹配失败不会产生烦人的编译错误。简单地说，这意味着如果模板参数的匹配失败了，编译器将继续搜索合适的模板，而不是出错中断。

下面是一个带有两个重载函数模板的非常简单的示例：

代码9-44 两个重载函数模板的示例

```
#include <iostream>

template <typename T>
```

⊖ C++ 标准委员会起草的 C++ 的标准的 14.8.2 节。——译者注

```cpp
void print(typename T::type) {
  std::cout << "Calling print(typename T::type)" << std::endl;
}

template <typename T>
void print(T) {
  std::cout << "Calling print(T)" << std::endl;
}

struct AStruct {
  using type = int;
};

int main() {
  print<AStruct>(42);
  print<int>(42);
  print(42);

  return 0;
}
```

这个例子的标准输出如下：

```
Calling print(typename T::type)
Calling print(T)
Calling print(T)
```

我们可以看出，编译器为第一个函数调用了第一个版本的 `print()`，后续两个函数调用了第二个版本。此代码也适用于 C++98。

其实 SFINAE 在 C++11 之前有几个缺点。上面这个非常简单的例子在真实项目中使用时会有一些出入。以这种方式在模板库中应用 SFINAE 会导致非常冗长和棘手的代码，这些代码很难理解。此外，它的标准化程度很高，有时甚至是针对特定编译器的。

随着 C++11 的出现，C++ 引入了所谓的 Type Traits 库，我们已经在第 7 章中了解了它。特别是元函数 `std::enable_if()`（在头文件 `<type_traits>` 中定义），从 C++11 开始它是可用的，并且现在它在 SFINAE 中发挥着核心作用。使用该函数，我们可以根据类型特征，从重载的候选函数中有条件地"筛选函数功能"。换句话说，我们可以根据参数的类型选择一个函数的重载版本，就像下面这样：

代码9-45　SFINAE使用函数模板std::enable_if <>

```cpp
#include <iostream>
#include <type_traits>

template <typename T>
void print(T var, typename std::enable_if<std::is_enum<T>::value, T>::type* = 0) {
  std::cout << "Calling overloaded print() for enumerations." << std::endl;
}

template <typename T>
```

```cpp
void print(T var, typename std::enable_if<std::is_integral<T>::value, T>::type = 0) {
  std::cout << "Calling overloaded print() for integral types." << std::endl;
}

template <typename T>
void print(T var, typename std::enable_if<std::is_floating_point<T>::value, T>::type = 0) {
  std::cout << "Calling overloaded print() for floating point types." << std::endl;
}

template <typename T>
void print(const T& var, typename std::enable_if<std::is_class<T>::value, T>::type* = 0) {
  std::cout << "Calling overloaded print() for classes." << std::endl;
}
```

我们可以通过使用不同类型的参数使用重载的函数模板，如下所示：

代码9-46　多亏了SFINAE，我们才有了匹配不同参数类型的print函数

```cpp
enum Enumeration1 {
  Literal1,
  Literal2
};

enum class Enumeration2 : int {
  Literal1,
  Literal2
};
class Clazz { };

int main() {
  Enumeration1 enumVar1 { };
  print(enumVar1);

  Enumeration2 enumVar2 { };
  print(enumVar2);

  print(42);

  Clazz instance { };
  print(instance);

  print(42.0f);

  print(42.0);

  return 0;
}
```

编译和执行后，我们在标准输出上看到以下结果：

```
Calling overloaded print() for enumerations.
Calling overloaded print() for enumerations.
Calling overloaded print() for integral types.
Calling overloaded print() for classes.
```

```
Calling overloaded print() for floating point types.
Calling overloaded print() for floating point types.
```

由于 C++11 版本的 std::enable_if 有点冗长，C++14 新添加了一个名为 std::enable_if_t 的别名。

Copy-and-Swap 习惯用法

在 5.7.1 节 "防患于未然" 中，我们学到了四个异常安全的保障：无异常安全、基本异常安全、强异常安全和保证不抛出异常。类的成员函数应该始终保证是基本异常安全的，因为这种异常安全级别通常比较容易实现。

在 5.2.5 节 "零原则" 中，我们已经了解到我们应该总以某种方式设计类，以便那些编译器自动生成的特殊成员函数（拷贝构造函数，拷贝赋值运算符等）能执行正确的操作。换句话说，当我们被迫提供一个并非默认的析构函数时，一般就是处理一些特殊情况，我们需要在对象销毁期间对它们进行特殊的处理。因此，由编译器生成的特殊成员函数不足以处理这些情况，我们必须自己实现它们。

然而，零原则几乎是不可能实现的，即开发者必须自己实现所有的特殊成员的功能。在这种情况下，对一个重载赋值运算符的异常安全性的实现可能是一项很具挑战性的任务。在这种情况下，Copy-and-Swap 是优雅地解决此问题的一种方式。

因此，这个习惯用法的意图如下：

实现具有强异常安全性的拷贝赋值运算符。

下面是解释这一问题并提供解决方案的一个小例子：

代码9-47　管理在堆上分配了资源的类

```cpp
#include <cstddef>

class Clazz final {
public:
  Clazz(const std::size_t size) : resourceToManage { new char[size] }, size { size } { }
  ~Clazz() {
    delete [] resourceToManage;
  }

private:
  char* resourceToManage;
  std::size_t size;
};
```

当然，本类仅用于演示目的，不应该成为真实类的一部分。

假设我们想要使用 Clazz 类来执行以下操作：

```cpp
int main() {
  Clazz instance1 { 1000 };
  Clazz instance2 { instance1 };
  return 0;
}
```

从第 5 章我们就已经知道，编译器生成的拷贝构造函数版本在这里出错了：它只创建了指针 resourceToManage 自身的副本！

因此，我们必须提供我们自己的拷贝构造函数，就像这样：

```
#include <algorithm>
class Clazz final {
public:
  // ...
  Clazz(const Clazz& other) : Clazz { other.size } {
    std::copy(other.resourceToManage, other.resourceToManage + other.size, resourceToManage);
  }
  // ...
};
```

到现在为止还很好。现在拷贝构造函数将正常工作。但现在我们还需要一个拷贝赋值运算符。如果你不熟悉 Copy-and-Swap 习惯用法，你可以实现赋值运算符如下：

```
#include <algorithm>

class Clazz final {
public:
  // ...
  Clazz& operator=(const Clazz& other) {
    if (&other == this) {
      return *this;
    }
    delete [] resourceToManage;
    resourceToManage = new char[other.size];
    std::copy(other.resourceToManage, other.resourceToManage + other.size,
resourceToManage);
    size = other.size;
    return *this;
  }
  // ...
};
```

基本上来说，这个赋值运算符可以工作，但它有几个缺点。例如，构造函数和析构函数中的代码在这里重复了，这违反了 DRY 原则（参见第 3 章）。此外，在开头有一个自我分配检查。但最大的缺点是我们不能保证异常安全。例如，如果 new 语句导致异常，则会将对象置于不可预知的状态。

现在，Copy-and-Swap 习惯用法开始发挥作用，它也被称为 "Create-Temporary-and-Swap"！

为了更好地理解，现在介绍整个 Clazz 类：

代码9-48　使用Copy-and-Swap习惯用法更好地实现赋值运算符

```
#include <algorithm>
#include <cstddef>
```

```cpp
class Clazz final {
public:
  Clazz(const std::size_t size) : resourceToManage { new char[size] }, size { size } { }

  ~Clazz() {
    delete [] resourceToManage;
  }

  Clazz(const Clazz& other) : Clazz { other.size } {
    std::copy(other.resourceToManage, other.resourceToManage + other.size,
  resourceToManage);
  }

  Clazz& operator=(Clazz other) {
    swap(other);
    return *this;
  }
private:
  void swap(Clazz& other) noexcept {
    using std::swap;
    swap(resourceToManage, other.resourceToManage);
    swap(size, other.size);
  }

  char* resourceToManage;
  std::size_t size;
};
```

这里的诀窍是什么呢？让我们看看完全不同的赋值运算符。它不再以 const 引用
（const Clazz& other）作为参数，而是以普通值作为参数（Clazz other）。这意味着当调
用该赋值运算符时，首先调用 Clazz 的拷贝构造函数。其次，拷贝构造函数调用为资源分
配内存的默认构造函数。这正是我们想要的：我们需要 other 的一个临时副本！

现在我们来到这一习惯用法的核心：调用私有成员函数 Clazz::swap()。在这个函数
中，other 临时实例的内容，即其成员变量，与我们当前类上下文相同的成员变量的内容
（this）进行了交换。这是通过使用不抛出异常的 std::swap() 函数（在头文件 <utility>
中定义）来完成的。在 swap 操作之后，临时对象现在拥有当前对象先前拥有的资源，反之
亦然。

另外，Clazz::swap() 成员函数现在可以很容易地实现移动构造函数：

```cpp
class Clazz {
public:
  // ...
  Clazz(Clazz&& other) noexcept {
    swap(other);
  }
  // ...
};
```

当然，良好的类设计的主要目标，应该是根本不需要显式实现拷贝构造函数和赋值运

算符（零原则）。但是当你被迫这样做时，你应该记住 Copy-and-Swap 习惯用法。

指向实现的指针

本章的最后一部分我们专门介绍一个有趣的首字母缩略词（Pointer to Implementation，PIMPL）的习惯用法。PIMPL 代表指向实现的指针，这个习惯用法也被称为 Handle Body、Compilation Firewall 或 Cheshire Cat technique（Cheshire Cat 是一个虚构的角色，一只咧嘴笑的猫，来自 Lewis Carroll 的小说《爱丽丝梦游仙境》）。顺便说一下，它与 [Gamma95] 中描述的 Bridge 模式有一些相似之处。

PIMPL 的意图可以表述如下：

> 通过将内部类的实现细节重新定位到隐藏的实现类中，消除对实现的编译依赖，从而提高编译时间。

让我们来看看 Customer 类的摘录，它是我们之前在很多例子中见到过的类：

代码9-49　摘自头文件Customer.h的内容

```
#ifndef CUSTOMER_H_
#define CUSTOMER_H_

#include "Address.h"
#include "Identifier.h"
#include <string>

class Customer {
public:
  Customer();
  virtual ~Customer() = default;
  std::string getFullName() const;
  void setShippingAddress(const Address& address);
  // ...

private:
  Identifier customerId;
  std::string forename;
  std::string surname;
  Address shippingAddress;
};

#endif /* CUSTOMER_H_ */
```

让我们假设这是我们的商业软件系统中的一个中心业务实体，并且它被许多其他类使用（#include "Customer.h"）。当该头文件更改时，即使只添加、重命名一个私有成员变量等，我们也需要重新编译使用该文件的所有文件。

为了将这些重新编译的文件个数减少到最少，可以使用 PIMPL 习惯用法。

首先，我们重建 Customer 类的类接口，如下所示：

代码9-50　更改的头文件Customer.h

```
#ifndef CUSTOMER_H_
#define CUSTOMER_H_

#include <memory>
#include <string>

class Address;

class Customer {
public:
  Customer();
  virtual ~Customer();
  std::string getFullName() const;
  void setShippingAddress(const Address& address);
  // ...
private:
  class Impl;
  std::unique_ptr<Impl> impl;
};

#endif /* CUSTOMER_H_ */
```

显而易见的是，所有先前的私有成员变量及其相关的 include 指令现在已经消失。相反，存在一个名为 Impl 的类的前向声明，以及一个指向该前向声明类的 std::unique_ptr<T>。

现在让我们来看一下 coressponding 的实现文件：

代码9-51　Customer.cpp文件的内容

```
#include "Customer.h"

#include "Address.h"
#include "Identifier.h"

class Customer::Impl final {
public:
  std::string getFullName() const;
  void setShippingAddress(const Address& address);

private:
  Identifier customerId;
  std::string forename;
  std::string surname;
  Address shippingAddress;
};

std::string Customer::Impl::getFullName() const {
  return forename + " " + surname;
}

void Customer::Impl::setShippingAddress(const Address& address) {
```

```
    shippingAddress = address;
}

// Implementation of class Customer starts here...

Customer::Customer() : impl { std::make_unique<Customer::Impl>() } { }

Customer::~Customer() = default;

std::string Customer::getFullName() const {
  return impl->getFullName();
}

void Customer::setShippingAddress(const Address& address) {
  impl->setShippingAddress(address);
}
```

在实现文件的上半部分（直到源代码的注释），我们可以看到类 Customer::Impl。在这个类中，所有内容现在都已重新定位，前者已由类 Customer 直接实现。在这里，我们还找到了所有的成员变量。

在下半部分（从注释开始），我们现在找到了 Customer 类的实现。构造函数创建 Customer::Impl 的实例并将其保存在智能指针 impl 中。至于其余的，对 Customer 类的 API 的任何调用都被委托给内部实现对象。

如果现在必须在 Customer::Impl 的内部实现中更改某些内容，那么编译器只需编译 Customer.h/Customer.cpp，然后链接器才开始工作。这种变化对外界没有任何影响，并且避免了几乎整个项目的耗时编译。

UML 简要指南

OMG 统一建模语言（Unified Modeling Language，UML）是一种标准化的图形语言，用于创建软件和其他系统的模型。其主要目的是使开发人员、软件架构师和其他利益相关者能够设计、指定、可视化、构建和记录软件系统的工件。UML 模型支持不同利益相关者之间的讨论，有助于澄清需求和与有关系统的其他问题，并且可以展示设计中的决策。

本附录简要概述了本书中使用到的一些 UML 符号。每个 UML 元素都有插图（用法），并被简要解释（语义）。元素简短的定义是基于当前的 UML 规范 [OMG15]，你可以从 OMG 的网站免费下载该规范。想对统一建模语言有深入了解的话，你应该寻求适当文献的帮助，或在某个培训机构学习相关的课程。

类图

在各种其他应用程序中，类图通常被用于描述面向对象软件设计的结构。

类

类图中的核心元素是**类**。

类
类描述了一组共享相同规范的特性、约束和语义的对象。

类的实例通常被称为对象。因此，可以将类视为对象的蓝图。类的 UML 符号是一个矩形，如图 A-1 所示。

类具有名称（在本例中为"Customer"），其显示在矩形符号的第一个隔离区中。如果类是抽象的，即它无法被实例化，则其名称通常以斜体字显示。类可以具有**属性**（数据、结构）和操作（行为），属性显示在第二个隔离区中，操作显示在第三个隔离区中。在属性名称后用冒号分隔开其属性类型，同样地，在操作名称后用冒号分隔开操作的返回值类型。操作可以在括号（圆括号）内指定其参数。静态属性或操作要带有下划线。

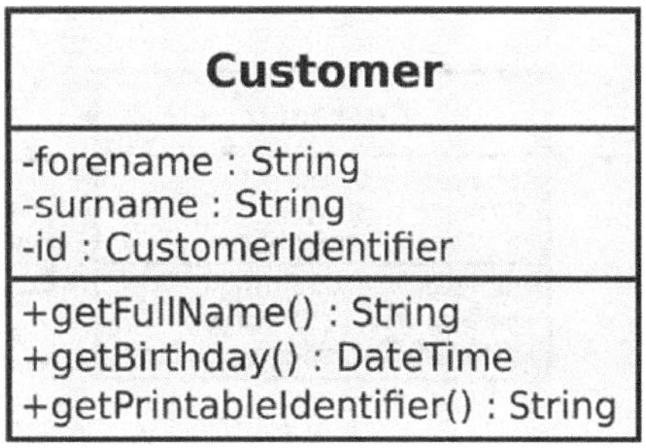

类具有管理其属性和操作的访问级别机制。在 UML 中，它们被称为可见性（visibilities）。**可见性类型**放在属性或操作名称的前面，它可能是表 A-1 中描述的字符之一。

Customer
-forename : String -surname : String -id : CustomerIdentifier
+getFullName() : String +getBirthday() : DateTime +getPrintableIdentifier() : String

图 A-1　一个名为 Customer 的类

表 A-1　可见度

字　符	可见度类型
+	public：对于可以访问该类的所有元素，该属性或操作都是可见的
#	protected：该属性或操作不仅在类中可见，在其派生的类中也是可见的（请参阅泛化关系）
~	package：该属性或操作对于与其所在类位于同一个包中的元素都是可见的。这种可见性在 C++ 中没有适当的表示，在本书中并没有使用
−	private：该属性或操作仅在类中可见，在其他任何地方都不可见

图 A-1 中所示的 UML 类的 C++ 类定义可能如下所示：

代码A-1　C++中的Customer类

```cpp
#include <string>
#include "DateTime.h"
#include "CustomerIdentifier.h"

class Customer {
public:
  Customer();
  virtual ~Customer();
  std::string getFullName() const;
  DateTime getBirthday() const;
  std::string getPrintableIdentifier() const;

private:
  std::string forename;
  std::string surname;
  CustomerIdentifier id;
};
```

大多情况下，类的实例的图形化表示是非必要的，因此所谓的 UML 对象图起到的作用很小。被用于描述类的实例（即对象）的 UML 符号，即所谓的**实例化规范** (Instance

Specification）与类的表示非常相似。主要区别在于它的第一个隔区中的标题有下划线，它显式指定实例的名称，由冒号分隔开名称与其类型，例如，类（参见图 A-2）。该名称也可能缺省（匿名实例）。

图 A-2　右侧的实例化规范表示可能或实际存在一个 Customer 类实例

接口

接口定义了一种契约：实现接口的类必须履行该契约。

接口
接口是一系列相关的公共契约的声明。

接口始终是抽象的，也就是说，默认情况下它们无法被实例化。接口的 UML 符号与类非常相似，在名称前面有关键字 «interface»（被称作 guillemets 的法语引号括起来），如图 A-3 所示。

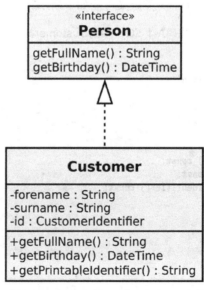

图 A-3　类 Customer 实现了在接口 Person 中声明的操作

带有闭合但未填充头部的虚线箭头是**接口实现**关系。该关系表示该类符合接口指定的契约，即该类实现了接口声明的那些操作。当然，允许一个类实现多个接口。

与其他一些面向对象的语言（如 Java 或 C＃）不同，C++ 语言中没有 interface 关键字。因此，通常是在抽象类的帮助下模拟接口，这些抽象类仅由纯虚成员函数组成，如以下代码示例所示。

代码A-2　C++中的Person接口

```cpp
#include <string>
#include "DateTime.h"

class Person {
public:
  virtual ~Person() { }
  virtual std::string getFullName() const = 0;
  virtual DateTime getBirthday() const = 0;
};
```

代码A-3　Customer类实现Person接口

```cpp
#include "Person.h"
#include "CustomerIdentifier.h"

class Customer : public Person {
public:
  Customer();
  virtual ~Customer();

  virtual std::string getFullName() const override;
  virtual DateTime getBirthday() const override;
  std::string getPrintableIdentifier() const;

private:
  std::string forename;
  std::string surname;
  CustomerIdentifier id;
};
```

要显示类或组件（请参阅下面的组件部分）提供或需要的接口，可以使用所谓的 ball-and-socket 符号。使用 ball（也称为"棒棒糖"）描绘已提供的接口，socket 描绘所需的接口。严格来说，这是一种可选符号，如图 A-4 所示。

Customer 类和接口 Account 之间的箭头是一个可访问的关联，在下一节有关 UML 关联中我们将会解释。

关联

类通常与其他类具有静态关系。UML 的关联可以指定这种关系。

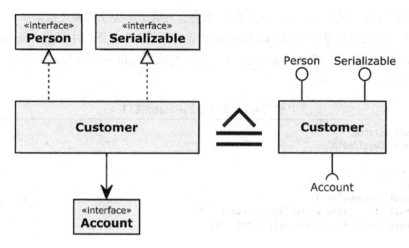

图 A-4　用于提供和所需接口的 ball-and-socket 符号

关联

关联关系允许某一类别（例如，类或组件）的一个实例访问另一个实例。

在最简单的形式中，UML 中关联的语法是两个类之间的一条实线，如图 A-5 所示。

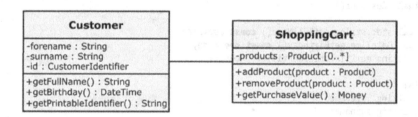

图 A-5　两个类之间的简单关联关系

这种简单的关联通常不足以正确指定两个类之间的关系。例如，这种简单关联的导向，即谁能够访问，谁在默认情况下并未指出。但是，在这种情况下，关联导向通常按惯例解释为双向，即 Customer 能够访问 ShoppingCart 的属性，反之亦然。因此，可以向关联提供更多信息。图 A-6 说明了这一可能性。

1. 该示例显示了一端可导向（由箭头描绘）和另一端未指定导向的关联。语义是：类 A 能够导向类 B。在另一个方向上它是未指定的，也就是说，类 B 可能能够导向类 A.

> **注意**　强烈建议在你的项目中定义该类未指定关联端的导向的解释。**我的建议是将它们视为不可导向的**。这种解释已在本书中使用。

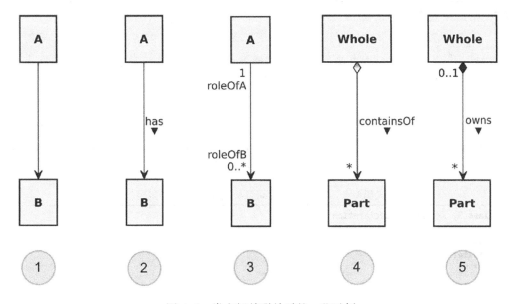

图 A-6　类之间关联关系的一些示例

2. 该可导向关联具有**名称**（"has"），实心的三角表示阅读方向。除此之外，该关联的语义与示例 1 完全相同。

3. 在该示例中，两个关联端都具有**标签**（name）和多重性（multiplicity）。标签通常用于指定关联中类的角色。多重性指定关联中涉及的类的实例的允许数量。它是一个非负整数区间，以下限开始，以（可能是无限的）上限结束。在这种情况下，任何 A 都有零到某一数量的 B，而任何 B 只有一个 A。表 A-2 显示了有效多重性的一些示例。

表 A-2　多重性的例子

多重性	意　义
1	只一个。如果关联端没有显示多重性，则这是默认值
1..10	数字区间 1 到 10
0..*	0 到任意数字（零到多个）之间的区间。星号（*）用于表示未限定（或无限）上限
*	0..* 的缩写形式
1..*	区间 1 到任意数字（一到多个）

4. 这是一种称为**聚合**的特殊关联。它代表了一个整体的关系，也就是说，一个类（部分）在层次上从属于另一个类（整体）。一个空心的菱形是这种关联的一个标志，它用于识别整体。另外，适用于关联的所有内容也适用于聚合。

5. 这是一个**组合形关联**关系，它是一种更强的聚合形式。它表示整体是部分的所有者，因此对部分负责。如果删除整个实例，则通常会删除其所有的部分实例。

注意 在删除整个实例之前，可以（在允许的情况下）从组合关系中删除部分实例，因此不会将其作为整体的一部分删除。这可以通过连接到整体的关联端的 0..1 实例来实现，即，具有实心的菱形的一端。该端唯一允许的多重性为 1 或 0..1，其他所有的多重性都被禁止。

在编程语言中，可以以各种方式实现从一个类到另一个类的关联和导向机制。在 C++ 中，关联通常表现为自身成员的类型是其他类，例如，成员为其他类类型的引用或指针，如以下示例所示。

代码A-4　A类和B类之间可导向关联的示例实现

```cpp
class B; // Forward declaration

class A {
private:
  B* b;
  // ...
};

class B {
  // No pointer or any other reference to class A here!
};
```

泛化

面向对象软件开发的核心概念就是所谓的继承。这表示对各个特定类的泛化。

泛化
泛化是一般类和具体类之间的一种分类关系。

泛化关系用于表示继承的概念：特定的类（子类）继承了更通用的类（基类）的属性和操作。泛化关系的 UML 语法是一个实心箭头，带有一个封闭但未填充的箭头，如图 A-7 所示。

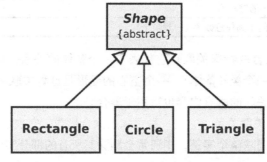

图 A-7　一个抽象基类 Shape 和三个具体的类，它们是抽象基类的特化

在箭头方向上，该关系如下所示："<Subclass> 是一种 <Baseclass>"，例如，"Rectangle 是一种 Shape"。

依赖

除了已经提到的关联外，类（和组件）还可以与其他类（和组件）建立进一步的关系。例如，如果一个类被用作成员函数的参数类型，那么这不是一种关联关系，它是对该使用的类的一种依赖。

依赖

依赖关系是一种关系，表示单个或一组元素需要其他元素用于其规约或实现。

如图 A-8 所示，依赖关系在两个元素之间显示为虚线箭头，例如，在两个类或组件之间。这意味着箭头尾部的元素需要箭头指向的元素，如用于实现目的。换句话说，如果没有被依赖的元素，依赖元素是不完整的。

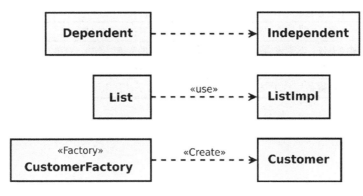

图 A-8　其他依赖项

除了简单的形式（参见图 A-8 中的第一个示例），还有两种特殊类型的依赖关系：

1. **使用依赖性**（《 use 》）是一种关系，其中一个元素需要另一个元素（或一组元素）来完全实现或操作。

2. **创建依赖性**（《 Create 》）是一种特殊的使用依赖项，表示箭头尾部的元素在箭头处创建类型的实例。

组件

UML 元素组件表示系统的模块化部分，通常在比单个类更高的抽象级别上。组件用作一组共同实现某些功能的类的包装。组件的 UML 语法如图 A-9 所示。

由于组件封装其内容，因此它根据已提供的和所

图 A-9　组件的 UML 表示法

需要的接口定义其行为。只有这些接口可供软件环境使用才能使用组件。这意味着当且仅当它们提供的接口和所需的接口相同时，组件才可以被另一个组件替换。接口的具体语法（ball-and-socket 符号）与图 A-4 中展示的一样，并且在接口部分已经描述。

Stereotypes

除了其他方式外，UML 的词汇可以借助于所谓的 stereotypes 来扩展。这种轻量级机制允许引入标准 UML 元素的特定平台或域扩展。例如，通过在标准 UML 元素类上应用《Factory》，设计者可以表示那些特定类是对象工厂。

被用到的 stereotype 的名称被显示在一对 «» （法语的引号）中。一些 stereotype 还引入了新的图形符号，一个图标。

表 A-3 包含本书中使用的 stereotypes 列表。

表 A-3　本书中使用的 stereotypes

Stereotype	意　义
«Factory»	一个创建对象而不将实例化逻辑暴露给客户端的类
«Facade»	一个类，它为复杂组件或子系统中的一组接口提供统一接口
«SUT»	被测系统。具有该构造型的类或组件是要测试的实体，比如，在单元测试的帮助下
«TestContext»	测试上下文，是一个软件实体，例如，作为一组测试用例的分组机制的类（参见 stereotype «TestCase»）
«TestCase»	测试用例是与 SUT 交互以验证其正确性的操作。测试用例分组在 «TestContext»

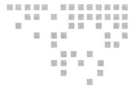

Reference

参 考 文 献

[Beck01] Kent Beck, Mike Beedle, Arie van Bennekum, et al. Manifesto for Agile Software Development. 2001. http://agilemanifesto.org, retrieved 9-24-2016.

[Beck02] Kent Beck. Test-Driven Development: By Example. Addison-Wesley Professional, 2002.

[Busch96] Frank Buschmann, Regine Meunier, Hans Rohnert, and Peter Sommerlad. Pattern-Oriented Software Architecture Volume 1: A System of Patterns. Wiley, 1996.

[Cohn09] Mike Cohn. Succeeding with Agile: Software Development Using Scrum (1st Edition). Addison-Wesley, 2009.

[Evans04] Eric J. Evans. Domain-Driven Design: Tackling Complexity in the Heart of Software (1st Edition). Addison-Wesley, 2004.

[Fernandes12] R. Martinho Fernandes: Rule of Zero. https://rmf.io/cxx11/rule-of-zero, retrieved 6-4-2017.

[Fowler02] Martin Fowler. Patterns of Enterprise Application Architecture. Addison-Wesley, 2002.

[Fowler03] Martin Fowler. Anemic Domain Model. November 2003. URL: https://martinfowler.com/bliki/AnemicDomainModel.html, retrieved 5-1-2017.

[Fowler04] Martin Fowler. Inversion of Control Containers and the Dependency Injection pattern. January 2004. URL: https://martinfowler.com/articles/injection.html, retrieved 7-19-2017.

[Gamma95] Erich Gamma, Richard Helm, Ralph Johnson, and John Vlissides. Design Patterns: Elements of Reusable, Object-Oriented Software. Addison-Wesley, 1995.

[GAOIMTEC92] United States General Accounting Office. GAO/IMTEC-92-26: Patriot Missile Defense: Software Problem Led to System Failure at Dhahran, Saudi Arabia, 1992. http://www.fas.org/spp/starwars/gao/im92026.htm, retrieved 12-26-2013.

[Hunt99] Andrew Hunt, David Thomas. The Pragmatic Programmer: From Journeyman to Master. Addison-Wesley, 1999.

[ISO11] International Standardization Organization (ISO), JTC1/SC22/WG21 (The C++ Standards Committee). ISO/IEC 14882:2011, Standard for Programming Language C++.

[Jeffries98] Ron Jeffries. You're NOT Gonna Need It! http://ronjeffries.com/xprog/articles/practices/pracnotneed/, retrieved 9-24-2016.

[JPL99] NASA Jet Propulsion Laboratory (JPL). Mars Climate Orbiter Team Finds Likely Cause of Loss. September 1999. URL: http://mars.jpl.nasa.gov/msp98/news/mco990930.html, retrieved 7-7-2013.

[Knuth74] Donald E. Knuth. Structured Programming with Go To Statements, ACM Journal

Computing Surveys, Vol. 6, No. 4, December 1974. http://cs.sjsu.edu/~mak/CS185C/
KnuthStructuredProgrammingGoTo.pdf, retrieved 5-3-2014.

[Koenig01] Andrew Koenig and Barbara E. Moo. C++ Made Easier: The Rule of Three. June 2001.
http://www.drdobbs.com/c-made-easier-the-rule-of-three/184401400, retrieved 5-16-2017.

[Langr13] Jeff Langr. Modern C++ Programming with Test-Driven Development: Code Better, Sleep Better.
Pragmatic Bookshelf, 2013.

[Liskov94] Barbara H. Liskov and Jeanette M. Wing: A Behavioral Notion of Subtyping. ACM Transactions
on Programming Languages and Systems (TOPLAS) 16 (6): 1811–1841. November 1994.
http://dl.acm.org/citation.cfm?doid=197320.197383, retrieved 12-30-2014.

[Martin96] Robert C. Martin. The Liskov Substitution Principle. ObjectMentor, March 1996.
http://www.objectmentor.com/resources/articles/lsp.pdf, retrieved 12-30-2014.

[Martin03] Robert C. Martin. Agile Software Development: Principles, Patterns, and Practices. Prentice Hall, 2003.

[Martin09] Robert C. Martin. Clean Code: A Handbook Of Agile Software Craftsmanship. Prentice Hall, 2009.

[Martin11] Robert C. Martin. The Clean Coder: A Code of Conduct for Professional Programmers.
Prentice Hall, 2011.

[Meyers05] Scott Meyers. Effective C++: 55 Specific Ways to Improve Your Programs and Designs
(Third Edition). Addison-Wesley, 2005.

[OMG15] Object Management Group. OMG Unified Modeling Language™ (OMG UML), Version 2.5.
OMG Document Number: formal/2015-03-01. http://www.omg.org/spec/UML/2.5, retrieved 11-5-2016.

[Parnas07] ACM Special Interest Group on Software Engineering: ACM Fellow Profile of David Lorge Parnas.
http://www.sigsoft.org/SEN/parnas.html, retrieved 9-24-2016.

[Ram03] Stefan Ram. Homepage: Dr. Alan Kay on the Meaning of "Object-Oriented Programming."
http://www.purl.org/stefan_ram/pub/doc_kay_oop_en), retrieved 11-3-2013.

[Sommerlad13] Peter Sommerlad. Meeting C++ 2013: Simpler C++ with C++11/14. November 2013.
http://wiki.hsr.ch/PeterSommerlad/files/MeetingCPP2013_SimpleC++.pdf, retrieved 1-2-2014.

[Thought08] ThoughtWorks, Inc. (multiple authors). The ThoughtWorks® Anthology: Essays on Software
Technology and Innovation. Pragmatic Bookshelf, 2008.

[Wipo1886] World Intellectual Property Organization (WIPO): Berne Convention for the Protection of Literary
and Artistic Works. http://www.wipo.int/treaties/en/ip/berne/index.html, retrieved 3-9-2014.